数码影音器材
故障对症处理
速查手册

何晓帆　刘　丽　何建军　主编

化学工业出版社
·北京·

图书在版编目（CIP）数据

数码影音器材故障对症处理速查手册/何晓帆，刘丽，何建军主编. —北京：化学工业出版社，2014.9
ISBN 978-7-122-20200-0

Ⅰ.①数… Ⅱ.①何…②刘…③何… Ⅲ.①数码技术-视听设备-故障诊断-技术手册②数码技术-视听设备-故障修复-技术手册 Ⅳ.①TP3-62②TN912-62

中国版本图书馆CIP数据核字（2014）第060740号

责任编辑：刘 哲　　装帧设计：关 飞
责任校对：宋 夏

出版发行：化学工业出版社（北京市东城区青年湖南街13号 邮政编码100011）
印　装：北京云浩印刷有限责任公司
787mm×1092mm 1/16 印张17 字数598千字 2014年11月北京第1版第1次印刷

购书咨询：010-64518888（传真：010-64519686） 售后服务：010-64518899
网　址：http://www.cip.com.cn
凡购买本书，如有缺损质量问题，本社销售中心负责调换。

定　价：49.00元

前　言

近年来，随着电脑技术的快速发展，各类电脑数码器材及家庭影音电器广泛进入社会各行业及各领域，并迅速在家庭中普及，成为人们工作、学习、经商及娱乐的必备工具和电器，受到人们的欢迎。为了方便读者自学维修技术，满足电脑数码器材及家庭影音电器技术培训班学员和业余爱好者对此类参考资料的需求，我们特编写了《数码影音器材故障对症处理速查手册》一书，供大家参考。

本书将目前各类数码器材和家庭影音电器DVD（包括数码相机DC、数码摄像机DV、MP3、MP4、MP5、DVD、AV功放等电器）的故障检修方法和技巧进行归类汇总，精选了上千例的维修案例，较全面系统地介绍了新型数码器材及家庭影音电器的维修经验和处理方法，这些维修案例是笔者及维修同行多年实践和经验的总结，既有疑难故障的解决方法，也有常见性“通病”的处理措施，具有一定的典型性和代表性，对于维修人员和初学者有重要的参考作用。书中所有案例均按故障机型、故障现象和故障分析处理方法三部分，进行精辟论述，尽量做到求新、求全、求精、求细，既有原理分析介绍，又有对症处理措施，具有较强的实用性和操作性。为方便读者阅读，本书全部采用表格式编排，简洁明朗，一目了然，读者可以根据故障现象或机型快速查找。本书适合电子电脑数码影音器材维修人员、电器维修培训班学员及电子爱好者阅读，希望能够给大家带来新的收获。

本书由何晓帆、刘丽、何建军主编，参加本书编写和文字录入的工作人员有何明生、张为、李军、刘燕、刘运、刘丽娟、刘伟、刘欢、张莉莉、张巧营、彭忠辉、彭芳、袁跃进、袁野、何爱萍、何雁、李怀贞、毛良琼、聂翠萍、梁旦、杨国新、段世勇、段姗姗、曹红兵、蒋丽、周元芳、吴香等同志。

由于笔者水平所限，书中遗漏与不足之处在所难免，还望读者批评指正。

编者

2014年1月

目 录

第一章 数码相机（DC）故障检修案例 /1

第二章 数码摄像机（DV）故障检修案例 /36

第三章 MP3、MP4、MP5音像播放机故障检修案例 /82

第四章　DVD/AV 功放机/高保真音响故障检修案例 /106

第一章

数码相机(DC)故障检修案例

一、佳能数码相机(DC)故障检修

1. 佳能 300D 数码相机

机型	故障现象	故障分析与处理方法
佳能 300D 数码相机	机器工作时不对焦(或者叫焦点漂移)	这是佳能 300D 相机最常见的一个故障。如果遇到这种情况先检查镜头是否是完好的,再检查主反光板和副反光板的定位是否正确,副反光板定位杆是否断裂,对焦传感器是否正常(是否有人拆卸过,位置是否正常),对焦驱动电路是否损坏。根据具体情况相应排除故障,机器即可恢复正常
	一切操作功能正常,但拍摄的照片只有上半部分正常,下半部分都是黑影	根据故障现象分析,此故障可能是 CCD 影像传感器损坏、反光板故障或副反光板故障引起的。首先打开数码相机的后盖,观察拍摄动作,发现数码相机工作时,快门帘的开启功能正常,但反光板组件有问题。位于主板光板下方的副反光板在数码相机拍照时没有收起,仍然展开,与水平位置成 45°,刚好挡住了焦平面上半部的进光,造成拍摄的照片下半部不正常。更换副反光板后,拍摄测试,故障排除

2. 佳能 A60 数码相机

机型	故障现象	故障分析与处理方法
佳能 A60 数码相机	拍摄时正常,但向电脑传输照片时,LCD 显示屏突然出现错误提示,无法正常使用	根据故障现象分析,此故障可能是数码相机内部程序(固件)问题引起的。首先从佳能官网上下载固件数据文件,更新执行程序,然后将数码相机与电脑连接好并打开电源开关,运行固件,更新执行程序。根据提示选择连接通信端口,

续表

机型	故障现象	故障分析与处理方法
佳能 A60 数码相机		输入数据文件后，开始刷新内部控制程序，在提示完成后，关闭数码相机。接着打开数码相机电源开关，传输照片，工作正常，故障排除
	变焦镜头的光阑叶片被油污沾染	光阑叶片被油污沾染是常见故障之一。通常变焦镜头的光学结构是：后镜组位于光阑后方，而两个变焦组位于光阑前方，光阑是静止的。在有的照相机结构中，光阑是移动镜组的一部分，要清除油污，只有拆卸光阑叶片，才能取出整个镜组，操作一定要十分小心
	变焦机构的运动有明显的自由滑移	如果变焦机构的运动相当平滑，且无明显的自行滑移，只是感觉不太均匀，则不必对它进行修复，因为一般人想要对此进行改善是不太可能的，相反只会使情况变得更糟糕。早期的一些变焦镜头带有可调节的摩擦垫，但调整的结果往往导致变焦运动变得不平滑。但是，如果感觉到机构中有沙粒或是有明显的自动滑移，通过仔细的清洁、重新添加润滑油脂、固紧螺钉或调换滚筒及滑块可以解决问题。彻底清洁机构的工作量非常大，要卸下所有运动部件，清除原有的油脂（这是去除沙粒的唯一途径），然后重新添加润滑油脂，进行安装并调试
	变焦镜头晃动过多	绝大多数变焦镜头都有不同程度的晃动。可抓住镜头，前后拉伸并旋转，进行测试。同时镜头也要能有些滑移。镜头的少量晃动是允许的，如果滑移或晃动过多，则是不正常的。质量越高的镜头，晃动越小。如果不能确定晃动是否属于正常范围，那么只能将镜头再使用、观察一段时间。如镜头内有螺钉松动，注意及时地进行修理，否则螺钉脱落，会将运动机构卡住
	变焦镜头外力损伤	变焦镜头受外力的损害，容易导致变焦镜筒扭曲、塑料滑块断裂或螺旋槽凹陷。如果发现变焦机构过紧或被卡住，很可能就是前部受力使得螺旋槽被挤压。如情况不严重，可予以修复。取下外卡环和镜筒，卸下一个塑料滑块，然后将它沿槽滑动，这样很快就能找到槽的变形部位。再用一塑料楔插入该部分槽中进行矫正，矫正过程中要随时进行调试、检查。注意不要使用金属棒或其他尖锐的物体，以免损坏槽内的滑动表面。如槽口被扩展过宽，则机构可能在其他部位被卡住 塑料滑块及滚柱会因受力而断裂。测试方法是：抓住镜头进行前后推拉，若有过量滑移（1mm 以上），则可能是滚柱或滑块折断。此外，机构内的断裂料屑也会限制变焦，因此必须彻底清除。更换折断滚柱并不困难。金属滚柱被撞击后，可能会嵌入槽壁，使变焦过程在某一点变得明显不均匀，也有可能卡住机构。突起周围的不平处可用锉刀修磨，但对突起本身不必再进行处理，因为运动中有些小小的不均匀并无大碍。修磨后必须清除所有碎屑。如果变焦镜筒的任一部分被损坏，可调换新的镜筒

续表

机型	故障现象	故障分析与处理方法
佳能 A60 数码相机	变焦镜头螺钉松动	变焦镜头的另一个常见故障是螺钉松动。如果转动对焦环及变焦环没有任何效果，可取下橡胶套圈，在环的周围有些固定螺钉，将它们拧紧即可 螺钉经常松动的另一个部位在镜头基部。许多镜头在镜筒的两部分交接处可调，通常椭圆孔用于调整总的对焦距离。如果这些调节螺钉松动，会导致镜头晃动或相片离焦。解决办法是：松开套筒上的 3～4 颗普通螺钉，取下套筒。在大多数设计中，松动的螺钉即位于套筒下，两部分镜筒之间可能还有些垫圈。重新装配这两部分，并拧紧螺钉即可
	变焦镜头螺纹磨损	变焦镜头的螺纹螺距很深，剖面成方形或梯形。螺纹是许多对焦机构的重要组成部分，可以找一个旧镜头，拆开后清洁其螺纹，并用放大镜仔细检查，然后重新组装好。分离螺纹前必须做好记号，装配时将该标记作为螺纹的起始

3. 佳能 A70 数码相机

机型	故障现象	故障分析与处理方法
佳能 A70，A75 数码相机	相机黑屏	一般有两个可能：一个是快门没打开，一个是 CCD 坏。最简单是办法是，开机看一下光圈打开没有。如果看不清，可以变焦放大光圈。光圈要是打开了，那就是 CCD 坏了；反之没打开就是光圈坏了
佳能 A70 数码相机	相机开机，但是屏幕不显示	第二块主板坏，更换第二块主板，机器故障排除
	花屏，黑屏有菜单和文字显示，回看照片正常	CCD 不良，更换 CCD
	室内拍摄正常，室外曝光过度	光圈组件损坏，或排线坏，更换相应配件
	相机操作一切正常，但取景和拍摄照片全黑	对着镜头看，看快门按钮按下一瞬间快门是否关闭后又打开。如果快门开合正常，一般为 CCD 或主板问题。如果快门无动作，则为快门故障，快门一直闭合无法打开。更换或维修相应部件
	相机开机后出现异响，镜头无法伸出或无法缩回，液晶屏上显示错误提示。一般相机摔过后容易出现此现象	镜头内部机械部分卡住。拆开相机，检查镜头内部。此类故障的严重程度可大可小。可能就是镜头的滑轨错位，拆下装好就行了。如果打坏了相机内部的齿轮，可能相机就报废了
	不开机	如果装上电池后开机一点反应也没有，一般是主板问题。首先检查主板上的电源电路，查到故障后对应解决 电池触点脱焊和开机键损坏同样会造成此故障发生
	无法对焦，拍摄的照片全部是模糊的	可能是对焦组件出现故障，对焦电机排线断，也可能是镜头摔过磕过，使里面的镜片移位。查到故障后对应解决。如果镜片移位，可矫正后用 502 黏合剂粘好
	闪光灯损坏	如果闪光灯使用不多，本身一般不会坏。应检查主板上的相应电路、闪光灯振荡电路、闪光电容和触发电路。一般故障原因是脱焊和某些元件（三极管等）烧坏 把怀疑脱焊的地方重新焊接一遍。检查和更换损坏元件

续表

机型	故障现象	故障分析与处理方法
佳能 A70 数码相机	某个或某几个按键失灵	首先用万用表检查按键有无损坏，要求按键接触良好且无漏电。某些时候一个按键受潮漏电，可导致几个按键甚至整个相机失灵。如果按键无问题，则检查主板、排线、插座等 对于按键受潮或损坏，可用无水酒精擦洗，然后用吹风机吹干 主板问题需仔细检查解决
	开机后出现“E18”错误报警，无法拍照	该相机在出现故障前被摔过。根据故障现象分析，此故障可能是变焦镜头问题引起的。拆开数码相机外壳，接着拆下镜头组件仔细检查，发现变焦齿轮变形错位。将错位的齿轮重新对正组装好后，开机测试，故障排除

4. 佳能 A85 数码相机

机型	故障现象	故障分析与处理方法
佳能 A85 数码相机	照片底色泛紫色，模糊不清	CCD 损坏。更换 CCD，机器故障排除
	不开机，没有任何反应	一般判断是电源板损坏。更换电源板，机器故障排除
	照片底色泛紫色，模糊不清	一般是 CCD 损坏。更换
佳能 A95 数码相机	从 LCD 上看相正常，但是拍出来的照片发白，放大有横条	一般内置镜头不断快门线，是叶片被油粘住了，油从电机泄漏出来的。用酒精清洗叶片。清洗叶片时要特别小心，叶片很容易变形，一旦变形很难复原。外置伸缩镜头一般都是快门线断，由于伸缩频率太高，换快门线。外置伸缩镜头也有叶片被油粘住的

5. 佳能 A610 数码相机

机型	故障现象	故障分析与处理方法
佳能 A610 数码相机	花屏，黑屏有菜单和文字显示，回看照片正常	CCD 不良。更换 CCD，机器故障排除
	从 LCD 上看相正常，但是拍出来的照片发白，放大有横条	一般内置镜头不断快门线，是叶片被油粘住了，油从电机泄漏出来的。用酒精清洗叶片。清洗叶片时要特别小心，叶片很容易变形，一旦变形很难复原。外置伸缩镜头一般都是快门线断，由于伸缩频率太高，换快门线。外置伸缩镜头也有叶片被油粘住的。经上述清理后，故障排除
	能拍照，无法回放	耗电极大，充满电的电池拍摄十几张就提示电力不足，电池和相机发热厉害。主板短路，更换主板后正常

6. 佳能 A620 数码相机

机型	故障现象	故障分析与处理方法
佳能 A610 A620 数码相机	高压保护液晶屏显示图像扭曲，偏色，模糊，混乱，拍照和摄像都是如此，甚至黑屏	CCD 问题，时间长了 CCD 内部引线脱焊，导致故障 维修的方法是更换 CCD。也可以把故障 CCD 上的玻璃封装拆下来，对引线重新焊接后再封回去
佳能 A620 数码相机	取景显示屏黑屏或花屏，拍照或录像后回放跟取景时一样	此类故障多发生在早期 A 系列及 IXUS 系列机型上，传感器(CCD)出现异常
	开机时指示灯能亮，镜头却无法伸出并发出异响	镜头变焦组件损坏，更换镜头变焦组件
	在室内拍摄成像有横条纹，室外拍摄画面发白(曝光过度)，拍摄动画(录像)正常	镜头快门组件坏，更换镜头快门组件

7. 佳能 A400 数码相机

机型	故障现象	故障分析与处理方法
佳能 A400 数码相机	在拍照时突然自动关闭	如果数码相机突然自动关闭，首先应该想到的是电池电力不足。但在更换电池后，数码相机仍然无法启动。此时感到数码相机比较热，明显是由于连续使用相机时间过长，造成相机过热
	相机显示 E18	涉及镜头单元或镜头挡板的错误，实际上有可能是镜头内的一颗螺钉脱落了。但没有专用的工具，是不可能重新把它拧上的，应使用专用工具解决

8. 佳能数码相机（适用其他型）

机型	故障现象	故障分析与处理方法
佳能数码相机（适用其他型）	相机显示 ERR99	取出电池重新安装。如果使用非佳能的镜头，或者相机(或镜头)操作不正确，也可能发生这个错误 相机快门部分异常可能导致此报错 相机主板故障可能导致此报错
	相机显示 ERR05	内置闪光灯的自动弹起操作受到阻碍
	相机显示 ERR04	卡已满，删除 CF 卡中不需要的图像或更换该卡
	相机显示 ERR01	镜头与相机之间通信失败，试着清洁镜头触点；或取出并重新插入 CF 卡；格式化 CF 卡；使用其他 CF 卡
	模式盘乱跳或失灵	内部接触问题或模式盘组件变形，断裂
	在室内成像有条纹，室外画面发白，录像正常	镜头变焦组件损坏。更换镜头变焦组件
	取景模糊，无法正确对焦	对焦组件坏或相机传感器发生偏移，专业调整
	显示菜单，无图像	能显示菜单说明电源部分及大部分电路是正常的。液晶显示等也正常，着重检查镜头部分。经检查发现镜头排线断裂，更换排线故障

续表

机型	故障现象	故障分析与处理方法
佳能数码相机（适用其他型）	拍摄时使用闪光灯(特别是晚上)图片出现白点或白圈	闪光灯的光线令空气中的灰尘或昆虫反光。使用广角时最明显，属正常现象
	使用了最高分辨率，光线也很好，但拍摄出来的照片却模糊不清	这种现象通常是由于在按快门释放键时照相机抖动而造成的。 处理方法： ①在拍摄照片时一定要拿稳相机，建议最好使用三脚架，或者将相机放到桌子、柜台或固定的物体上； ②将自动聚焦框定位于拍照物上或使用聚焦锁定机能； ③镜头有脏污会造成相机取景困难，从而使拍摄出的图像模糊，用专用的清洁镜头用纸清洁镜头； ④在选择标准模式时，拍照物短于距离镜头的最小有效距离(0.6m)，或者在选择近拍模式时，拍照物远于最小有效距离； ⑤在自拍模式下，站在照相机的正面按快门释放键，应看着取景器按快门释放键，不要站在照相机前按快门释放键； ⑥在不正确的聚焦范围内使用快速聚焦功能，视距离使用正确的快速聚焦键
	使用的 CF 卡无法插入或插入 CF 卡无法开机	卡槽针角变形或卡槽板坏。检修或更换
	在相同的光线亮度环境下拍摄，最终成像的四角出现明暗不一的现象	暗角现象与镜筒组件的位置结构有一定的关系，相机中的镜头光轴与 CCD 中心相对应，这样的结构使得 CCD 四周的光量与中心相比虽然暗一点，可是并没有明显的暗角；如果 CCD 往镜筒左上角偏移，越靠近镜筒边缘，入射光量就变得越少，于是暗角现象会慢慢凸现，直到 CCD 左上角完全没有了光线入射，此时暗角就会比较明显。 处理方法： ①在拍摄照片时将相机设置为光圈优先模式； ②先使用最小光圈拍摄蓝天，接着一挡一挡开大光圈进行拍摄； ③在电脑中应该使用看图软件浏览照片，检查周围是否有明显差异； ④如果出现的暗角比较明显，应该送维修站纠正 CCD 与镜筒口径位置，或更换镜筒组件
	液晶显示器加电后能正常显示当前状态和功能设定，但是不能正常显示图像，而且画面有明显瑕疵或出现黑屏现象	这种现象多数是由于 CCD 图像传感器存在缺陷或损坏导致的。更换 CCD 图像传感器即可排除故障
	数码相机在拍照时突然自动关闭	如果数码相机突然自动关闭，首先应该想到的是电池电力不足。但在更换电池后，数码相机仍然无法启动。此时感到数码相机比较热，明白是因连续使用相机时间过长，造成相机过热而自动关闭。停止使用，使其冷却后再使用即可排除故障。由于数码相机耗电很大，电池电力不足导致自动关闭的现象会经常出现

续表

机型	故障现象	故障分析与处理方法
佳能数码相机（适用其他型）	没有使用电池进行连接，使用的是外接电源，在使用时不小心碰掉了外接电源的插头，当再次开机使用时，发现相机中的SIM卡既无法删除旧照片，也无法再保存新照片	可能是由于SIM卡正在使用时突然断电，导致写入数据错误或存储卡数据系统紊乱，从而导致无法删除和保存照片。只要使用读卡器重新格式化SIM卡后即可解决问题 在使用数码相机的过程中，注意不要让数码相机突然掉电，这样会导致写入数据错误或存储卡中数据的紊乱，从而无法删除或保存图片
	拍摄的景物与LCD监视器里显示的景物有位移	因为所有照片在拍摄时都会有停滞的现象，也就是指从按动快门到能够实际拍摄出景物之间有一定的延时，此时如果景物有变化或拍摄者的手抖动，就会造成这种故障的发生。使用三脚架或更换为停滞时间短的数码相机即可解决问题。数码相机在电量不足情况下也有可能导致这种故障的发生
	拍摄时使用闪光灯（特别是晚上）图片出现白点或白圈	闪光灯的光线令空气中的灰尘或昆虫反光，使用广角时最明显，属正常现象
	显示菜单，无图像	能显示菜单说明电源部分及大部分电路是正常的。液晶显示等也正常，着重检查镜头部分。经检查发现镜头排线断裂，更换排线
	近距拍摄效果不好	在拍摄照片时，如果物体离数码相机太近，超出了焦距对焦范围，那么拍摄出来的照片最终就不会太清晰。如果数码相机有微距拍摄功能，只要激活其功能并在相机允许的近距离范围内拍摄相片，即可得到较好的效果。现在市场上流行的多数数码相机都具有微距拍摄的功能，所以应用微距拍摄
	在夜间拍摄照片时，必须利用内置闪光灯才能进行拍摄，但只能拍摄到人物，背后夜景在相片上消失了	利用内置闪光灯拍摄时，快门值会自动调得较高，因曝光时间不够，因此背后光线较弱的夜景，就不能被很好地拍摄在相片中。 处理方法如下。 ①将相机安装在脚架上，再利用TV快门功能，调校快门至较慢速度，如1～2s等，长时间曝光使被拍人物背后的夜景重现。不过在曝光中途被拍的人物绝不能动，否则会变得模糊不清。 ②利用数码相机的Slowsync闪光灯模式，在闪光灯拍摄后继续曝光一点时间，使背景的微弱光线都能拍摄下来，这样便可保证被拍人物及背后夜景都能清晰地重现于相片中。如果发现背景仍有模糊情况，可能要将相机安装在脚架上拍摄
	在拍照时，突然出现了按快门释放键时不能拍照的现象	引起故障的原因有可能是Smart Media卡已满。也有可能是正在拍照时或正在写入Smart Media卡时电池耗尽。 处理方法： ①如果是Smait Media卡已满导致的故障，此时应该更换Smart Media卡，也可以抹掉不要的照片或将全部相片资料传送至个人电脑后抹掉即可； ②如果是正在拍照时或正在写入Smart Media卡时电池耗尽导致的故障，此时可以更换电池并重新拍照即可。 有一点值得注意的是，刚拍的照片正在被写入Smart Media卡时，应该放开快门释放键，等到绿色指示灯停止闪烁，并且液晶显示屏显示消失后再使用

续表

机型	故障现象	故障分析与处理方法
佳能数码相机（适用其他型）	无法识别其存储卡	这种现象通常是由于存储卡芯片损坏或者是使用了与数码相机不相容的存储卡
	拍摄的照片，有较为明显的漏光痕迹，而且色彩渐变，出现偏色现象	由于现在数码相机过于追求小型功能化，闪光灯与镜头组件部分的距离相比以前有所缩短，加上闪光灯与镜头组件各自在组装时虽然在厂商的规格范围内，但仍然有不太严谨的情况发生。闪光灯中镁灯管发出的高亮光线透过镜头组件中的孔隙，映射到CCD表面，破坏了色彩还原时的RGB三原色成分，导致最后拍摄的照片出现偏色现象。 处理方法： ①在拍摄照片时应设置相机为最高ISO感光度模式； ②开启强制发光功能； ③盖严镜头盖，确保镜头没有任何光线入射； ④分别运用光学变焦使相机在长焦、广角和中端拍摄照片； ⑤先通过LCD观察有无明显的漏光偏色现象，如果在LCD中观察没有异样，可以把刚刚拍摄的照片导入电脑中的Photoshop，直接按“Ctrl＋L”键调出色阶对话框，在对话框中拉动右边的白色箭头到有图像信息的位置，就可看见最终图像的偏色效果； ⑥检查出偏色现象以后，应该将数码相机送维修站校正闪光灯

二、索尼数码相机(DC)故障检修

1. 索尼F505/F707/F717型数码相机

机型	故障现象	故障分析与处理方法
索尼F505/F707/F717型数码相机	图像变绿	先检查LCD部分，没发现虚焊，驱动芯片无异常。测量各点电压正常，于是拆下电源板进一步检查。当拆下电源与镜头的连接排线时，发现两根排线的其中一根明显氧化了。用胶擦擦干净后装机，一切正常
	相机被摔后，打开电源开关，镜头无法打开	根据故障现象分析，此故障应该是相机被摔后造成镜头内部的机械部件错位或损坏引起的。取下电池，拆开数码相机外壳，然后拆开镜头组件，仔细观察，发现镜头中的一个齿轮错位。将错位齿轮所在机械部分拆下，检查齿轮，未发现损坏。接着将齿轮等机械组件重新装好，再将数码相机装好，然后开机测试，镜头打开正常，拍照正常，故障排除
	出现取景偏黄色或红色，成像正常	这类故障多发生在F系列机型上，大排线组损坏

2. 索尼 T10/T20/T30 型数码相机

机型	故障现象	故障分析与处理方法
索尼 T10/T20/T30 型数码相机	机身剧烈振动，画面模糊不清	机身防抖组件坏，检修或更换
	显示屏显示 E：61：00 或 E：61：10	由于无法初始化对焦，镜头驱动电路出现故障
	打开电源开关，镜头无法打开	根据故障现象分析，此故障应该是被摔后造成镜头内部的机械部件错位或损坏引起的。取下电池，拆开数码相机外壳，然后拆开镜头组件，仔细观察，发现镜头中的一个齿轮错位。将错位齿轮所在机械部分拆下，检查齿轮，未发现损坏。将齿轮等机械组件重新装好，再将数码相机装好，开机测试，镜头打开正常，拍照正常，故障排除
	显示屏显示 E：62：10	这类故障多发生在带防抖功能的卡片机上，如 T9、T10、T20、T30、T100。机身防抖组件坏，检修或更换

3. 索尼 DSC-W7/DSC/S90/DSC-W5 型数码相机

机型	故障现象	故障分析与处理方法
索尼 DSC-W7/DSC/S90/DSC-W5 型数码相机	①关闭数码相机电源，镜头不能缩回正常状态 ②再次开机，镜头微调，屏幕出现“请关闭电源并重新启动” ③关闭电源，镜头微调，电源关闭，镜头不能缩回正常状态	解决办法： ①先打开电源； ②关闭电源，手指微微用力，感受镜头驱动马达力度； ③打开电源，跟随镜头马达驱动方向，感受驱动马达移动范围； ④关闭电源，跟随镜头马达驱动方向，手指微微用力下压镜头，当镜头马达向外驱动时，则松劲，当镜头马达向内驱动时，手指加力，使镜头缩回正常位置
索尼 DSC-H1/L1/P200/W7 数码相机		首先关闭使变焦，3 倍状态直接关机，并且电源不足，镜头伸扭两下就不动。按屏幕提示“请关闭电源并重新启动”，关闭、启动电源，镜头微调。按照液晶屏上提示，反复关闭电源几次后故障排除

4. 索尼 A60/A70 型数码相机

机型	故障现象	故障分析与处理方法
索尼 A60/A70 型数码相机	相机摔坏	一般相机被摔坏主要是电路板和镜头组件被破坏。电路板一旦摔断裂，就需要更换主板；变焦镜头摔进去，造成关不了机或关机开机时出现“E18”错误报警的现象。这样的相机修理，要打开机壳。注意打开机壳时要把拍摄和播放按钮设在“拍摄”状态，防止将电路板上的微动开关拉坏变形。卸下主板和显示主件后，就可卸下变焦镜头主件。变焦镜头主件的拆卸，要在无尘箱中操作，防止灰尘落入镜片和 CCD。索尼 A60/A70 数码相机所用变焦齿轮较宽厚，不太容易断齿，大多数是变形错位。将拆下的齿轮、电机、测光调焦元件分类放好。再将错位的齿轮重新对正组装。在安装时要细心，防止故障范围扩大

续表

机型	故障现象	故障分析与处理方法
索尼 A60/A70 型数码相机	相机进水	进水主要损坏电源板和主板，这些部件被损坏了，相机就开不了机。如果相机进水，应立即把 4 节 AA 电池取出，并把机内纽扣电池 CR1220 也立即取出，防止通电引起故障范围扩大。相机的底座部位是电源转换板，把 4.3V 的直流电通过逆变升压变压器转换为＋5V、－5V、＋3.3V、＋12V几组电源。电源板的电流大，发热量高，进水后极易损坏。如果电源开关损坏，更换即可。更换时的焊接工具应使用热风枪；如果保护升压集成块烧毁，就应更换整块电源转换板
	CF 卡及卡座损坏时显示“E50”警示	CF 卡插座相机的 CF 卡插座也是故障较多的地方。CF 卡插座的针脚，OV 脚最长，数据脚中等，正电源脚最短，这样排列是为了保护 CF 卡和卡内的数据不被损坏。如果 CF 卡插反，就会损坏 CF 卡插座。CF 卡插座的拆装也应用热风枪。可能买不到原装的插座，可购买一个成品的 CF 卡读卡器，拆下 CF 卡插座来代换
	出现“E18”和“E50”显示	应把 4 节 AA 电池和 CR1220 取出，待放电 30min 后再装入电池开机重启。AA 电池盖和 CF 卡盖连接的有微动开关，接触不到时是无法启动的。在 AA 电池仓内的顶端，可以看见有一个比火柴头还小的元件，这个元件是温度检测元件，在 AA 电池发热到指定温度时，关机报警。电池漏液也常会使它动作保护，遇到这种情况，应更换它

5. 索尼数码相机（适用其他型）

机型	故障现象	故障分析与处理方法
索尼数码相机（适用其他型）	取景显示屏黑屏或花屏，拍照或录像后回放跟取景时一样	这类故障多发生在 T 系列及 P 系列机型上，传感器(CCD)出现异常
	快门钮失灵，脱落	这类故障多发生在 H 系列机型上，需要更换快门按键组
	开机后镜头不停地来回伸缩	这类故障多发生在 W 系列机型上，镜头后组损坏
	开机指示灯能亮，镜头却无法伸出，镜头内部有异响	这类故障多发生在 P 系列机型上，镜头变焦组损坏
	开机后提示存储卡出错或需要格式化存储卡	闪存卡坏或使用了非原装劣质闪存卡
	室内拍摄成像有横条纹，室外拍摄画面发白(曝光过度)，拍摄动画(录像)正常	这种故障多发生在 S 系列机型上，镜头快门组件坏
	相机 LCD 显示屏上显示 C：32：01	关掉电源稍等片刻，再重新启动相机，如果此问题仍然存在，需要送至维修站检测
	插入 Memory Stick 卡时 LCD 屏幕上会显示 C：13：01	存储卡错误代码，可能正在使用的 Memory Stick 卡已经损坏

松下数码相机(DC)故障检修

1. 松下 FX8 型数码相机

机型	故障现象	故障分析与处理方法
松下 FX8 型数码相机	刚拍摄的相片不能在液晶显示屏上呈现	①电源关闭着或记录模式开启着。将记录/播放开关设定于播放位置,并接通电源。 ②Smart Media 卡无相片。查看控制面板
	液晶显示屏模糊不清	①亮度设定不对。在播放模式下,从菜单选择 ERIGHT-NESS 并进行调节。 ②阳光照射在显示屏上。用手等遮住阳光
	相机连接电脑传送资料至电脑时出现出错信息	①电脑未插接好,正确插接电缆。 ②电源未打开。按电源键接通电源。 ③电池耗尽。更新电池或使用交流电源转接器。 ④串行口选择不当。用操作系统软件确认串行口是否选择得当。 ⑤无串行口可供使用。按个人电脑的使用说明空出一个串行口(仅限于 Macintosh 开关 AppleTalk/LocalTalk 机能)。 ⑥图像传送速度选择不当。在电脑上选择正确的传送速度。 ⑦未安装 TWAIN/Plug-In。将 TWAIN/Plug-In 安装在电脑上
	加电后液晶显示不能正常显示当前状态	正常情况下,加电后液晶显示器应能正常显示当前状态,并且随着功能设定的改变和拍摄的进行,显示器能做出相应的反应。如加电后液晶显示器不能正常显示当前状态,多数情况是电池接触不良或电量不足所致。可以重新装好电池或更换新电池。更换新电池时,注意必须全部更换,不能新旧电池混用
	在部分情况下拍照正常,在光线稍强的环境下拍出的照片感觉曝光过度,光线越强,感觉曝光越严重	快门故障引起。经检查问题是快门挡片错位后卡死,造成成像时不能闭合,导致曝光过度。仔细观察快门挡片上的印子就是错位且镜头受外力造成的压痕。细心地把压痕压得尽量平整,然后装回正常的位置即可
	相机黑屏	一般有两个可能:一个是快门没打开,一个是 CCD 坏。最简单是办法是,开机看一下光圈打开没。如果看不清,可以变焦放大光圈,就可以判断是什么坏了。光圈要是打开了,那就是 CCD 坏了;反之没打开就是光圈坏了

2. 松下数码相机 (适用其他型)

机型	故障现象	故障分析与处理方法
松下数码相机(适用其他型)	LCD 显示屏不能显示,或图像很暗,其他功能正常	LCD 显示屏引脚断路或接触不良
	在室内拍摄成像有横条纹,室外拍摄画面发白(曝光过度),拍摄动画(录像)正常	镜头快门组件坏

续表

机型	故障现象	故障分析与处理方法
松下数码相机（适用其他型）	镜头无法伸出或无法缩回，开机镜头内部有异响	镜头变焦组件损坏
	显示屏是花屏或黑屏，拍照或录像后回放跟取景时一样	传感器(CCD)出现异常
	闪光灯不发光	①未设定闪光灯。按闪光灯弹起杆，设定闪光灯。 ②闪光灯正在充电。等到橙色指示灯停止闪烁。 ③拍照物明亮。使用辅助闪光模式。 ④在已设定闪光灯的情况下，指示灯在控制面板上点亮时，闪光灯工作异常。予以修理
	相机不动作	①电源未打开，按电源键接通电源。 ②电池极性装错。重新正确安装电池。 ③电池耗尽。更新电池。 ④电池暂时失效。使用时，应保暖电池；在拍照间隙，暂时不使用电池。 ⑤卡盖被打开。关闭卡盖
	相机自动关闭	①如果数码相机突然自动关闭，首先应该想到的是电池电力不足了，更换电池。 ②如果更换了电池以后，数码相机还是无法开启，而发现相机比较热时，那就是因为连续使用相机时间过长，造成相机过热而自动关闭了。停止使用，等它冷却后再使用
	按快门释放键时不能拍照	①刚拍照的照片正在被写 Smart Media 卡，此时放开快门释放键，等到绿色指示灯停止闪烁，并且液晶显示屏显示消失。 ②Smart Media 卡已满。更换 Smart Media 卡，删除不要的照片或将全部相片资料传送至个人电脑后抹掉。 ③正在拍照时或正在写入 Smart Media 卡时电池耗尽。更换电池并重新拍照。 ④拍照物不处于照相机的有效工作范围或者自动聚集难以锁定。参照标准模式和近拍模式的有效工作范围或者参照自动聚焦部分
	相机无法识别存储卡	①使用了跟数码相机不相容的存储卡。不同的数码相机使用的存储卡是不尽相同的，大多数码相机不能使用一种以上的存储卡。解决方法是换上数码相机能使有的存储卡。 ②存储卡芯片损坏。找厂商更换存储卡。 ③存储卡内的影像文件被破坏了。造成这种现象的原因是，在拍摄过程中存储卡被取出，或者由于电力严重不足而造成数码相机突然关闭。如果重新插入存储卡或者重新接上电力，问题还是存在，格式化存储卡

四、三星数码相机(DC)故障检修

1. 三星 I5/I6 型数码相机

机型	故障现象	故障分析与处理方法
三星 I5/I6 型数码相机	从 LCD 上看相正常，但是照出来发白，放大有横条	一般内置镜头不断快门线，是叶片被油粘住了，油从马达泄漏出来的。用酒精清洗叶片。清洗叶片时要特别小心，叶片很容易变形，一旦变形很难复原。外置伸缩镜头一般都是快门线断，由于伸缩频率太高，换快门线。外置伸缩镜头也有叶片被油粘住的

2. 三星 Dig Imax i50 数码相机

机型	故障现象	故障分析与处理方法
三星 Dig Imax i50 数码相机	如果 USB 连接发生故障，检查 USB 驱动程序安装是否正确	正确安装 USB 驱动程序
	如果 USB 连接发生故障，检查 USB 线缆是否接通或规格是否匹配	使用正确规格的 USB 线缆
	如果 USB 连接发生故障，检查是否电脑将 USB 当作其他设备或未知设备	有时照相机在设备管理器中显示为[未知设备]。正确安装相机驱动程序。 关闭相机电源，拔掉 USB 线缆，重新连接 USB 线缆。打开相机电源，电脑可正确识别相机
	文件传输过程中出现错误	关闭相机电源再打开，然后再重新传输文件
	如何知道电脑是否支持 USB 界面？	①确认电脑或键盘上的 USB 接口。 ②确认操作系统版本，Windows 98，98se，Windows 2000，Windows me，Windows XP，均支持 USB 界面。 ③检查[设备管理器]中的[通用串行总线控制器]。 按下列步骤检查[通用串行总线控制器]。 Win98/me：搜索[开始→设置→控制面板→系统→设备管理器→通用串行总线控制器] Win 2000：搜索[开始→设置→控制面板→系统→硬件→设备管理器→通用串行总线控制器] Win XP：搜索[开始→设置→控制面板→系统→硬件→设备管理器→通用串行总线控制器]。在[通用串行总线控制器]下应有[usb host controller]和[usb root hub] 当具备以上条件时，电脑可支持 USB 界面

续表

机型	故障现象	故障分析与处理方法
三星 Dig Imax i50 数码相机	使用 USB hub 时 pc 和 hub 不兼容	pc 和 hub 不兼容，当通过 USB hub 将相机与 pc 连接时会出现问题。此时，可将相机直接与 pc 连接
	电脑是否与其他设备的 USB 线缆连接	当电脑与其他设备的 USB 线缆连接时，相机有可能不被正常识别。此时，拔掉其他 USB 线缆，只保留相机的 USB 线缆
	当打开设备管理器[点击开始→（设置）→控制面板→（性能与维护）→系统→（硬件）→设备管理器]时，出现一些带有黄色问号（?）或惊叹号（!）标志为“未知设备”或“其他设备”项	①在带有问号（?）或惊叹号（!）标志的键上，点击鼠标右键，并选择“删除”，重新启动电脑，并再次与相机连接。 在 Windows 98 操作系统中，应删除相机驱动程序，并再重新启动电脑，然后重新安装相机驱动程序。 ②双击带有问号（?）或惊叹号（!）的条目，点击[驱动程序]项，再点击[更新驱动程序]或[重新安装驱动程序]。如果出现一条信息，要求指定该设备的相应驱程序时，应指定驱动光盘中的“USB driver”
	在有的安全程序（norton anti virus，v3 等）中，电脑不能把相机识别为可移动磁盘	停止安全程序后，连接相机和电脑。停止安全程序的方法参考说明书上的安全程序指南
	如果动态影像在电脑上不能播放	通常都是因电脑中没有视频编码解码器或冲突导致的，重新安装

3．三星 NV10 型数码相机

机型	故障现象	故障分析与处理方法
三星 NV10 型数码相机	拍照成像有条纹，曝光过度	原因是主板不良引起成像条纹、泛白。根据经验，成像出现条纹、曝光过度是因为镜筒不良引起的。更换新的镜筒和主板后，换完后拍照测试，只是对焦不良（未做升级和相面调整），成像并没有出现条纹，再将相机升级，然后调整相面。经过拍照测试后，故障排除

4．三星 I85 型数码相机

机型	故障现象	故障分析与处理方法
三星 I85 数码相机	插入充电器后，充电器指示灯红色黄色交替闪烁（正常是红色灯常亮），不能充电	电池仓内的电池触点不良引起的不充电故障。修理方法：插入充电器后首先亮了一下红色的灯，然后红色、黄色灯交替闪烁。正常是红色灯常亮才是充电状态。首先将充电器和电池放在另一台相机上测试可以充电，排除了电池和充电器不良。根据维修经验，一般相机不充电是电源板引起的，所以更换新的电源板，故障依旧。然后用手按住电池测试，发现红灯常亮了，于是用带钩的镊子把几个电池触点向外拉伸了一点，又顺便把电池触电及电池仓都清洁一下，反复测试后，确认可以正常充电，恢复正常，故障排除

5. 三星 S500 型数码相机

机型	故障现象	故障分析与处理方法
三星 S500 数码相机	S500 开机镜头不出，3～5s 后报警，然后自动关机断电，镜头不缩回	镜头内部灰尘过多，导致开机时镜头复位时各个镜筒受阻，不能复位，所以报警。修理方法：将镜头拆开，用吹尘球吹掉灰尘，在用药棉加酒精擦拭各个镜筒内部和滑道，最后给镜筒内部滑道上油即可

6. 三星 350SE/S800 型数码相机

机型	故障现象	故障分析与处理方法
三星 350SE 数码相机	在山上拍照时不小心掉在地上，相机壳已摔坏，相机开机无任何反应	用万用表检查，发现主板各路电压均无，互感滤波器 CMP1 不通，有断裂痕迹。此电源互感滤波器的作用：在使用外接电源时可防止机器内外的高频信号相互干扰。机内的电池也要通过它供电。更换新元件后，故障排除
三星 S800 数码相机	按开机键镜头不伸出，液晶屏无显示，机器“滴滴滴”响几声就没反应	机器不开机，但是能发出报警声，说明相机主板能检测到故障，那么主板应该没问题，故障应该出在其他硬件。首先怀疑镜头问题。拆机，把镜头排线取下，后加电开机，机器正常开机了，只是镜头没有动作，那是因为排线取下。维修方法：把镜头解体，用毛刷清理镜筒，把灰尘清理干净，再重新组装好，开机，故障排除

7. 三星数码相机（适合其他型）

机型	故障现象	故障分析与处理方法
三星数码相机（适合其他型）	照片上布满横纹，曝光过度，摄像正常	快门损坏，一直打开而不能闭合。或是快门排线坏。解决办法：检查快门组件和排线，一般是排线损坏
	室内拍摄正常，室外曝光过度	光圈组件损坏，或排线损坏。解决办法：更换相应配件
	操作一切正常，但取景和拍摄照片全黑高温（主传感器坏）	对着镜头看，看快门按钮按下一瞬间快门是否关闭后又打开。如果快门开合正常，一般为 CCD 或主板问题。如果快门无动作，则为快门故障，快门一直闭合无法打开。更换或维修相应部件，更换主传感器
	在室内拍摄成像有横条纹，室外拍摄画面发白（曝光过度），拍摄动画（录像）正常	这类故障在三星 S 系列和 I 系列都很普遍。传感器（CCD）出现异常
	取景显示屏是花屏或黑屏，拍照或录像后回放跟取景时一样	传感器（CCD）出现异常，检修或更换
	取景白屏，拍摄及其他功能正常	LCD 损坏或按键板故障。检修或更换

续表

机型	故障现象	故障分析与处理方法
三星数码相机（适合其他型）	开机后镜头不能伸出或伸出后不能缩回。这类故障在S系列偶尔出现	镜头变焦组件损坏。检修或更换
	室外画面发白，录像正常	镜头快门组件损坏。检修或更换
	启动电源镜头盖打开，其他无反应	主板故障。检修或更换
	取景白屏，成像及其他功能正常	LCD损坏或按键板故障。检修或更换
	液晶显示器显示图像时有明显瑕疵或出现黑屏	加电后液晶显示器能正常显示当前状态和功能设定，但不能正常显示图像，画面有明显瑕疵或出现黑屏。出现这种情况，多数是CCD图像传感器存在缺陷或损坏所致。此时应更换CCD图像传感器
	电脑不能正常下载照片	这种情况大多数是电脑连接线有问题。依照相机接口不同，电脑连线方式很多，常用的标准串口连线就有三种，此外还有USB等其他连线。进行连线操作时务必到位、不松动，有条件的话，最好有备用连线，这样连线出现问题可以及时更换
	用专用照相纸打印出来的照片不清楚	数码照片的图像质量直接与每英寸像素数目（dpi），即图像分辨率有关。像素越多，分辨率越高，图像质量越好。为了得到好的打印质量，所需图像分辨率大约是300ppi。使用数码相机拍照时，如果准备将照片打印出来，一定要使用相机所允许的最大像素数。当然，像素越多也就意味着文件越大，在相机内存中存放的照片的数量就会减少
	打印出来的图像模糊不清、灰暗或过度饱和	照片拍摄正常，但打印出来的图像模糊不清、灰暗或过度饱和。这种情况多数是因为所用纸张不符合要求。打印图像时所用纸张类型对图片的质量有重大影响。同一幅图像打印在专用照相机纸上显得亮丽动人；打印在复印纸上则清晰、光亮；而打印在便宜的多用途纸上时，则会显得模糊不清、灰暗或过度饱和
	液晶屏显示图像扭曲，偏色，模糊，混乱，甚至黑屏。拍照和摄像都是如此	CCD问题。这些故障相机共同的特点是都用了SONY的问题CCD，时间长了后CCD内部引线脱焊导致故障。 更换CCD。也可以把故障CCD上的玻璃封装拆下来，对引线重新焊接后再封回去
	开闪光灯不拍照，关闭闪光灯能拍照	闪光灯板坏或主板损坏。维修或更换相应板子
	液晶屏黑屏或显示错乱，照片正常	液晶屏排线损坏。旋转LCD的机器多见。更换排线

续表

机型	故障现象	故障分析与处理方法
三星数码相机（适合其他型）	不识别卡	首先换个识别卡试试。排除卡的问题之后，一般是相机的卡槽坏了。CF卡多见，一般为野蛮插拔导致。 更换卡插槽。由于卡槽下方一般有各种电路和芯片，更换时务必非常小心
	某个或某几个按键失灵	首先用万用表检查按键有无损坏，要求按键接触良好且无漏电。某些时候一个按键受潮漏电，可导致几个按键甚至整个相机失灵。如果按键无问题，则检查主板、排线、插座等
	闪光灯损坏	检查主板上的相应电路。检查闪光灯振荡电路、闪光电容和触发电路。一般是脱焊和某些元件（三极管等）烧坏。 把怀疑脱焊的地方重新焊接一遍。检查和更换损坏元件
	无法对焦，拍摄的照片全部是模糊的	可能是对焦组件出现故障，对焦电机排线断，也可能是镜头摔过、磕过，使里面的镜片移位。查到故障后对应解决
	镜头内部机械部分卡住	拆开相机检查镜头内部。此类故障的严重程度可大可小。可能就是镜头的滑轨错位，拆下装好就行了
	相机操作一切正常，但取景和拍摄照片全黑	对着镜头看，看快门按钮按下一瞬间快门是否关闭后又打开。如果快门开合正常，一般为CCD或主板问题。如果快门无动作，则为快门故障，快门一直闭合无法打开。更换或维修相应部件
	室内拍摄正常，室外曝光过度	光圈组件损坏，或排线坏。更换相应配件

五、尼康数码相机(DC)故障检修

1. 尼康5400型数码相机

机型	故障现象	故障分析与处理方法
尼康5400型数码相机	能开机，但是镜头不能伸缩，提示镜头错误	初步判断对焦组有问题，于是拆开机器，特别注意开盖后先对主电容放电。对镜头组件全部进行清理，发现没有很多杂物。然后对对焦组的滑道进行铅笔润滑，使用外加直流电2.5V对对焦组进行测试，对焦组正常，装机。装机后仍然提示镜头错误，重新拆机，放电，打开镜头组，取掉CCD，重新对对角组加2.5V直流测试，正常。装上CCD对对角组加2.5V直流测试，镜头伸缩受阻。经检查为CCD组件中手动调焦组里面一个塑料齿轮变形，导致整个对焦电机运行受阻。更换将坏齿轮后故障排除

续表

机型	故障现象	故障分析与处理方法
尼康5400型数码相机	机身剧烈振动,画面模糊不清	这类故障多发生在带防抖功能的机型上
	开机提示镜头错误	这类故障多发生在S系列机型上
	取景模糊,无法正确对焦	对焦组件损坏坏或者发生偏移
	使用的CF卡无法插入或插入CF卡无法开机	卡槽针角变形或卡槽板坏
	部分或全部按键失灵	按键板发生异常

2. 尼康5700型数码相机

机型	故障现象	故障分析与处理方法
尼康5700型数码相机	可以正常开机,但在拍摄模式下,液晶屏黑屏没显示;而在预览模式下,可以浏览相机存储卡中的照片	根据故障分析,数码相机在拍摄模式下黑屏,可能是镜头中的快门有问题,CCD损坏或图像处理器有问题引起的。 其中,快门如果无法打开,景物光线无法进入相机,就无法获得图像,显示屏就会黑屏;而CCD是数码相机成像器件,损坏后的表现一般就是相机黑屏、花屏、图像扭曲、图像变色、色彩失调的等,因此CCD也是重点检查的对象;最后是图像处理器,它是数码相机的数据处理和控制中心,一旦出现问题,同样可能出现黑屏故障。 对于这些故障原因,一般先检查快门问题。再检查CCD问题,最后检查图像处理器问题。更换图像处理器后,故障排除
	不能对焦	可能是对焦机构卡住或对焦机构驱动电路损坏。比较常见的是对焦机构卡住错位造成,因为数码相机镜筒较短,内对焦机构比较脆弱。小心拆开对焦机构,仔细研究内部机构,对故障处进行维修处理后重新装配调试
	不开机	①先检查各功能开关是否正常,操作是否到位。 ②在确定各功能开关正常后,按供电电路的正常与否来查。由于数码相机工作时电流较大,特别是液晶显示屏开启瞬间,电流量大,达到0.6A左右,这给供电电路的小阻值保护电阻很大的电压,这些几十欧、几欧甚至零点几欧的保险电阻极易短路,造成开路,出现死机。所以,在检修这类故障时,要重点检查这些阻值小的电阻,一般可以解决问题

3. 尼康 Coolpix885 数码相机

机型	故障现象	故障分析与处理方法
尼康 Coolpix885 数码相机	相机使用不当，镜头进入沙子。能开机，镜头有点卡，不能关机。开机后 LCD 显示 System Error，不能变焦，快门也按不下。可以浏览 CF 卡中已存图片，与计算机相连下载图片也没有问题	初看是相机主电路板的问题，但考虑到此相机有错误记忆功能，相机开机镜头有点卡，使相机产生错误记忆，最终使相机出现上述症状。解决办法：清理相机镜头（相机故障部分），并消除相机错误记忆。 提示：清理完毕后装回相机，注意镜头光学取景器垫片各不相同。在装回相机以前先把装在模式转换控制板上的"记忆电容"（C3058，5.5V/0.3F）的电放掉，以消除相机以前产生的错误记忆。建议"记忆电容"的电放到 1.5V 以下，不建议直接用导线放电
	LCD 无法显示，其他功能正常	LCD 排线组损坏

4. 尼康数码相机（适合其他型）

机型	故障现象	故障分析与处理方法
尼康数码相机（适合其他型）	在室内拍摄成像有横条纹，室外拍摄画面发白（曝光过度）	镜头快门和快门组件异常。检修或更换
	取景显示屏是黑屏或花屏，拍照或录像后回放跟取景时一样	传感器（CCD）出现异常。检修或更换
	不闪光	这种故障依照检修传统电子相机的办法，思路大致为：供电—振荡—整流—高压充电—触发—闪光。开机检查，若主电容上不高压，则故障在发光部分；反之，则检查振荡电路部分
	不能存储图像	一般为存储卡损坏或存储卡与相机接触不良。存储卡可用其他相机或者读卡器检测。接触点可用清洁剂洁净，最好采用修手机的方法，用橡皮擦，认真擦去触点的污物，保持触点的良好性能

六、柯达数码相机（DC）故障检修

1. 柯达 V530/V550/V603 数码相机

机型	故障现象	故障分析与处理方法
柯达 V530/V550/V603 数码相机	开机显示屏花屏或黑屏	这类故障多发生在柯达 V530/V550/V603 上，显示屏排线不良或显示屏损坏

续表

机型	故障现象	故障分析与处理方法
柯达 V530/V550/V603 数码相机	拍摄的照片出现"红眼"现象	"红眼"现象的产生是由于闪光灯的闪光轴与镜头的光轴距离过近，在外界光线很暗的条件下人的瞳孔会变大，当闪光灯的闪光透过瞳孔照在眼底时，密密麻麻的微细血管在灯光照映下显现出鲜艳的红色反射回来，在眼睛上形成"红点"的自然现象。如今市场上的许多 DC 或是 FC，在设计上着重于轻、薄、短、携带方便，因此闪光灯距离镜头比较近也理所当然。"傻瓜式"相机的内置闪光灯就在镜头旁边，即使反向的相机"机顶灯"能够"跳起来"，距离镜头也仍然不远。总之，只要是镜头与闪光灯之间的夹角设计得太小，就很容易形成"红眼"现象。 解决办法如下。 ①使用相机消除功能。目前数码相机都有"红眼"防止功能，主要是通过闪光灯的预闪，促使瞳孔做某种程度的收缩，以减少反射回来的红光。这种方法虽然可以有效地减少"红眼"现象，但实际上作用也是极其有限，并不能真正、完全消除或避免"红眼"现象的发生。 ②图像处理软件 Photoshop CS2 专门提供了去除"红眼"功能，用该软件可轻松除去照片上的"红眼"
	照片中出现亮斑现象，有时还会有光晕出现	这种现象主要是数码相机物镜漏光，之后在相机内部被镜筒等组件反射入 CCD 所导致的。 解决办法如下。 ①在拍摄照片之前要先盖上镜头盖，防止光线射入。 ②设置数码相机的 ISO 感光度为最高。 ③在 AUTO 模式下让取景器的物镜对着强光进行拍摄，这样可借助强光灯来直接照射取景器的物镜，也可以将数码相机对着阳光拍摄。 ④为了能够确保所有方向的光线均射入取景器，可以适当对着光源摇动数码相机，然后再进行拍摄。 ⑤拍完照片之后，在电脑中观察照片效果，检查有无光亮斑现象，也可以使用 Photoshop 进行调节。 ⑥也可以按照上述 5 个步骤再对取景器的像镜、LCD 显示屏做同样的检测。 ⑦用以上方法，如果仍然不能避免或消除照片中的亮斑现象，就应该将数码相机送到维修点进行维修

2. 柯达 LS443 数码相机

机型	故障现象	故障分析与处理方法
柯达 LS443 数码相机	不能开机，或镜头无法正常伸缩，提示 E45 代码	这类故障在 LS443 上常见，镜头变焦组件损坏

续表

机型	故障现象	故障分析与处理方法
柯达 LS443 数码相机	电脑无法与数码相机通信	此类故障有以下 4 种可能性。 ①数码相机电源被关闭。 ②模式拨号还没有设定为连接。 ③数码相机与其他装置发生冲突。 ④电脑的电源管理程序可能会将接口关闭,以节省电池寿命。 解决办法如下。 ①首先打开数码相机,再将数码相机的模式拨号设定为连接方式。 ②重新设置 IRQ 等,以免与其他装置发生冲突。 ③最后再关闭电源管理功能,一切设置完毕后再进行测试。如可以在电脑上打开照片,即故障排除
	数码照片中出现黑斑现象	通常是由于 CCD 表面有异物造成的,而镜头前附着的灰尘几乎可以忽略。靠近 CCD 的区域有污点之类的异物,异物的影子成像后便会显示在最终的画像中,污点越靠近 CCD,影子就会越清晰。 解决办法如下。 ①在拍摄照片时,使用最长焦距,并将数码相机设置到最小光圈再进行拍摄。 ②拍摄完照片后,再在电脑中运行看图软件,核对照片是否有明显的黑斑。 ③如果有黑斑现象,就要送维修点清洁 CCD,或者更换镜筒组件,即可解决问题

3. 柯达 3600 数码相机

机型	故障现象	故障分析与处理方法
柯达 3600 数码相机	LCD 显示屏不显示,其他功能正常	LCD 显示屏排线不良或显示屏损坏
	死机,开机通电指示灯闪亮一下,随即熄灭	因该机通电有反应,检查重点放在电板部分,经检查未发现问题,进一步检测发现镜头盖开启微动开关损坏。更换微动开关
	用该相机拍摄完毕,在向计算机传输图片进行到一半时出现故障。具体表现为:相机小液晶屏幕出现提示:“Ed2”,不能再正常使用该相机,无论是拍照,还是做其他工作,均为相同提示	该故障极有可能是电池不良引起相机内部控制程序出错所致。检修步骤如下。 ①更换进口相机专用电池,但故障依旧。 ②下载更新的程序,对相机进行程序重写即可修复。 ③如无法修复,可先关闭相机,按住相机上的“TAB”键及“ENTER”键的同时打开相机开关。按提示操作,相机提示为三条不停转圈的细线,同正常相机上传时的提示一样,但仍无法找到相机。问题是不是出在连接线上?把线拔下来用万用表逐一测量,没发现任何问题;检查通信口及相机接口,正常。重新换一台微机,连接好相机,执行程序,却能顺利进行,提示找到相机,进行下一步工作。

续表

机型	故障现象	故障分析与处理方法
柯达 3600 数码相机		④根据提示，选择继续进行后，却提示更新工作无法进行，自动中断。关闭相机，拔下连线，重新打开相机，却提示："Ed1"！其他情况同刚出故障时一样。分析原因，由于提示不同，可能是更新工作已进行了一部分，应继续进行。原样连接好，执行，这次顺利完成，根据提示，输入数据文件DC120_14.FW，对相机内部控制软件进行重写。大约10分钟后，进度条提示结束，更新工作完成。 ⑤关闭相机，拔下连接线，第一次打开相机，提示要将存储卡进行格式化，按ENTER继续进行，提示存储卡格式化完成。关闭相机，重新打开，拍照、传输一切正常，故障排除

4. 柯达数码相机（适合其他型）

机型	故障现象	故障分析与处理方法
柯达数码相机 （适合其他型）	显示：E00 故障代码	通信错误（微处理器）
	显示：E12 故障代码	镜头、主板都有可能发生错误。检修或更换
	显示：E14 故障代码	镜头、主板都有可能发生错误。检修或更换
	显示：E15 故障代码	镜头聚焦步进电机发生错误，检修或更换
	显示：E20 故障代码	读写时出现的错误闪存
	显示：E22 故障代码	发生错误，镜头缩回（镜头主板）。检修或更换
	显示：E25 故障代码	镜头聚焦步进电机发生错误。检修或更换
	显示：E41 故障代码	发生错误，镜头缩回
	显示：E81 故障代码	发生错误，镜头缩回

七、卡西欧数码相机（DC）故障检修

1. 卡西欧 Z2 数码相机

机型	故障现象	故障分析与处理方法
卡西欧 Z2 数码相机	室内拍摄成像有横条纹，室外拍摄画面发白（曝光过度），拍摄动画（录像）正常	镜头快门组件损坏。检修或更换
	开机镜头异响，镜头无法伸出或缩回	镜头变焦组件损坏。检修或更换
	开机显示"system error 02"	检查主板或电源

2. 卡西欧 H15 数码相机

机型	故障现象	故障分析与处理方法
卡西欧 H15 数码相机	取景黑屏或花屏，变焦正常，回放正常	显示屏排线不良或显示屏损坏
	开机提示"图像稳定器不可用"	防抖组件损坏。检修或更换
	照片中出现黑斑现象	通常是由于CCD表面有异物造成的，而镜头前附着的灰尘几乎可以忽略。靠近CCD的区域有污点之类的异物，异物的影子在成像后便会显示在最终的画像中，污点越靠近CCD，影子就会越清晰。 解决办法如下。 ①在拍摄照片时，使用最长焦距，并将数码相机设置到最小光圈再进行拍摄。 ②拍摄完照片后，在电脑中运行看图软件，核对照片是否有明显的黑斑。 ③如果有黑斑现象，就要送维修点清洁CCD，或者更换镜筒组件，即可解决问题

八、奥林巴斯数码相机(DC)故障检修

1. 奥林巴斯 C-5060 数码相机

机型	故障现象	故障分析与处理方法
奥林巴斯 C-5060 数码相机	按下电源开关后，数码相机无任何反应。将其工作模式调到"预览模式"，同样没有反应	经检查发现，电路板中有一个保险电阻开路损坏。更换后，将数码相机安装好，开机测试，故障排除
	晚间拍摄有人无景	原因：利用内置闪光灯拍摄，快门值就会自动调得较高速，因曝光时间不够，因此背后光线较弱的夜景就没能很好地拍在相片中。 解决方法如下。 ①将相机安装于脚架上，再利用TV快门优先功能，调校快门至较慢速度，如1～2秒等，长时间曝光令被拍人物背后的夜景重现。不过在曝光中途被拍人物绝不能移动，否则就会变得模糊不清。 ②利用数码相机的Slowsync闪光灯模式，在闪光灯拍摄后，继续曝光一点时间，令背景的微弱光线也能拍摄下来，这样便可保证被拍人物及背后夜景都能清晰地重现于相片中。不过，如发现背景仍有模糊情况，则可能仍要将相机安装在脚架上拍摄
	相机进水，吹干后按下电源开关，数码相机无任何反应	将相机主要电路板拆卸后，用洗板水清洗电路。清洗完成后，将清洗过的电路板放在阴凉通风的地方，将洗板水自然挥发。等电路板上的洗板水挥发干后，将数码相机安装好，然后开机测试，故障排除

2. 奥林巴斯 FE-170 数码相机

机型	故障现象	故障分析与处理方法
奥林巴斯 FE-170 数码相机	镜头无法缩回	拆开电路板，看到镜头组件，再拆开保护金属板，看见内部镜头滑动组件。再拨开，发现左上角的一个电磁圈被摔松脱了，复原后再查镜头核心——遮光片。经检查第一层遮光片完好；第二层遮光片明显变形。处理方法：在平整桌面上放两张 A4 白纸，将遮光片夹在中间，然后用蒸汽电熨斗压，一般压一两下就平整如初了，再按照相机原路装回，镜头修复成功，故障排除
	提示存储卡出错或存储卡需要格式化	XD 卡损坏。检修或更换

3. 奥林巴斯 U700 数码相机

机型	故障现象	故障分析与处理方法
奥林巴斯 U700 数码相机	镜头无法伸缩，无法正常对焦	此类故障在 U700 上最为常见，镜头组件损坏。检修或更换
	不能开机，或镜头无法伸缩，无法正常对焦	镜头变焦组件损坏。检修或更换
	电源开关时好时坏，或显示屏黑屏或花屏	此类故障多发生在早期 U 系列滑盖机型上，滑盖内部小开关损坏。检修或更换

4. 奥林巴斯 E300 数码相机

机型	故障现象	故障分析与处理方法
奥林巴斯 E300 数码相机	快门无法正常使用或成像黑屏	此类故障在 E300 上较为常见，需要更换快门系统
	屏幕局部或大面积出现斑点	LCD 损坏。检修或更换

九、富士数码相机(DC)故障检修

1. 富士 F401 数码相机

机型	故障现象	故障分析与处理方法
富士 F401 数码相机	开机几秒后断电，取出电池重新插入，故障依旧	传感器(CCD)出现异常。检修或更换
	开机不能正常工作，屏幕显示“对焦错误”或“变焦错误”	变焦组件损坏。检修或更换
	花屏，黑屏，有菜单和文字显示，回看照片正常	CCD 不良。更换 CCD

2. 富士F420数码相机

机型	故障现象	故障分析与处理方法
富士F420数码相机	能开机，屏幕显示“对焦错误”，镜头不能回位	数码相机只要出现“对焦错误”或是“变焦错误”的，95%故障出在CDD镜头组件。一般为变焦电机损坏、驱动排线折断，伺服电机损坏、驱动排线折断，齿轮磨损缺齿，滑杆脱落变形，槽轨受损变形，顶杆珠受损变形，螺钉脱落，CDD组件进了异物(如砂石等细物导致阻塞)。只要找到故障部位，稍做处理就可修复。主板驱动电路问题的几乎没有，除非是数码相机流进液体和驱动电路器件老化。如果是主板驱动电路问题，需要查找驱动电路损坏的芯片(驱动IC)或外围电路的元件。找到后更换，再通电试机，一般都会修复
	模式转盘局部失灵或完全失灵	模式转盘控件损坏。检修或更换
	不能开机	主板或电池不良。检修或更换

3. 富士FinePix-1500数码相机

机型	故障现象	故障分析与处理方法
富士FinePix-1500数码相机	被雨淋后进水。放置几天后，打开电源开机，显示屏闪了一下之后就黑屏	此故障可能是相机内部有未干的水渍，导致开机后短路，将元器件烧毁引起的。取下电池，拆开数码相机的外壳，仔细检查各个电路板，发现电源保护电路中有一个元件被烧黑。更换元件后，再对数码相机电路板等进行清洗、干燥和补焊后，开机测试，相机工作正常，故障排除
	显示屏花屏或黑屏，拍照或录像后回放跟取景时一样	传感器(CCD)出现异常，检修或更换

4. 富士S5数码相机

机型	故障现象	故障分析与处理方法
富士S5数码相机	数码相机不开机，整机不动，能开机但出现黑屏	液晶显示屏及排线不良。检修或更换
	不能正常工作，显示各种错误代码	主板故障。检修
	不能识别存储卡	一般为存储卡损坏或存储卡与相机接触不良。检修或更换
	相机连接电脑不能传输图像	软件错误或连接不对
	机身后背的显示屏不显示，出现“Err”	显示屏及排线不良。检修或更换

续表

机型	故障现象	故障分析与处理方法
富士 S5 数码相机	1 秒以下的快门速度按下后出现“Err”，但是 1 秒以上的速度可以照常工作，却照不出照片	主板电路不良。检修或更换
	机身后背液晶显示出现“Err”	显示屏及排线不良。检修或更换
	能开机，可以手动对焦，没有自动对焦	自动对焦电路不良。检修或更换
	自动对焦工作，但对焦不实，快门按不下去	快门组件不良。检修或更换
	出现倒卷符号：(口_ _)	控制开关不良。检修或更换

十、理光数码相机(DC)故障检修

1. 理光 R3/R4/R5/R6 数码相机

机型	故障现象	故障分析与处理方法
理光 R3/R4/ R5/R6 数码相机	显示屏花屏或黑屏	显示屏排线不良或显示屏损坏。检修或更换
	镜头无法伸出或缩回，有异响	镜头变焦组件损坏。检修或更换
	不能开机或对焦模糊，变焦异常	镜头组件故障。检修或更换

2. 理光 R7/R8/R30 数码相机

机型	故障现象	故障分析与处理方法
理光 R7/R8/ R30 数码相机	室内拍摄成像有横条纹，室外拍摄画面发白(曝光过度)，拍摄动画(录像)正常	镜头快门组件损坏。检修或更换
	室内拍摄模糊不清	因室内光线一般较户外暗，若不想利用内置闪光灯拍摄，破坏现场气氛，相机的自动曝光系统就会自动将镜头的光圈值开到最大，同时也会将快门值调得较慢。在慢快门的情况下拍摄，只要有轻微手震，或被拍摄的人物有少许移动，就会令相片变得模糊不清。 解决方法如下。 ①将相机安装于支脚架上拍摄，就可避免出现手震情况。 ②调高相机的 ISO 感光值，一般数码相机都起码有 ISO100 至 ISO400 感光值供用户调节。只要将 ISO 感光值调至 ISO400 或以上，室外拍摄时的快门值也不需设得太慢，

续表

机型	故障现象	故障分析与处理方法
理光 R7/R8/R30 数码相机		即使手持相机拍摄，一般都可降低相片模糊的情况。不过要注意一点就是 ISO 感光值愈高，相片上出现的杂讯就会愈多，影响效果
	镜头不能伸缩	镜头里的摆臂探头容易断，断了会检测不到，导致不能伸缩，和光耦坏的现象一样，摆臂有时检测不到镜头会把摆臂卡断

3. 理光数码相机（适合其他型）

机型	故障现象	故障分析与处理方法
理光数码相机（适合其他型）	焦点不正，"前朦后清"	主要由于拍摄时没有将相机的对焦点对正想拍摄的对象。因为大部分数码相机的对焦点都会预设在画面中间，所以当被拍对象不在画面正中，而使用者又没有以正确手法处理，相机的自动对焦及测光系统便会错误地把背景当作想拍摄的主体，导致被拍对象朦胧不清或暗淡无光。 解决方法如下。 ①先将画面中央的对焦点对正想拍摄的对象，半按快门按钮完成对焦及测光程序，按着快门按钮不放，横向移动相机至想拍摄的构图。 ②如数码相机本身拥有不止一个对焦点的话，只要直接将对焦点调校至想拍摄的对象上；或者利用相机本身的自动对焦功能，自行选择以距离最近相机的一点作为对焦点，也可达到同样的效果
	整体效果暗淡无光	虽在户外拍摄，但相片整体效果仍然偏暗，被拍对象当然就更加暗淡无光。打开闪光灯拍摄，又怕会过亮，牺牲了现场环境的自然光线。原因：天色灰暗，现场环境光线不足，又或光源并非向着被拍对象的一方，都会出现相片偏暗的情况。 解决方法：遇到此种用与不用闪光灯之间的情况，最佳方法就是利用大部分数码相机都有的内置的曝光补偿功能。只要将曝光补偿功能推高一至两级，一般偏暗的情况就会有所改善，就不需动用闪光灯拍摄了
	屏幕局部或大面积出现斑点	LCD 损坏。检修或更换

十一、宾得数码相机(DC)故障检修

1. 宾得W90数码相机

机型	故障现象	故障分析与处理方法
宾得W90数码相机	不能开机或对焦模糊，变焦异常	主板或变焦组件不良。检修或更换
	在室内拍摄成像有横条纹，室外拍摄画面发白（曝光过度），拍摄动画（录像）正常	镜头快门组件坏或CCD不良。检修或更换
	开机不工作，屏幕提示"A90"	主板或电池不良。检修或更换
	镜头无法伸出或缩回，有异响	镜头变焦组件损坏。检修或更换
	不闪光	这种故障依照检修传统电子相机的办法，思路大致为：供电—振荡—整流—高压充电-触发—闪光。开机检查，若主电容上不高压，则故障在发光部分；反之，则需检查振荡电路部分

2. 宾得H90数码相机

机型	故障现象	故障分析与处理方法
宾得H90数码相机	不能存储图像	一般为存储卡损坏或存储卡与相机接触不良。存储卡可用其他相机或者读卡器检测；接触点可用清洁剂洁净，最好采用修手机的方法，用橡皮擦认真擦去触点的污物，保持触点的良好性能
	不能对焦	对焦机构卡住或对焦机构驱动电路损坏。比较常见的是对焦机构卡住错位造成，小心拆开对焦机构，仔细研究内部机构，再对故障处进行维修处理后重新装配调试
	严重偏色	通常因数码相机内置的白平衡（White Balance）设定不正确所致。可能是因为以前手动调校过的白平衡设定不适合现场拍摄环境的光源，又或是因现场为混合光源的环境，有多种不同色温的光源同时存在，令相机本身的测光系统无法正确判断该用何种白平衡设定。 解决方法：只要手动设定好正确的白平衡设定即可。一般数码相机都可让用户手动调校多种不同的白平衡设定，配合不同色温的光源，一般分为太阳光、灯泡光、光管光、闪光灯光等。一些较高级数的机种，甚至可让用户手动调校色温值，如3000K、6500K等的数值，其用意就是当遇到混合光源的现场环境，就可直接将色温值调校到最佳效果

十二、惠普数码相机(DC)故障检修

1. 惠普 307 数码相机

机型	故障现象	故障分析与处理方法
惠普 M307 数码相机	无法读取 SD 卡	卡槽折断:这是由于 M 系列采用 SD/MM 标准卡槽而没有加封装设计,主流厂商(如佳能、尼康)都会在卡槽上方加平滑金属或塑胶组件来防止因用户力过大或插入方向不对而造成 SD 卡折断。用户在使用过程中要注意的是正确插入 SD 卡
	无法读取 SD 卡	触测开关引起不能读卡:该触测开关位于卡槽正下方,其触舌在打开电池盖时闭合。该开关常因盖力度过大而破损,造成无法检测 SD-detect 电平信号,从而导致读卡电路不工作。若其损坏,只需更换一只触测开关。若无开关可换,可直接将两触点短路
	无法读取 SD 卡	卡槽引脚虚焊:由于 HP 卡槽采用自动贴片上主板而未进行人工加锡补焊,卡槽引脚常吃锡不均,在使用中会因剧烈振动而发生脱焊,造成无法读卡。对于此类故障,只需打开电池座,观察卡槽第几引脚脱焊,加锡补焊后即可排除故障

2. 惠普 R506 数码相机

机型	故障现象	故障分析与处理方法
惠普 R506 数码相机	开机出现白屏	最常见的故障点在 5V 供电电路,由于 5V 负载较大,该电路的电感常烧坏。更换相同功率的电感,故障可消失。建议在使用相机时不要经常伸缩镜头,在光线很强时最好关闭 LCD,改用目镜取景
	蜂鸣器发出的声音不正常	应检查 3.3V 供电滤波电容,往往它是故障所在。如果不发声,则很可能是蜂鸣器出了问题
	拍好的照片上有很多小点	该现象多数出现在拍摄夜景的照片中,是因数码相机的感光度太高而造成的。拍摄照片时把感光度调低一些,然后用相对较长的曝光时间来补偿光线的进入,这样,拍出来的照片就会有层次,而且也可以保证质量。当然,前提是要使用三脚架

3. 惠普M系列数码相机

机型	故障现象	故障分析与处理方法
惠普M系列数码相机	图像有水波纹	惠普(HP)相机的M系列常出现此故障。这是因为M系列的滤波电容(M302为C624)脱焊。打开相机外壳,可一眼看出电池座旁有一只焊有白色硅胶的电解电容。由于是并联设计,该电容往往易脱焊,补焊后故障即消失。R系列由于是无铅工艺,此类故障很少
	图像有红绿杂网纹	此类故障是A/D转换模块输出电路的外围排阻虚焊所致,加锡补焊即可。但同样要注意:排阻属于精密敏感元件,须用刀口形状烙铁迅速加锡且不能短路,操作过程中要时刻记得静电防护,烙铁也得接地良好

十三、明基数码相机(DC)故障检修

1. 明基C1230数码相机

机型	故障现象	故障分析与处理方法
明基C1230数码相机	拍摄的照片正常,但是打印出来的图像模糊不清、灰暗和过度饱和	根据故障现象分析,可能是由于打印时所用纸张不符合要求导致的。在打印图像时,选好纸张类型即可避免此类现象的发生。打印图像时所用纸张类型对图片的质量有重大影响。同一幅图像,打印在专用照相机纸上显得亮丽动人;打印在复印纸上则清晰、光亮;而打印在便宜的多用途纸上时,则会显得模糊不清、灰暗
	相机无法识别存储卡	这种现象通常是由于存储卡芯片损坏或者是使用了与数码相机不相容的存储卡导致的。不同的数码相机使用的存储卡是不尽相同的,大多数码相机不能使用一种以上的存储卡。 如果是存储卡芯片损坏,需要更换存储卡。如果是存储卡与相机不兼容,需要使用该相机能使用的存储卡。 存储卡内的影像文件被破坏了,也有可能造成该故障的发生。原因是在拍摄过程中存储卡被取出,或者由于电力严重不足而造成数码相机突然关闭。如果重新插入存储卡或者重新接上电源,问题仍然存在,就需要格式化存储卡

续表

机型	故障现象	故障分析与处理方法
明基 C1230 数码相机	在拍照时，突然出现了按快门释放键时不能拍照的现象	①引起故障的原因有可能是 Smart Media 卡已满。 ②也有可能是正在拍照时或正在写入 Smart Media 卡时电池耗尽。 处理方法如下。 ①如果是 Smait Media 卡已满导致的故障，此时应该更换 Smart Media 卡，也可以删除不要的照片或将全部相片资料传送至个人电脑后抹掉即可。 ②如果是正在拍照时或正在写入 Smart Media 卡时电池耗尽导致的故障，此时可以更换电池并重新拍照即可。 有一点值得注意的是，刚拍的照片正在被写入 Smart Media 卡时，应该放开快门释放键，等到绿色指示灯停止闪烁，并且液晶显示屏显示消失后再使用

2. 明基 E1035 数码相机

机型	故障现象	故障分析与处理方法
明基 E1035 数码相机	拍摄的照片出现“红眼”现象	红眼现象的产生是由于闪光灯的闪光轴与镜头的光轴距离过近，在外界光线很暗的条件下人的瞳孔会变大，当闪光灯的闪光透过瞳孔照在眼底时，密密麻麻的微细血管在灯光照映下显现出鲜艳的红色反射回来，在眼睛上形成“红点”的自然现象。 处理方法如下。 ①一般数码相机消除“红眼”的功能，主要是通过闪光灯的预闪，促使瞳孔做某种程度的收缩，以减少反射回来的红光。这种方法虽然可以有效地减少“红眼”现象，但实际上作用极其有限，并不能真正完全消除或避免“红眼”现象的发生。 ②图像处理软件 Photoshop CS2 专门提供了去除“红眼”功能，用该软件可轻松除去照片上的“红眼”。 现在许多数码相机在设计上也考虑到了“红眼”的问题，最新产品都会为用户提供降低“红眼”以及防止“红眼”的功能。 合理避免“红眼”现象，除了相机闪光灯预闪或是做一些技术方面的改进外，比较有效的方法是使用漫射光线，让闪光灯做某种程度的折射（照向天花板，再折射于拍摄对象上），或是利用外部的闪光灯，加大镜头与闪光灯之间的距离，均可以有效地消除红眼

续表

机型	故障现象	故障分析与处理方法
明基E1035数码相机	拍摄的照片中有亮斑现象,有时还会有光晕出现	这种现象主要是由于数码相机物镜漏光,之后在相机内部被镜筒等组件反射入CCD导致的。 处理方法如下。 ①在拍摄照片之前要先盖上镜头盖,防止光线入射。 ②设置数码相机的ISO感光度为最高。 ③在AUTO模式下让取景器的物镜对着强光进行拍摄,这样可借助强光灯来直接照射取景器的物镜,也可以将数码相机对着阳光拍摄。 ④为了能够确保所有方向的光线均射入取景器,可以适当对着光源摇动数码相机,然后再进行拍摄。 ⑤拍完照片之后,在电脑中观察照片效果,检查有无光亮斑现象,也可以使用Photoshop进行调节。 ⑥也可以按照上述5个步骤再对取景器的像镜、LCD显示屏做同样的检测。 ⑦用以上方法,如果仍然不能避免或排除照片中的亮斑现象,就应该将数码相机送到维修点进行维修
	拍摄的照片中出现黑斑现象	照片中出现黑斑现象,通常是由于CCD表面有异物造成的,而镜头前附着的灰尘几乎可以忽略。靠近CCD的区域有污点之类的异物,异物的影子在成像后便会显示在最终的画像中。污点越靠近CCD,影子就会越清晰。 处理方法如下。 ①在拍摄照片时,使用最长焦距,并将数码相机设置到最小光圈再进行拍摄。 ②拍摄完照片后,在电脑中运行看图软件,核对照片是否有明显的黑斑。 ③如果有黑斑现象,就要送维修点清洁CCD,或者更换镜筒组件,即可解决问题。 这种现象通常是由于CCD上有异物而造成的,在同位置同一个污点,镜头越往外,焦点到CCD的距离越远,污点的影子就越清晰;反之,镜头越拉向CCD,焦点到CCD的距离越近,污点的影子反而模糊甚至看不见

3. 明基T850数码相机

机型	故障现象	故障分析与处理方法
明基T850数码相机	在夜间拍摄照片时,必须利用内置闪光灯才能进行拍摄,但只能拍摄到人物,背后美丽的夜景在相片上消失了	利用内置闪光灯拍摄时,快门值会自动调得较高,因曝光时间不够,因此背后光线较弱的夜景,就不能被很好地拍摄在相片中。 处理方法如下。 ①将相机安装在脚架上,再利用TV快门功能,调校快门至较慢速度,如1～2秒等,长时间曝光使被拍人物背后的夜景重现。不过在曝光中途被拍的人物绝不能动,否则会

续表

机型	故障现象	故障分析与处理方法
明基 T850 数码相机		变得模糊不清。 ②利用数码相机的 Slowsync 闪光灯模式，在闪光灯拍摄后，继续曝光一点时间，使背景的微弱光线都能拍摄下来，这样便可保证被拍人物及背后夜景都能清晰地重现于相片中。 如果发现背景仍有模糊情况，可能仍要将相机安装在脚架上拍摄
	连接电脑，在往电脑传送资料时出现错误信息	这种故障通常是由于电缆没有插好或者电源没有打开，还有可能是电池耗尽等原因造成的。 处理方法如下。 ①如果是电缆没有插接好引起的故障，立即正确插接电缆即可。 ②如果是电源没有打开引起的故障，则按电源键接通电源即可。 ③如果是电池耗尽引起的故障，更换电池或使用交流电源转接器即可。 ④如果是串行口选择不当引起的故障，要用操作系统软件确认串行口是否选择得当。 ⑤如果是没有串行口可以供使用引起的故障，可按个人电脑的使用说明，空出一个串行口即可。 ⑥如果是图像传送速度选择不当引起的故障，则要在电脑上选择正确的传送速度。 ⑦如果没有安装 TwAIN/Plug. In，则可将 TwAIN/Plug. In 安装在电脑上。当按任何键均不能进行任何操作时，按卡盖上的重设键，然后再按电源键开机即可
	拍摄的照片，有较为明显的漏光痕迹，而且色彩渐变，出现偏色现象	由于数码相机过于追求小型功能化，闪光灯与镜头组件部分的距离相比以前有所缩短，加上闪光灯与镜头组件各自在组装时虽然在厂商的规格范围内，但仍然有不太严谨的情况发生。闪光灯中镁灯管发出的高亮光线透过镜头组件中的孔隙，映射到 CCD 表面，破坏了色彩还原时的 RGB 三原色成分，导致最后拍摄的照片出现偏色现象。 处理方法如下。 ①在拍摄照片时应设置相机为最高 ISO 感光度模式。 ②还要开启强制发光功能。 ③盖严镜头盖，确保镜头没有任何光线入射。 ④分别运用光学变焦使相机在长焦、广角和中端拍摄照片。 ⑤先通过 LCD 观察有无明显的漏光偏色现象。 ⑥如果在 LCD 中观察没有异样，可以把刚刚拍摄的照片导入电脑中的 Photoshop，直接按“Ctrl+L”键调出色阶对话框。在对话框中拉动右边的白色箭头到有图像信息的位置，就可看见最终图像的偏色效果。 ⑦检查出偏色现象以后，应该将数码相机送维修站校正闪光灯

续表

机型	故障现象	故障分析与处理方法
明基 T850 数码相机	拍摄照片正常，想在电脑上打开图片时，却无法实现与电脑之间通信，照片无法显示	此类故障有以下 4 种可能性 ①数码相机电源被关闭。 ②模式拨号还没有设定为连接。 ③数码相机与其他装置发生冲突。 ④电脑的电源管理程序可能会将连接关闭，以节省电池寿命。 处理方法如下。 ①首先打开数码相机，再将数码相机的模式拨号设定为连接方式。 ②重新设置 IRQ 等，以免与其他装置发生冲突。 ③最后再关闭电源管理功能，一切设置完毕后，再进行测试。发现可以在电脑上打开照片，即故障排除

十四、其他数码相机(DC)故障检修

其他数码相机

机型	故障现象	故障分析与处理方法
OLYMPUS C-50Z 数码相机	白天拍摄时间所有功能都很正常，只是在晚上要用到闪光灯的时间，闪光灯不能闪亮，而且没有正常的那种充电的声音，但是充电指示灯亮	经仔细检查发现：在闪光灯的充电板上 8 脚的场效应管的上部有一个鼓起的小包，印刷字变色裂开，有明显的烧坏的现象。拆下用同型号的芯片代换，并进一步检查确保没有损坏的元件后，才可以通电试用，一切正常
EPSON-CP920Z 数码相机	能够回放，LCD 取景等各种功能基本能够正常工作，拍摄时不能成像，也不能存储景物	连接电脑后，能读出原来的图片，记忆棒通过测验也是好的。打开机子的外壳，认真地检查后，没有发现任何有故障的元件，加电开机，试验闪光灯，闪了一下，再次按动快门有时能闪有时不能闪，明显存在接触不良的现象。通过认真的检查，发现有一组排线磨损的特别厉害，此机在出厂时没有安装好，致使排线被磨坏。 用刀子轻轻地把排线表面的绝缘材料清理干净，再用细导线把断线处连接好，开机试用，一切正常
柯美 Z3 数码相机	三个按键失灵，使用极其不灵	拆开机器发现按键全是好的，遂检查主板。发现所有按键都由一片 NEC 的 8 位单片机管理。仔细检查单片机各个引脚，发现几个引脚附近有污渍，用无水酒精处理后吹干，一切正常
	不识别卡，或读写错误	首先换个卡试试。排除卡的问题之后，一般是相机的卡槽坏了。CF 卡多见，一般为野蛮插拔导致。 更换卡插槽。由于卡槽下方一般有各种电路和芯片，更换时务必非常小心，最好请专业人员更换

续表

机型	故障现象	故障分析与处理方法
柯美 Z3 数码相机	液晶屏黑屏或显示错乱，照片正常	液晶屏排线损坏，更换排线
联想数码相机	被摔后打开电源开关，镜头等活动正常，也可以拍照，但闪光灯不起作用	此故障可能是被摔后闪光灯电路中的升压电感磁芯损坏引起的。取下电池，拆开数码相机，然后释放充电电容中的电量，接着检查闪光灯电路，测量闪光灯电路中的升压电感，发现电感内部断路。更换损坏的电感后，故障排除
YAKUMO CX330 数码相机	近距拍摄效果不好	相机与主体之间的距离太近，同时又没有激活大部分数码相机都有的 Macro 近摄功能。 解决方法如下。 ①激活数码相机的 Macro 近摄功能。 ②查阅数码相机说明书，查看相机本身的拍摄范围，一般在详细的规格表中都有提到。通常可看到分为一般拍摄时的拍摄范围和 Macro 近摄时的拍摄范围。例如，Macro 时的拍摄范围是 0.2～0.6m。即使激活了 Macro 功能，镜头与主体之间的距离都不能小于 20cm，不然的话相片就会模糊不清了
	动态效果不理想	当拍摄快速移动的人物或对象时，常常出现模糊不清甚至完全拍摄不到的情况。原因一般都是因快门值设定不够快，以及没有完全掌握按下快门键与真正拍摄之间的时间差距。 解决方法如下。 ①利用部分数码相机拥有的快门优先（TV）拍摄模式，自行调校至更高速的快门值，如 1/500 秒，甚至 1/2000 秒等，快门愈快就愈能捕捉高速移动的主体。不过快门可设多快，还要视现场环境的光线是否足够。在光线不足的情况下，快门设定得过快会令相片变暗。 ②大部分中高档机种都有内置的高速连拍功能，1 秒之内就能拍数张相片，配合较高的快门值设定，在数张相片中一定能选得一张最合心意的
	拍照相片有条纹并伴有水彩色，摄像正常	经分析检测，镜头快门没有动作产生，正常拍照时可以看到镜头中的快门会关闭一下。拆卸镜头组件，看出快门与光圈的 FPC 排线被镜头伸缩时拆断了。拆出快门组件，用细软线引出跟原 FPC 排线相同长度，焊好后按拆卸顺序装回。注意焊线的线序，千万不能错位，以免快门光圈动作错误
爱国者 T1028 数码相机	把充电器插上就能打开相机，拔下来就开不了机	相机附带的锂电池坏了。换电池解决

第二章

数码摄像机(DV)故障检修案例

一、松下数码摄像机(DV)故障检修

1. 松下 DS30 数码摄像机

机型	故障现象	故障分析与处理方法
松下 DS30 数码摄像机	放录像带时电源指示灯一闪一闪，有时会检测到带子绞带，大多时候又能正常工作	排插接触不良。这是松下 DS30 摄像机的通病。将机器拆开，找到在机器底部有一排线(比较多的那一根)，把它从线路板上拔出，找一薄云母片用剪刀把云母片剪成与排线一样宽，把云母片插入线路板排座，再把排插入，装机试之，故障排除
	摄像时寻像器无图像，电源指示灯狂闪，放像与倒进带无效	判断故障是“摄像头主件”与主板的接口接触不良。更换或处理后故障排除
	数码摄像机找不到电源	这种故障可能有两种情况。 ①发生在使用充电电池时。首先检查充电电池是否未装上或者安装不正确，这时只要正确安装好电池即可；然后检查充电电池是否未充电。解决方法是换上充好电的电池或者将电池充好电后再使用。最后有可能是充电电池失效，充电电池的寿命是有限的，经过多次充、放电后，其使用时间便会逐渐缩短，直至最后失效。如果将失效的电池装入机内，自然无法给数码摄像机供电，在这种情况下应更换新电池。 ②发生在使用 AC 适配器进行交流供电时。首先要检查适配器是否接好，应重新连接好交流电源插头，再重新插好；然后检查是否是 AC 交流适配器出了故障，通常是开关稳压电路未工作引起的，把稳压电路调整一下即可

2. 松下 DS50 数码摄像机

机型	故障现象	故障分析与处理方法
松下 DS50(DV)摄像机	放带时电源指示一闪一闪,后灭了,不能使用,用相机模式也不行,不放带用相机模式可以用	是磁鼓没有旋转起来,机器保护停机。没有放带子,机器部分保护电路不动作,所以机器可以拍照。经检查是CPU没有检测到走带动作而保护,就是进带轮与倒带轮下面的光电管没有工作,一般是机芯与主板的排线不良,重新插好就正常了
松下 DS50 数码摄像机	把录制的视频拷贝到电脑里才发现,安装自带的驱动后,再用USB线接上,有设备链接提示,但电脑里却没有显示设备或盘,只能在设置为读SD卡的时候能看见存在SD卡里的照片	想把磁带里的内容传输到电脑上,如果电脑是台式的,只能去买1394采集卡才能连接;如果是笔记本,只要买一根两边都是4接口的DV线配上采集软件就可以了
	摄像键不起作用	常见的原因是没有把模式转盘拨到“摄像”挡,或者是录像带已经用完了。比较麻烦的原因是由于湿气凝结造成摄像带与摄像机的磁鼓粘连,摄像机自动保护,摄录按钮暂时失效,无法继续拍摄。前两种原因都可以对症解决,如果是最后一种原因,那么需要将摄像带退出带仓,把摄像机放在干燥通风的地方插电1小时以上,一般都可以解决问题
	使用取景器取景时看到的影像模糊不清	一般原因是由于使用者未调整取景器的镜头,如果观察仔细,会发现取景器的两侧其实有一个小小的调节旋钮,可以根据使用者的视力情况进行调节
	拍摄很亮或者很黑的背景前的景物时出现竖条	这是因为拍摄对象和背景之间对比度太大造成的,不属于机器本身的故障
	回放的图像上有横线或短暂的马赛克出现,有时声音也出现中断现象	这种情况一般是由于数码摄像机的视频磁头拍摄时间过长,脏了。解决办法是使用专门的清洁带清洁磁头,或者使用棉球蘸取无水乙醇(酒精)来轻轻地擦洗磁头。擦拭时,切记不可用手或其他硬物触摸磁头,以免弄脏或划伤磁头。建议每使用数码摄像机拍摄10小时左右就要清洁一次视频磁头,这样可以保证用户一直可以获得满意、清晰的拍摄效果。当数码摄像机使用了很长时间后,清洁带也不起什么作用时,可能是磁头已经比较严重地磨损了,这时就只能换一个新的视频磁头了
	无法正常开机	主要原因有三种:电池没电、摄像机自动保护和摄像机电路或机械故障。 排除方法如下。 ①电池没电。充电。 ②摄像机自动保护。检查造成自动保护的原因,一般有如下三种。 a. DV内部或者DV带上有水汽,这时候千万不要强行开机,否则很容易损坏磁头。正确的处理方法是用电扇或者电吹风的冷风挡吹干,待干透以后即可正常开机使用。 b. DV带表面有严重划痕。为了保护磁头不受损坏,DV机自动停机。解决方法很简单,更换DV带就行了。 c. 摄像机电路或机械故障

续表

机型	故障现象	故障分析与处理方法
松下 DS50数码摄像机	无法正确录像	磁带问题或电路损坏。 排除方法如下。 ①拆下磁带,观察写保护片是否被拆下,如果是这种情况,用胶带堵住写保护孔即可。 ②磁带如果到头了,倒带后即可正常使用。 ③更换磁带,以排除磁带损坏的情况。 ④如果以上方法无效,可能是电路故障,必须专业维修检查
	拍摄时取景器无图像显示	镜头盖未取下、屏幕开启或取景器故障。排除方法如下。 ①检查镜头盖,如未取下,取下即可。 ②检查 LCD 屏幕是否开启,如已开机,关闭即可。 ③将摄像机和电视机相连接(DV 的 VIDEO-OUT 端连接到电视机的 VIDEO-IN 端)。打开 DV,如电视屏幕上图像正常,说明拍摄部分没有问题,故障出在取景器。必须专业维修检查
	拍摄质量差,图像模糊、失真,或有雪花状斑点出现	操作失误或磁头太脏。排除方法如下。 ①排除操作失误。 ②使用专用的清洗液清洗磁头。 ③更换新的磁带拍摄
	回放没有图像	拍摄时操作失误、磁带质量差或磁带老化。排除方法如下。 ①确认拍摄时操作是否正确,请教高手或翻阅说明书。 ②更换其他磁带,如果回放正常,可能是磁带磁粉脱落或者使用了劣质磁带。 ③更换质量好的新磁带后,重新拍摄一段录像并回放。如果仍然无法回放,可能就是写入电路故障,必须专业维修检查
	回放时没有声音,图像正常但是没有声音	操作失误或硬件损坏。故障排除方法如下。 ①排除拍摄时候的操作失误,比如没有开启麦克风之类的。 ②检查扬声器音量开关,如果音量太低,则开响一点。 ③连接 DV 和电视机(音频),播放录像,如果在电视机上听有声,说明摄像机扬声器或音量开关不良
	屏幕变暗或者不显示	屏幕没开启或者屏幕后灯泡老化。排除方法如下。 ①检查屏幕开关是否开启。 ②连接电视机视频,如果可以正常显示,则可能是 LCD 背面的灯泡老化失效导致的。当然也可能是屏幕与机身的排线断裂导致的
	不能开始拍摄,按下"摄像开始/停止按钮"(start/stop)时,取景器上不出现拍摄显示符号,录像带也不走动	出现这种问题的原因有以下几种。 ①录像带盒上的保险片(防误抹片)被挖掉,这样自然无法正常录像。解决的办法:可以用胶布重新将挡舌孔贴住,或者换一盘保险片完好的录像带。 ②未插入录像带。这种情况多为一时疏忽所致,但却不时遇到。插入录像带时一定要查看一下保险片是否完好。如果录像带已到尽头或录像带粘到了磁鼓上,应该退出磁带,重新装带。 ③数码摄像机的"启/停按钮"相关的摄像部分的操作电路故障

3．松下DS60数码摄像机

机型	故障现象	故障分析与处理方法
松下NV-DS60数码摄像机	打开电源开关后，录像器即显示菜单，按动其他键无动作	这类故障多是开关内部接触不良引起的。检修步骤如下。 ①取下电池组，用微型十字螺丝刀分别卸下摄像机右侧黑色盖板四周的六个螺钉。 ②卸盖板。轻轻向后拉动盖板，使其脱离机体。 ③拔下喇叭连线和组合开关排线。 ④拆开组合开关。仔细观察可以看到菜单键、多功能刻度盘以及拍照键三组开关被一块盖板扣在一起，卸下盖板的两个固定螺钉，可以看到菜单开关。 ⑤检查开关。用万用表欧姆挡测量该开关两端，发现开关始终处于闭合导通状态，说明开关已损坏。更换开关后，故障排除
松下NV-DS60数码摄像机	重放图像质量时好时坏	根据现象分析，图像的质量优劣与机械系统有一定的联系。 故障检修：不同厂家生产的摄像机虽然走带机构不尽相同，但磁带在走带路径的处理过程是相同的。磁带盒送入带仓后，磁带张力杆和主导杆共同把磁带引出带盒，包绕在磁鼓上。磁带张力杆的作用是检测、调节磁带的张力，使磁带张力维持在一定范围之内；保持磁带与磁头有效、可靠地接触，使磁头拾出磁带上的储存信号。它是由张力导柱、张力臂、固定螺钉和弹簧组成。如果张力过大，张力臂向左摆动减少摩擦；如果张力过小，张力臂向右摆动增大摩擦，张力臂可自动维持恒定的张力。如果螺钉松动、张力臂变形、张力导柱倾斜、弹簧性能变化都会使磁带的反张力不正常，造成磁带在磁鼓上的位置出现偏差或者磁带不能很好地与磁鼓有效接触，会影响图像的重放质量。在维修中，由于该机型的带仓没有固定螺钉，也没有透视窗，无法看其走带过程。 正确的操作流程是：把机器全部拆开，裸机工作，看其走带过程。简单的方法是：装上电池组，向上推动“出盒”键，使带仓打开，在供带盘(白色)的左侧有一环形铁片，上面有四个锯齿牙，用镊子夹住锯齿牙上面的弹簧钩，向供带盘方向拉动一个齿或者两个齿，然后装上磁带重放，故障排除。图像质量恢复正常。这种故障常常是由于磁带张力不足，造成磁带松弛的缘故。当然，导柱高度不正确也会造成图像质量不好
松下NV-DS60数码摄像机	录放后磁带出现折痕	故障分析：打开机器仔细观察走带情况，发现主导轴和压带轮相对位置不对。正常情况下，主导轴和压带轮位置出现偏差或错位，就会发生主导轴的外缘和压带轮之间的受力不均，使磁带上下牵引，这样常使磁带中心出现折痕。该机是磁带上沿出现折痕，说明压带轮上沿压力大。 故障检修：发现故障后，经检查，该机由于使用劣质磁带，导致磁带缠绕在压带轮上，用力拖拽磁带造成的故障。根据这种情况，不必更换零件，只需细心调整、校正压带轮，使之与主导轴的轴线相互平行即可

4. 松下 GS400 GS11 GS15 GS30 数码摄像机

机型	故障现象	故障分析与处理方法
松下 GS400 GS11 GS15 GS30 数码摄像机	摄像机 LCD 上无任何显示，但是取景器＜猫眼＞正常	LCD 传输排线断。换 LCD 排线

5. 松下 NV－M3 型摄录像机

机型	故障现象	故障分析与处理方法
松下 NV-M3 型摄录像机	开机后，电源指示灯亮后即灭，机器自动保护，各种功能全无	根据现象分析，该故障可能发生在电源及驱动电路。由原理可知：该机带仓和加载共用一个电机，双向驱动集成块 IC6004(AN6660)。检修时，打开机盖，经查：①脚、⑨脚无工作电压，正常值为 9V，②脚、⑧脚的电机驱动电压 12V 正常，指示控制脚④脚和⑥脚的电压不正常，无法启动电机。正常的输入、输出控制电平应该是：IC6004⑥脚、④脚必须一个是高电平，另一个是低电平，电机才会工作，进一步检测 IC6004 各脚在路电阻不正常，判定其内部损坏。更换 IC6004(AN6660)后，机器故障排除
	机器工作时磁鼓不转	经开机检查与观察，发现用手旋转不动，说明磁鼓电机被完全卡死。检修时，打开机盖，去掉磁鼓后，磁鼓电机也不能转动，分析为鼓电机内部有异物卡死。小心拆下下磁鼓，用小吹风机热风小心吹电机后部，同时一边转动，不一会儿磁鼓电机逐渐开始旋转，还听到内部有摩擦响声，说明内部的确有异物。接着用注射器将无水酒精注入缝内清洗异物，经过几次清洗，磁鼓电机旋转正常。该机经上述处理后，故障排除
	机器重放自摄或其他像带时，画面上部有一条空白带，且伴有干扰线	根据现象分析，该故障一般是由于磁鼓电机下部磁环错位，引起磁头开关切换点位置异常所致。解决方法为：如果磁环向左错位，则空白区在上部；如果向右错位，则空白点位置在下部。若空白区很窄，可调节伺服电路中的相移电位器 PG1；若空白区较宽，就需调节磁鼓电机下部的磁环位置，然后再细调相移电位器即可。该机经上述调整后，机器故障排除

6. 松下 NV-MS4 型摄录像机

机型	故障现象	故障分析与处理方法
松下 NV-MS4 型摄录像机	机器录像器图像模糊，电路失调	摄录机录像器工作时，图像模糊，场幅不同步，且一般为电路失调或其他故障引起。排除电路故障后，仍要进行正确调整，才能获得较好的效果。其调整方法如下。 ①线圈中心校正调整。将摄像机对准测试卡，旋转显像管偏转线圈中心校正磁铁，使图像位于监视器的中心位置。 ②聚焦调整该机的聚焦调整。摄像机对准球形测试卡，调整聚焦控制电位器 VR803，使录像器获得最佳的清晰度。 ③调整该机的场幅。摄像机对准灰度卡，调整亮度控制电位器 VR804，使场幅尺寸合适，不滚动。

续表

机型	故障现象	故障分析与处理方法
松下NV-MS4型摄录像机	机器录像器图像模糊，电路失调	④灰度调整摄像机对准灰度卡，调整亮度控制电位器VR804，使录像器屏幕中的黑白条与监视器屏幕中的相同即可。 该机经上述处理后，故障排除
	机器装入磁带摄录时，自动停机保护	开机观察，磁鼓电机不转，根据现象分析，问题可能出在磁鼓伺服及相关电路。由原理可知：机器正常工作时，微处理器IC6004输出磁鼓电机ON、磁鼓电机转矩等信号。磁鼓电机中的频率发生器FG信号、相位发生器PG信号分别经IC2104后，将速度比较信号FG送到主伺服的速度环路，将相位比较信号PG送到主伺服的环路。产生的速度误差信号和相位误差信号经低通滤波后，再经过合成，去控制磁鼓电机的转速和相位。磁鼓电机中霍尔元件的输出信号送到磁鼓电机驱动集成电路IC2101，经过其内部的位置信号处理电路后，产生开关逻辑，再去控制磁鼓电机驱动集成电路IC2102。磁鼓电机伺服与电源供电管Q1061构成脉冲激励供电电路。根据上述分析，该机磁鼓不转，则先检查磁鼓电机，结果正常。再用万用表测量IC2101和IC2102的引脚电压，发现IC2101⑫脚电压为0V。IC2102各脚电压也与正常值相差较大，说明故障在脉冲激励供电电路，测量Q1061的发射极电压为+12V，正常。检查Q1061正常，进一步检测电路其他相关元件，发现电阻R2127内部开路。更换R2127后，机器故障排除

7．松下NV-M5型摄录像机

机型	故障现象	故障分析与处理方法
松下NV-M5型摄录像机	机器开机后，发出“咔咔”声，随后自动断电	该故障一般发生在机械传动等部位。检修时，先打开带仓上盖板，通电观察，发现响声来自主凸轮的下边。随之保护，经检查发现一支金属表起子卡在机内（该机为返修机，原被修理过），一端卡在主凸轮和主线路板之间，起子头夹在导柱和链接板下边，造成导柱被卡住，不能复位，使连接板变形，齿轮发出咔咔的声音，机器自动保护。取下导柱总成和连接板，校正并调好，机器工作恢复正常
	机器摄录时，录像器上的图像清晰度差	该故障可能发生在图像信号处理电路。由原理可知，IC901（AN2253F）是处理亮度和色度的电路，IC304（AN2153F）是分离亮度信号的电路，其⑬脚输出的亮度信号，经6MHz低通滤波器FL305和亮度电平调整电位器VR302，送至IC901⑦脚，如果电位器VR302不良，即会导致上述故障。因此可以一边拍摄一边调节VR302，直至图像清晰度恢复正常为止

续表

机型	故障现象	故障分析与处理方法
松下 NV-M5 型摄录像机	机器摄录时，录像器发暗，而重放拍摄的画面时又正常	该故障一般发生在录像器内的显像管亮度通道电路。由原理可知：VR705 为寻像器内显像管的亮度调节电位器，它是通过调整阴极电压改变显像管阴极、控制极的电压，从而控制电子束的强弱，实现亮度调整作用。检修时，打开机盖，调整 VR705，寻像器的亮度有变化，说明故障在此处，一边拍摄一边调节，直到亮度正常为止。该方法处理对 NVM7、M1000、M3000、M9000 机均适用。其原因是机器本身适用年限长，寻像器内显像管阴极老化造成的。通过调整 VR705，可延长其使用寿命，达到正常亮度
	开机后，按下 EJECT 键，带盒不能弹出	带盒机械转动无问题，说明故障出在盒带弹出控制电路上。由原理可知：12V 加至 QR6037 中的 Q1 发射极，当推入带仓到位并锁定时，带仓的磁带入；开关 SW1503 接通到地时，Q1、Q2 均截止，QR6035 随之截止，其集电极为低电平，CPU(IC6001)㉔脚为低电平，无取盒指令输入，带仓保持原状态；当按下 EJECT 键时，EJECT 键开关 S6052 接通到地，Q1 基极为低电平而导通，其集电极为高电平，Q2 随之导通，集电极变为低电位，QR6035 导通，其集电极从低电位变为高电位，从而给 CPU㉔脚一个取盒指令，其①脚、②脚输出约 2V 左右的脉冲电压至 IC6004⑥脚、④脚，使其③脚、⑦脚输出一个相应的电压给加载电机，使方式开关由停止状态移至出盒状态；当 CPU①脚、②脚输出的脉冲电压升至约 5V 左右送至 I6004 的⑥脚、④脚时，使其输出约 6V 左右的电压，使加载电机向出盒方向转动，直到出盒动作完成
	机器摄录时无图像	经开机观察，录像器与视频输出端有信号输出，说明问题出在摄像头部分。检修时，打开机盖，先检测光圈控制电路未见异常，通电开机，仔细观察镜头，光圈未打开。正常时通电开机，光圈叶片会自动打开，且光线较强时光圈孔变小，反之光圈孔变大，关闭电源听到光圈叶片的闭合声，据此说明光圈弹簧失调。拆开机壳，取下屏蔽纸，找到光圈，手拨光圈叶片动杆数次，即可使失调的弹簧归位。该机经上述处理后，工作恢复正常

8．松下 NV-M7 型摄录像机

机型	故障现象	故障分析与处理方法
松下 NV-M7 型摄录像机	机器在记录中突然断电，再开机工作，3 秒自动保护	问题可能出在电源及机械传动等相关部位。检修时，打开机盖，用万用表检查电路部分，无明显的烧毁和短路现象。检查机械部分，发现机械现处于记录状态，没有正常复位，再次接通电源，仔细观察机械部分的工作情况，听到电机转动时在主凸轮下边发出咔咔的声音，随之保护。试用手拨动主凸轮，把工作状态的机械部分复位到停止状态，手感阻力很大，不能复位，取下挡板、扇形齿轮及主凸轮，发现滑动臂的滑杆已移出滑道并卡住。正确装配后，机器故障排除

续表

机型	故障现象	故障分析与处理方法
松下 NV-M7 型摄录像机	插上电源后,机器无任何反应,不通电	该故障一般出在电源电路。检修时,打开机盖,用万用表测 TP1004 无电压,而 R1051 前端电压正常,说明 R1051 已烧断开路,该电阻阻值为 25MΩ,是一只陶瓷封装的保险电阻,可用 2A 的小型保险管代用。代换后保险管又立即烧断,说明电路中有短路故障。为确定短路故障部位,用断路法,首先断开开关变压器的⑨脚、短路故障仍然存在,继续检查,当断开 IC1002 的②脚和⑮脚与电源供电线路时,短路故障消失,进一步仔细检查该电路相关元件 C1007、C1010,发现电源滤波电容 C1010 内部击穿。更换 C1010(25V/100μF 的电解电容)后,机器工作恢复正常
	机器工作时,镜头对着较亮景物时,光圈连续不断地关闭和打开	该故障一般发生在自动光圈控制电路。由原理可知:该机的自动光圈控制,是根据拍摄出的视频信号电平强弱自动进行大小调整的。当视频信号电平强时,通过检测驱动等电路,让光圈电机动作,使光圈变小;而当视频信号电平弱时,光圈增大,以便保护符合强度要求的视频信号输出。该机的自动光圈控制系统能工作,但工作的范围不对,因为自动控制电路的正常工作取决于控制基准,基准变了,控制范围也随之变化。该机自动光圈控制电路基准电压的调整,是由电位器 VR301 来完成的。根据上述分析,检修时打开机盖,用万用表实测 ALC 比较控制器 IC301⑤脚电压低于基准电压(0.9V),调整 VR301,使 IC301⑤脚电压达到 0.9V,该机恢复正常。该机自动光圈控制电路的基准电压偏低较多,当视频信号电平稍强,就使光圈关闭;当关闭之后,又因无视频信号电平而再次自动打开,于是反复关闭、打开。该机经上述处理后,故障排除
	机器快速倒带时,转速较慢,且机内有齿轮打齿声	该故障一般出在机械转动部分。检修时,打开带仓盖,检查供带盘和收带盘的各转动齿轮,未见异常。检查空转轮与供带、收带盘转动齿轮之间,啮合部分很少,稍有阻力则跳齿,空转轮向下偏移较多。拆下空转轮骨架,在其固定骨架的转轴上,加适当的薄垫片,使空转轮位置升高,使之与各转动齿轮之间达到最佳啮合位置后,试机工作,恢复正常。该机经上述处理后,故障排除
	插上电源后,电源指示灯不亮,直流电源无输出	问题可能出在开关振荡电路。检修时,打开适配器,检查保险丝正常。观察开关电源各元件,无明显异常现象,用万用表测+310V 整流电压,输出正常。对于摄像适配器来说,如果开机瞬间无"吱"声,且电源无输出,一般问题出在开关变压器初级以前的开关振荡电路。该机适配器开关振荡电路采用串联自励型振荡方式,开关管采用塑封场效应管 2SK954,取样比较放大电路使用了一块集成电路排(VCR0189)。检修时,用万用表实测 Q001 G 极和 IC001①脚对地正反向阻值,均正常相差较多,检查 Q001 场效应管正常,再仔细检查该电路,发现 Q001 G 极与 IC001①脚之间有一电阻 R015 相连,测量 R015(22Ω)阻值为 4.7kΩ 左右,判定其内部开路。更换 R015 后,机器工作恢复正常

续表

机型	故障现象	故障分析与处理方法
松下 NV-M7 型摄录像机	机器充电时，充电指示灯不亮，不能充电	问题一般出在充电电路。由于该机供电正常，说明开关电源部分及直流稳压输出部分正常。检修时，打开适配器，用万用表检查限流电阻 R101(0.2Ω/3W)，发现已开路。更换 R101 后，充电指示灯仍不亮，说明机内还存在其他故障。该机适配器充电电路设有欠压、过压等多种保护，排除外部因素，加电逐级测量，发现 Q101 各脚电压异常。断电静态测量各脚阻值正常，后查与其相关的 Q102、D107，发现 D107 内部击穿。由于 D107 击穿短路，造成 Q101、Q102 不工作，使充电无输出。更换 D107 后，机器工作恢复正常
	机器摄录时，按 T 键时，变焦环时转时不转	该故障一般发生在电动变焦电机驱动机构及控制电路。经开机检查，变焦电机转动无异常，说明故障出在控制电路中。该变焦控制电路原理如下：按下 T(摄远状态)键，Q319 基极立即由高电平变为低电平，Q319 饱和导通，发射极输出高电平，经接插件 BA305①脚送到电动变焦电机一端，与此同时，Q319 发射极输出高电平，经电阻 R433 送到 Q321 基极，使得 Q321 饱和导通，电机(+)端经接插件 BA305②脚通过 Q321 到地形成回路，电机处于驱动摄远状态。电机处于这一状态过程中，Q322 基极为高电平，Q320 基极为低电平，均处于截止状态。检修时，先用万用表黑表笔接地、红表笔接 Q319 基极，监测电压变化情况。按下 T 键，用手按压电路板，故障出现时 Q319 基极由低电平变为高电平，说明故障出在 Q319 基极输入电路中。经进一步仔细检查，发现电阻 FR430 引脚虚焊，因此造成 Q319 基极控制电压接触不良，从而导致该故障发生。重新补焊后，机器故障排除
	机器摄录时，录像器有光栅无图像	经开机检查与分析，该故障可能发生在摄像头及自动光圈控制电路。检修时，打开机盖，观察光圈组件和驱动电机接插件连接正常，但从光圈组件顶部开缝处看不到光圈拉幕片，说明光圈已处于关闭状态，用镊子拨动光圈组件底部光圈开启/关闭移动杆，光圈开启，寻像器内立即显示正常的黑白图像，松开手图像立即消失，说明问题出在自动光圈控制电路中。 用万用表检查接插件 BA301 各脚对地电压，发现②脚(光圈电机驱动电压输出)为 0V，正常应为 1.3～4.9V。检查集成块 IC301 各脚对地电压，测得⑤脚、⑥脚均为 1.1V，⑦脚为 0V，正常值⑤脚电压为 1.2V 时⑦脚输出高电平 7V，光圈开启最大，⑥脚为 1.3V，⑦脚输出低电平 1.8V，光环关闭最小。用万用表测 IC301⑤脚电压，调节光圈调整电位器 VR301，⑤脚电压不变化。经进一步检查发现可变电阻 VR301 内部不良。更换 VR301 后，机器故障排除

续表

机型	故障现象	故障分析与处理方法
松下 NV-M7 型摄录像机	机器摄录的图像无彩色，伴音正常	该故障一般发生在机器录/放色度信号处理电路中。检修时，先将一彩色图像完好的录像带插入摄像机内重放，电视机屏幕上彩色图像正常，说明问题出在色度记录信号处理电路中。再放入一盒空白带，按下 START/STOP 键，用示波器测 IC8001(AN6367S)㉒脚输入的 4.43MHz 色度信号正常，顺着信号流程观察 IC8001⑭脚输出的 627kHz 降频色度信号正常，进一步观察发现 Q3036(Y/C 混合放大)发射极输入的色度记录信号丢失。将示波器探头移到 Q8004 集电极，观察色度记录信号输出正常，判定问题出在 Q8004 集电极至 Q3036 发射极这段电路中。用万用表检查 Q8004 集电极和 Q3036 发射极电压无异常，再进一步仔细检查，发现 Q8004 集电极脱焊。重新补焊后，机器故障排除
	机器放入碟带后，带仓不能到位	该故障一般发生在带仓机构，检修时，打开机盖，按下带仓并观察，发现带仓下降时安装在带仓左下方的锁定板不动作，说明故障出在锁定机构内。再弹起带仓注意观察，发现锁定杆上的限位触头已断裂，从而导致带仓弹出后锁定板不能正常复位，带仓也就无法到位锁定。更换锁定杆后，机器故障排除
	机器开机工作时，录像器上的图像闪动不稳，有时无图无光	问题可能出在寻像器接插件电路。检修时，将交流适配器多芯插头插入摄像机尾部插孔，然后将视频/音频输出信号接入电视机，接通电源开关，将镜头对准景物，发现寻像器内图像闪动时，电视机屏幕上图像一直正常，用手摇动寻像器连接电缆插头，图像立即恢复稳定，说明故障为接插件 J1504 内部接触不良所造成的。清除接插件内部污物后，机器故障排除
	接通电源开关，电源指示灯亮，电子寻像器内显示正常，机器插入磁带即进入快速卷带状态	该故障可能发生在带头检测电路。检修时，打开机盖，开机后用万用表测系统控制微处理器 IC6001㊱脚对地电压为 0.3V，正常值应为 4.9V。取下电池，用万用表检查 IC6001㊱脚在路对地正反向电阻均为 3.2kΩ，正常值红表笔测为 20kΩ，黑表笔测为 72kΩ。拔下接插件 P6005 头，测 IC6001㊱脚在路对地电阻恢复正常，说明故障出在光电晶体管 Q1501 内。焊下 Q1501 检查，发现该管正反向电阻均为 2.3kΩ，正常时正向电阻为 200kΩ，反向电阻为∞，说明 Q1501 内部击穿。更换 Q1501(PN158NVMC)后，机器故障排除
	机器摄录或放像时，机器自动停机	据用户反映：该机在使用中，自停现象经常发生，但没有规律，有时可工作 1 小时以上，有时不到 1 分钟即自动停止。经反复操作机器各种功能，发现在倒带(或快进)过程中，磁带盒中有异常摩擦声发出，倒带速度亦较正常稍慢，但只要将盒仓压紧，摩擦声即可消失，速度亦随之加快。这一现象是否与自动停机有着某种联系呢？或者说自动停机与倒带摩擦声是否出自同一故障？为了证实这一推测，卸

续表

机型	故障现象	故障分析与处理方法
松下 NV-M7 型摄录像机		下盒仓盖板，然后在重放过程中观察磁带的运行情况，发现收带盘转速极不稳定，时快时慢，有时甚至不转，收带盘如转动流畅，自停现象亦不再发生。在摄录过程中观察情况亦然。由此确认：该故障属自动保护性停机。导致自停的原因是磁带在运行过程中受到一定的阻力，而这一阻力来源于磁带盒仓某处的变形，应着重检查盒仓锁定部件。按下出盒键，使盒仓弹出，由机身前端往后看，可看到盒仓定位挂钩。机芯上的锁定轮是不能上下移动的，这就导致盒仓凭借自身的弹力向外移出一定距离，盒仓中的磁带也随之脱离正确位置，造成磁带盘与盒底面相互摩擦，产生阻力。阻力的大小视磁带的标准程度、新旧程度和磁带长短等因素而定，因此出现了用户所反映的故障现象，用尖嘴钳将变形的挂钩恢复至正确位置后，机器故障排除
	机器装入盒带，按重放键即进入保护状态	检修时，打开机盖，开机观察，发现摄像机压带轮不到位，手推压带轮，阻力较大，强行将压带轮推到位后，盒带运转，机器恢复正常。压带轮不到位的原因是阻力过大，推出盒带。在压带轮摇臂上注入少许润滑油后试机，一切正常。该机经上述处理后，故障排除
	机器加载后，磁鼓旋转，但主导轴不转，磁带不能运行，不久卸载停机保护	该故障一般发生在主导轴驱动电路。检修时，打开机盖，用万用表检测发现主导轴驱动电源块 IC1002（UN102）的⑪脚有 14V 电压，断开保险管 BX1008（N25）测试，该脚电压恢复正常值 4V。检查保险管 BX1008 未烧断，进一步检查外围电路及相关元件，也未发现问题，故而怀疑 BX1008 相连的主导轴驱动块 IC2005（BA630S）内部不良。更换驱动块 IC2005 后，机器工作恢复正常
	开机后，电源指示灯一闪即灭，磁带取不出	经开机检查，电池及驱动电机均正常，判定问题出在驱动及控制电路。检修时，先用万用表检查加载电机驱动电路 IC6004（M54543L）无异常，取出电池，测驱动电路各脚对地电阻，将④脚、⑥脚与电路脱空，测驱动块的④脚、⑥脚电阻正常，而对应的电路板上这两脚与电阻为 0Ω。由原理可知，这两脚的控制信号是由微处理器 IC6001（MN15361VYF）的②脚、⑩脚直接输出，与其他电路无任何联系，说明微处理器内部损坏。更换 IC6001 后，机器故障排除
	机器装带重放时自动保护	问题可能出在加载机构及电源等相关部位。检修时，打开机盖，用万用表测主轴电机驱动电路 IC2005 第㉔脚电压为 0V，再测电源电路 IC1002 第⑪脚电压正常，用放大镜仔细观察，发现 IC2005㉔脚的铜箔线断裂。重新补焊后，机器故障排除

续表

机型	故障现象	故障分析与处理方法
松下 NV-M7 型摄录像机	机器重放摄录及其他像带均无图像	开机观察，磁鼓转速过快。根据现象分析，问题可能出在磁鼓伺服电路。检修时，打开机盖，用万用表测量磁鼓驱动集成块 IC2006(TA8402)⑨脚供电+5V 正常，测其他各脚电压，发现⑱脚、⑲脚、⑳脚均为 12V，正常应为 4.1V；①脚、②脚、③脚电压约 6V，正常应为 2.3V，而①脚、②脚、③脚电压由+5V 供电，经 Q2001、Q2002、Q2003 三个开关管提供，测三个开关管供电均为+12V，正常应为+5V，这三个开关管的电压是由电源部分单独供给，说明故障出在其供电电路。由原理可知：IC1002⑬脚输出端经 L1007、C1021 组成的低通滤波器滤波后输出+5V，该+5V 为磁鼓电机驱电路的电源。测集成块 IC1002⑬脚为+12V，⑬脚为内部电子稳压器输出端，正常应为+5V，⑭脚、⑮脚+12V 正常，进一步检查，发现 IC1002⑮脚与⑭脚之间内部短路。更换 IC1002(UN102)后，机器故障排除
	开机后红色发光二极管不亮，寻像器内无光栅(一)	该故障可能发生在+12V 电压输入电路。检修时，打开机盖，在摄像主电路板的右下角找出 TP1004(+12V 输入)测试点，用万用表测得该点电压为 0V。由电路可知：TP1004 至电池插座间只有一限流电阻 R1051，经检测 R1051 已开路。更换电阻 R1051 后，机器故障排除
	开机后红色发光二极管不亮，寻像器内无光栅(二)	问题可能出在电源电路。检修时，打开机盖，用示波器测 IC1001⑤脚、⑨脚、⑬脚、⑰脚，均无 100kHz 脉宽度调制信号，怀疑 IC1001 已损坏。测 IC1001 在路电阻正常，用示波器测其㉔脚无振荡信号波形。经查为 X1001 晶体振荡器内部损坏。更换 X1001 后，机器故障排除
	机器摄录时，光圈在阳光下反复跳动	该故障一般发生在光圈控制电路或驱动电路，该机光圈驱动 IC301⑥脚是光圈信号输入端。检修时，打开机盖，开机用示波器测其⑥脚输入信号正常，IC301⑦脚时光圈驱动信号输出端。开机，试在镜头前放一盏灯，测 IC301 各脚电压，发现其③脚电压比正常值 1.1V 高很多。测 IC301 各脚对地电阻，发现其③脚、②脚均比正常值大，其中③脚对地电阻实测为 27kΩ，而正常为 2.2kΩ 左右，查 IC301②脚、③脚外围元件 R315、R461 及光圈线圈，发现 R315 内部变值。更换 R315 后，机器故障排除
	机器摄录时，图像无彩色，伴音正常	问题一般出在彩色信号记录电路。检修时，打开机盖，用万用表测彩色编码器 IC901 各脚电压和在路电阻均正常，测 IC901㉔脚色同步信号和㉒脚、㉓脚色差信号也正常，怀疑是编码器没有色副载波输入。测 IC901㉖脚、㉗脚无色副载波信号输出，测 IC309⑥脚电压为+5V 正常，但其余脚电压均与正常值相差较大。进一步检测，发现 IC309(MC8181A)内部损坏。更换 IC309 后，机器故障排除

续表

机型	故障现象	故障分析与处理方法
松下 NV-M7 型摄录像机	机器工作时,按下 T 键,变焦镜环不转动	打开机盖,先检查变焦 T 键开关触点接触良好;再检查电机和电机传动部分也正常,由此判断问题可能出在变焦驱动电路。检修时,卸下变焦驱动电路板,用万用表检查 T 键控制电路中 Q319、Q322 和 2 只 1kΩ 电阻,发现 Q319 e、c 极间已开路。更换 Q319 后,机器故障排除
	机器摄录正常,但寻像器中无光栅	问题可能出在寻像器行场视放和显像管电路。检修时,打开机盖,用示波器检测寻像器主板上 IC701(AN2510S)㉒脚、⑦脚、⑥脚分别有行、场锯齿波,测其㉔脚有视频信号输出,说明 IC701 没有故障,故障出在显像管电路。用万用表检查显像管各脚电压,发现灯丝无工作电压。关掉电源,取下显像管管座,检查灯丝阻值正常;检查行输出变压器 T701②脚、③脚,发现 T701③脚虚焊。重新补焊后,机器故障排除
	机器开机后,电源指示和寻像器中光栅亮后即灭	问题可能出在电源控制及相关电路。检修时,打开机盖,通电后用万用表测电源电压基本正常,查微处理器 IC6001 各外围元件也未见异常,由此怀疑 IC6001 各脚在路电阻,发现其①脚、②脚与正常值差别很大,判定 IC6001 内部损坏。更换 IC6001 后,机器故障排除
	机器不能开机	该故障一般发生在电源及控制电路。检修时,打开机盖,用万用表测加载电机驱动 IC6004②脚、⑧脚对地电阻值为零,②脚、⑧脚为 12V 供电脚,取下 IC6004 后,则②脚、⑧脚对⑤(地)电阻值正常,而印制板上②脚、⑧脚对地阻值仍为零,进一步检查 12V 供电电路,非稳压 12V 供电送保险 R1051,同时送 IC1002。经检查发现 R1051 已断路,而输入端有 13V 电压,送 IC1002 一端对地短路,其连着 IC6004②脚、⑧脚,因而使得 IC6004②脚、⑧脚也对地短路。进一步检查 IC1002 各脚对地阻值,发现 12V 供电脚②脚、⑮脚已对地短路,判定其内部损坏。更换 IC1002 及 R1051 后,机器故障排除
	机器开机后,按出盒键带仓弹出困难,其他工作正常	该故障可能发生在带仓锁定控制机构及出盒控制电路。经开机检查带仓弹出机构正常,说明问题出在出盒控制电路。检修时,打开机盖,用万用表测出盒开关控制管 QR6037(A 管)b 极电压为 12.5V,按出盒键瞬间 b 极电压不变化,正常应从高电平变为低电平,再用万用表检查出盒按键开关 SW6502 两端直流电阻为 26kΩ,按出盒键瞬间电表指示无变化,正常应从 26kΩ 变为 0Ω。开机后,用镊子将出盒按键开关 SW6502 两端短路一下,带仓立即被弹出,说明出盒按键开关内部接触不良。更换或修复出盒按键开关后,机器故障排除

续表

机型	故障现象	故障分析与处理方法
松下 NV-M7 型摄录像机	机器摄录时，寻像器无图像，重放时正常	问题一般出在摄录部位。检修时，打开机盖，用万用表先检查供给摄像头的几组电压是否正常，摄像的聚焦、变焦电压有 5V、9V、16V、12V、－8V 几组。测量主板与摄像头的连接插座 P3003 的⑪脚无 9V 电压，说明电源 9V 电压没加到摄像部分。由原理可知：P3003⑪脚的 9V 电压是直接从电源部分经电容 C1059 滤波后送来的，检查 C1059，发现 C1059 的电解液已流出且腐蚀了线路板，导致传送 9V 电压的电路印板断裂。更换 IC1059 并清除印板电路，重新补焊后，故障排除
	开机摄录时，按动 T 端或 W 端无变焦功能	该故障一般发生在变焦及供电电路。检修时。打开机盖，用万用表先检查电源部分供给变焦部分的 12V 电压是否送到，测量 P3003⑫脚由 12V 电压，说明有 12V 供电电压正常。按动变焦键 T 端 W 端，测变焦电机⊕、⊖两端是否有电压变化，实测该机电压有变化，说明故障可能在变焦电机。测量电机的内阻，阻值接近 0Ω，从而可判断电机内部损坏。更换变焦电机后，机器故障排除
	机器输出摄录信号时，有红、绿两色面交替缓慢移动	问题可能出在色度信号处理及色差信号混合调制电路。检修时，打开机盖，用示波器测 IC901⑱脚输出的亮度信号，基本正常，但测其㉛脚输出的色度信号时发现波形不稳定并周期性跳动。改测 IC901㉒脚、㉓脚输入的 B-Y、R-Y 色差信号，波形稳定正常，怀疑故障出在 IC901 相关电路中。由原理可知：IC901 对色差信号的处理需要相位正交的两路 4.43MHz 副载波，副载波的正常与否直接影响 IC901 对色差信号的处理。IC901㉖脚、㉗脚输入的 4.43MHz 副载波信号，波形稳定，切断副载波输入信号，电视机图像彩色消失。再用示波器监视信号时，发现有一脉冲和色面同速沿视频信号波形移动，当移至色同步信号处脉冲幅度增大，仔细观察脉冲，认为脉冲频率与副载波频率相近，怀疑副载波相位漂移。IC901 所需副载波信号由 IC309（MC818A）提供，IC309 的①脚接受同步信号发生器 IC307（μPD9313BG）㊷脚送来的 HD 基准信号与其内部分频后的 SC 信号进行相位比较以达到相位锁定。怀疑 HD 信号丢失，但测 IC309①脚波形，其波形幅度均正常，且同步信号发生器的各路输出均正常。人为切断 HD 输出，让 IC309 处于非锁定状态，观察故障现象和输出波形，此时色面移动速度明显加快，但视频输出波形中的脉冲消失，分析故障为 IC309 内部的锁相部分损坏。更换 IC309 后，机器故障排除

续表

机型	故障现象	故障分析与处理方法
松下 NV-M7 型摄录像机	插上电源后，指示灯亮，无电压输出	根据现象分析，插上电源后，指示灯亮，说明开关电源整流电路、启动电路、IC001、IC002 均正常。指示灯亮，表示低压 19V 正常。问题可能出在检查 24V 电压、IC003、Q101 及外围元器件上。检修时，打开机盖，用万用表先测量 24V 电压，如不正常，检查 24V 低压整流电路及光耦 PH001 灯；如正常，插上充电池块，测量 IC003 的⑳脚是否有 24V 电压，如无 24V 电压，测 IC003 的③和④脚是否有 0.3V 电压，⑮和㉑脚上的热敏电阻是否完好，再检查 IC003 外围其他一些元器件是否完好，如元器件都正常，上述元件均正常，仍无 24V 电压，则为 IC003 损坏；如有 24V 电压，检查 Q101 及 D103、D104、D305、D306、L301 等元件是否正常。该机经检查为 IC003 内部损坏。更换 IC003 后，机器故障排除
	机器开机后，电源指示灯亮后即灭，功能按钮均不起作用	问题可能出在电源及控制电路。由原理可知：该机电源指示受微处理器 IC6001㉑脚控制。电源指示灯在打开电源开关的瞬间闪亮，说明瞬间 5V 电压输出电压及 IC6001㉑脚低电平控制电压均正常。电源开关复位后指示灯熄灭，判断为电源开关复位后上述两个电压发生改变，应检查这两个电压值。检修时，按住电源开关，电源指示灯并不熄灭，其他功能按钮也工作正常。由此分析，问题出在系统控制电路，应重点检查 IC6001㊲脚控制电压及 QR6004 是否正确翻转。该机经实测 IC6001㊲脚高电平，正常；测量 QR6004 的 A 管基极电压也正常，但 A 管集电极电压为高电平。显然，QR6004 内的 A 管出现故障，使 B 管集电极电位升高，B 管导通，B 管集电极端为低电平，因而在 Q6001 截止后 QR6003 不能保持导通。更换 QR6004，机器故障排除
	机器在摄录及重放状态，无论是 AV 或射频接口，均无图像信号	经开机观察，机器寻像器图像正常，判断故障出在信号输出电路。由原理可知：该机输出的视频、音频信号是经 14 芯接插件（连接器）送到 AC 适配器内插件 P5 上，其中，视频信号经 P5 的②脚（视频输入）、耦合电容 C201 加至 Q201 的基极上，经缓冲放大后，从 Q201 的发射极输出，经耦合电容 C203，分两路输出：一路经 R204 由 VIDEO OUT（视频输出）插口送出视频信号；另一路经 R205、L201、C208 加至 Q202（2S2208）基极，经缓冲放大后从其发射极输出，再经过 P4③脚（视频输出）送到 RF 变换器，从 RF OUT（射频输出）插件输出射频调制信。根据上述分析，可判断故障可能发生在 14 芯连接线和 RF 变换器及 AV 接口电路上。 检修时，将 AC 适配器卸开，用万用表测量 14 芯连接线，未发现 14 芯线断，检查 AV 接口线路板，发现 R204 已烧焦，故怀疑 Q201 有问题，在线路板上测量 b、e 结，电阻几乎为零，再将 Q201 焊下测量，判断 b、e 结已经短路。更换 R204、Q201 后，机器故障排除

续表

机型	故障现象	故障分析与处理方法
松下 NV-M7 型摄录像机	机器在室外阳光下摄录时，寻像器内一片白光	经开机观察，机器镜头对准发光物体摄录时，寻像器内聚焦区域框消失，镜头组件上部光圈开槽内瓣金属叶片不动作，也无光圈电机转动声音，判断故障出在自动光圈控制电路中。检修时，打开机盖，用万用表测量接插件 BA301②脚电压为 0.1V，切断发光体光源后②脚电压仍为 0.1V，正常值应分别为 4.8V 和 0.8V。检查光圈电机驱动控制集成块 IC301(AN13585)⑦脚电压为 7.2V，打开光源，照度增大时⑦脚电压从 7.2V 下降到 1.8V，说明光圈检测电路工作正常，故障在缓冲放大器电路中。焊下三极管 Q330，检测发现其内部开路。更换 Q330 后，机器故障排除
	寻像器屏幕上半部分完全无光，下半部分有压缩图像	问题一般出在寻像器场扫描电路。检修时，打开机盖，用万用表先测量 IC701 有关脚电压，结果为①脚 1.2V，③脚 1.5V，⑤脚 1V，⑥脚 1.8V，而这四脚的电压正常值均为 2.3V。由此怀疑 IC701 内部场输出电路部分损坏。再检查其相应外围元件及印板，也均未发现其他问题。更换 IC701(AN210S)后，机器故障排除
	机器摄录时，镜头推拉功能失灵	问题一般出在镜头推拉电机或其控制电路。检修时，打开机盖，用万用表检测推拉电机直流电阻，正常。再在电机两端外接 3V 直流电压，电机转动正常，说明电机没有损坏。由此推测，故障出在控制电路。检查电源电压 3.5V，正常，再检测四只三极管 Q1～Q4 也正常。分别按下推拉开关 K1 和 K2，空载时 Q1～Q4 也正常，均有电压输出，但接上电机后输出电压只有 0.5V 左右。估计上述三极管性能变坏。这四只管子是配对管，需同时更换。更换配对管后，机器故障排除
	开机后即烧保险	问题可能出在电源整流电路。检修时，打开适配器盖，用万用表测量整流桥 D001 各臂阻值，有一臂短路。用 1N4007 二极管代换，但加电开机仍烧保险。继续查滤波电容 C010，测量后知其漏电。更换 C010 后，机器故障排除
	开机后电源指示灯不亮，无电压输出	经开机检查，发现保险丝已烧断，管内发黑。一般来讲，保险管烧断后呈银白色，故障一般为整流堆或滤波电容短路；发黑为滤波电容以后的负载短路；如只是烧断，则是由于 220V 电源电压短时太大引起，此时只要更换同型号保险丝即可。该机经检查，发现电源开关管 Q001 G、D、S 极均已击穿。更换 Q001 后，机器故障排除
	机器重放时 RF 及 AV 均无信号输出	问题一般出在 AV 输出电路及相关连接电缆等部位。检修时，打开机盖，找到 AV 变换板，在 AV 变换板上有两个放大管 Q201、Q202，放像状态用万用表测 Q201 各脚均为 1.2V 左右，取下测量各极已击穿。需要说明的是，如果 AV 输出正常而 RF 无输出，多由 RF 变换部分的 RF 插头芯线脱焊引起，检修时只要打开 RF 变换器即可查到。更换 Q201 后，机器故障排除

9．松下 NV-M1000 型摄录像机

机型	故障现象	故障分析与处理方法
松下 NV-M1000 型摄录像机	机器放入未抠去防抹片的录像带，进入摄像状态，REC 指示灯闪亮，不加载，寻像器内 TAPE 字符闪动	该故障一般发生在防抹电路异常后，主系统控制 CPUIC6002 误判断为装入带仓的盒带防抹片已抠掉，进入防误抹保护状态，不执行摄像→全抹→记录指令，并通过 REC 灯不停地闪亮，寻像器内 TAPE 字符闪动，提醒用户换上新录像带。该机种的录像机各检测开关与系统控制 CPU 之间的连接并不像家用录像机中那样直接接到 CPU 引脚，而是将机芯各开关的反馈信号采用键脉冲电扫描方式输入到 CPU 中，带仓中的盒带防抹片抠掉时，TAB · SW 开路，+5V 电压经 R6027 加到 QR6014 是的 B 管基极，B 管导通，主系统控制 CPUIC6002㉝脚输出的键脉冲经导向二极管 D6011 QR6014 B 管 c、e 到达 IC6002 扫描数据输入端(51)脚，(51)脚受到㉜脚的键扫描脉冲后，便判断为带仓中的盒带防抹片已抠掉，不能进入摄像→全抹→记录状态。装入带仓的盒带有防抹片时，TAB · SW 开关闭合，导向二极管 D6010 的负极接地而导通，将 QR6014 B 管基极拉到 0.7V，QR6014 B 管截止，IC6002 的㉝脚输出的键脉冲不能到达(51)脚，CPU 便判断该盒带防抹片未抠，IC6002 指挥全进入摄像记录状态。该机检查发现片状二极管 D6010 内部开路。更换 D6010 后，机器工作恢复正常
	机器装入录像带后，按“FF/REW/PLAY”各键，臂动作，反复进出盒数次，有时又能恢复正常	问题一般出在带仓开关、磁带检测电路。检修时，打开机盖，用示波器测磁带检测电路中 D1501 两端，有 $1.3V_{p-p}$ 的驱动脉冲，⑧脚、⑨脚在弹出过程有 $1.6V_{p-p}$、周期为 20ms 的锯齿波，装入磁带后两脚变为 4.4V 高电平，检测结果说明磁带检测电路正常（进行光电元件的检测时，应避开阳光、灯光，以免影响检测的准确性）。问题应出在带仓开关等相关部位。根据该机反复弹出、压下带仓装盒时有时偶尔正常这一现象，判断可能为机内有接触不良的元件。检查带仓右上角处的带仓下降开关，发现开关移位。重新调整开关位置后开机，工作恢复正常。由于该机的带仓下降开关仅用一只螺钉固定开关一端，使用年长日久会出现开关位置移动现象，或触点氧化接触不良。该机经上述处理后，故障排除
	机器工作过程时，不定时出现自动卸载现象	该故障一般发生在状态开关及系统控制电路。由原理可知：机器在放像、录像时，加载机构带动状态开关内活动短路滑片到图中最左边位置时。IC6002㊱脚、㊲脚输出的键脉冲 KEY2、KEY1 同时经状态开关 POSCOM 端送到扫描/数据输入端(51)脚。CPU 只有同时收到这两路脉冲，才确认放像加载状态正常，使摄像机稳定工作于放像状态。若状态开关内部的短路滑片与 POS①端、POS②端接触不良，则使 CPU(51)脚收到的脉冲不正常，CPU 判断为加载状态不正常，控制加载电机转动回到只提供状态。根据上述分析，检修时，打开机盖，应重点检查状态开关内部是否脏污。该机经开机，取下状态开关打开后发现内部因污物变黑，用细砂纸折成长条来回磨几次，再用酒精擦拭干净，重新封装好，试机，工作恢复正常。该机经上述处理后，故障排除

续表

机型	故障现象	故障分析与处理方法
松下 NV-M1000 型 摄录像机	机器摄录时,寻像器图像无层次,模糊	该故障可能发生在图像信号处理或预视放电路。检修时,打开机盖,用万用表仔细检测信号处理电路未见异常,说明问题出在预视放电路。由原理可知,该电路 CCD 驱动脉冲发生器 IC201(MN53015XBM)的㉙脚、㉞脚分别输出取样脉冲送至取样保持电路 IC501(AN2010S)的⑨脚、⑩脚,CCD 组件(MN3745F)在 CCD 驱动脉冲的作用下从④脚输出图像信号,经三极管 Q204 放大后送至 IC501②脚。IC501⑮脚外接的增益电位器 VR202 作为图像传感器灵敏度的微调。图像信号在 IC501 内部进行双重取样。经放大后从⑫脚输出,再经三极管 Q211 缓冲放大,最后送至信号处理电路 IC304 的㊶脚。根据上述分析,先将镜头对准彩条测试卡,再用示波器 0.1V/20μS 挡测 Q211 的信号输出 TR301 视频信号,发现异常,微调 VR202,使 TR301 的信号波形至正常值 0.35V_{p-p}后,寻像器图像恢复正常。该机经上述处理后,故障排除
松下 NV-M1000 型 摄录像机 (适配器)	插上电源后,电源指示灯和充电指示灯均闪亮,无电压输出	经开机检查为交流适配器故障。由于该交流适配器(VW-AM10EN 型)的电源指示灯能闪亮,说明交流适配器初级的脉冲开关振荡回路基本正常,重点应检查其次级及其外围电路。打开机盖,先直观检查图中元件,其次级及外围电路无明显异常,用万用表检测 IC001(VCR0297)各脚电压,发现偏差较大,查外围电路无异常,由此判为 IC0011 内部损坏。更换 IC001 后,机器工作恢复正常
松下 NV-M1000 型 摄录像机	机器重放录像带时,屏幕上有一半为噪波	该故障一般为 PG 磁头及相关部位不良引起。由原理可知:在磁鼓电机印板上有两个霍尔元件,用于产生三相磁鼓驱动电压的换向开产脉冲,它们分别加到磁鼓驱动集成块 IC2006 的⑪～⑯脚。在磁鼓电机板上还有一个 FG 磁头、一个 PG 磁头。FG 磁头用于产生反映磁鼓电机转速的脉冲信号,PG 磁头用于产生代表磁鼓电机旋转相位的脉冲信号。FG 信号送到 IC2002 的⑩脚,经放大成 1V_{p-p}的正弦波从⑨脚送出,由⑲脚返回 IC2002 内部,加到 IC 内部的磁头开关脉冲发生器电路。PG 磁头产生 PG 信号加到 IC2002 的⑯脚,经放大后从⑰脚输出,又从⑱号返回 IC 内部,加到单稳态(MM)电路,在 IC2002 的⑳脚外接有 PG 相位调节电位器 VR2001,用于调节磁头切换脉冲的相位,使磁头切换点位于场同步前 6.5H 处,这样才能使重放图像无噪波。经单稳态电路处理后的 PG 方波在 IC 内与⑲脚进入的 FG 信号互相作用,其中 FG 脉冲用作计数器的计数脉冲,PG 脉冲用作计数器的复位脉冲,这样,就能产生相位正确的磁头切换方波。当 PG 脉冲丢失或不能产生时,磁头切换方波仍能由 FG 脉冲计数分频产生,但该方波不能与磁鼓上视频磁头同步,这时就会造成图像上一半噪波出现。根据上述分析,检修时,打开机盖,用示波器测磁鼓电机插座 P2001 的⑧脚 FG 脉冲端,有 0.2V_{p-p}的 FG 正弦波。测 P2001 的⑭脚鼓 PG 脉冲端为 0V,正常时应为 0.01V_{p-p}。经仔细检查发现 PG 磁头内部损坏。更换 PG 磁头后,机器工作恢复正常

续表

机型	故障现象	故障分析与处理方法
松下 NV-M1000 型 摄录像机	机器摄录后重放，画面上部出现噪波	问题可能出在走带控制机构及伺服控制电路。检修时，打开机盖，检查磁带走带机构，发现张力导杆上的磁带过分松弛，用手向右拨张力导杆，图像恢复正常，松开手故障又出现。进一步检查发现反张力弹簧挂耳已离开底盘上的挂钩，从而造成磁带走带时张力控制失常，视频磁头不能正确切入磁带扫描，从而导致摄录时图像不正常。挂好弹簧后，机器故障排除
	机器摄录数分钟后，录像器图像逐渐暗淡，光栅消失	该故障一般发生在录像器行扫描及高压产生电路。检修时，打开机盖，接通电源开关，在故障出现时，用万用表检查IC701(AN12510S)各脚对地电压，无明显异常。用示波器观察IC701⑳脚输出 $5V_{p\text{-}p}$ 行推动脉冲信号波形正常。顺着电路检查，经缓冲管 Q701 发射极输出的行推动脉冲信号波形幅度仅有 $0.5V_{p\text{-}p}$，正常值应为 $2V_{p\text{-}p}$，说明 Q701 工作不正常。用万用表测 Q701 各脚对地电压，发现 V_b 为 3.2V，正常应为 2.3V，V_c 应为 0V。检查电阻 R717、耦合电容 C711 正常，由此判定 Q701 内部不良。更换 Q701 后，机器故障排除
	机器摄录高亮度物体或在晴天室外景物时，图像发白并有拉毛现象	该故障一般发生在光圈自动控制电路。检修时，打开机盖，用万用表测 IC308 各脚电压，发现其⑥脚电压为 2.2V(高电平)，⑦脚电压为 3.9V(高电平)，说明它们之间的逻辑关系明显不对，正常情况下，⑥脚若为高电平，⑦脚则为低电平，⑥脚若为低电平，⑦脚则为高电平。一般情况下即使其他电路异常造成 IC308⑥脚、⑦脚电压不符合正常值，但只要两脚电压之间满足上述逻辑关系，则说明 IC308 自身无损坏。由此判断 IC308 内部不良。更换 IC308 后，机器故障排除
	开机后，按"EJECT"键，无出盒动作	问题可能出在加载、卸载控制电路。由原理可知：按"EJECT"键，主控制微处理 IC6002(M54543)的⑥脚、④脚使 IC6005 的③脚、⑦脚输出一个相应的电压给加载电机 M，使方式开关由停止状态变为出盒状态。然后，主控微处理器 IC6002⑱脚、⑲脚输出约 5V 的脉冲电压至加载驱动块 IC6005⑥脚、④脚，使 IC6005③脚、⑦脚输出约 6V 的电压，使加载电机向出盒方向转动，直至出盒动作完成。检修时，打开机盖，在开启电源开关后，按"EJECT"键，发现加载电机 M 只微动一下，无出盒动作，说明该机只有第一步动作，在方式开关变为出盒状态后无第二步动作，说明主控微处理 IC6002 内部损坏。更换 IC6002 后，机器故障排除
	机器摄录时，按动变焦开关，寻像器中图像无变化	问题可能出在变焦电路及机构。检修时，打开机盖，开启电源，按动变焦开关，用万用表测变焦电机两端，电压有变化，说明有驱动电压加至变焦电机；观察变焦电机却不能旋转，由此判断不是变焦电机损坏，就是变焦环被卡死。卸下固定变焦电机的螺钉，取下变焦环，按动变焦开关，发现变焦电机能运转自如，判定变焦环内部卡死。清除变焦环上的污物，重新安装后，将其装上，机器故障排除

续表

机型	故障现象	故障分析与处理方法
松下 NV-M1000 型 摄录像机	通电开机后，电源指示灯不亮	该故障一般发生在电源电路。检修时，用万用表按下列步骤进行检查：打开机盖，先测 TP1004 点电压。若该点无电压，一般为 R1071 烧断。更换 R1071 之前，先测 TP1004 点对地电阻是否正常。若测得 TP1004 点对地电阻很小，还应查 R1071 烧坏的原因，可分别脱开 L1001、Q1003 来确定故障范围。若脱开 L1001 后，TP1004 点对电阻依然很小，则查寻像器中的 UNREG12V 负载是否正常。若脱开 Q1003 后，TP1004 对电阻恢复正常，则为 Q1003 击穿；若脱开 Q1003 后，TP1004 点对地电阻依然很小，则故障出在 C1010、IC1002 及其外围电路之中。若 R1071 未损坏，可按住电源开关不放，用万用表检查 Q1001 是否导通。若 Q1001 不能导通，则将 R1007 下端对地短接，看能否开机。此时若能开机，则说明 Q6001、QR6002 之中有损坏；反之，则说明 Q1001 已损坏。若 Q1001 能导通，则重点检查 SYS 5V 电压是否正常。若 SYS 5V 电压不正常，则故障多为保险电阻 R1072 开路和 IC1002 局部损坏所致。该机经检查为 Q6001 内部损坏。更换 Q6001 后，机器故障排除
	机器开机后，电源指示灯一闪即灭	问题一般出在电源电路。检修时，打开机盖，按住电源开关，用万用表测 IC6002⑩脚电位为高电平（POWER OFF），说明电源自锁条件已被破坏。其原因可能有以下几种：①开关电源工作所需的基准电压、振荡信号、启动电压之中有丢失；②保护电路中 QR1001 误动作；③负载过重；④开关电源电路本身有问题。先用万用表测 IC6002⑤脚电压为 0V，正常为 3.2V，再测 QR1002 基极电位也为 0V，断定 IC6002⑤脚外围电路有故障。该脚接有上拉电阻 VR6001 和 R6090 及滤波电容保护电路动作。分别检查上述元件，发现 R6090 内部开路。更换 R6090 后，机器工作恢复正常
	开机后，电源指示灯不亮，机器无反应	问题可能出在电源及控制电路。检修时，打开机盖，开机后用万用表测微处理器 IC6002 的㊼脚（5V 电源端）为 2.5V，㉕脚复位端也为 2.5V。这说明机器开关电源输出的 5V 电压过低。由原理可知：开关电源集成块 IC1001⑭脚受伺服电路控制，而该机主控 CPU IC6002 5V 电源不正常。由此判断主控 CPU IC6002 对伺服电路的指令也不正常，伺服电路反馈给 IC1001⑭脚的电压也不正常。所以⑬脚输出的调宽脉冲也肯定不正常，导致 IC1002 的⑪脚输出的主导轴电源电压 11V 也不正常，从而使故障发生。而 R1072 输出的 5V 电压是经 R1020、VR1003、R1021 后从 5V 调整电位器 VR1003 的中心抽头输出，经仔细检查发现 5V 调整电位器 VR1003 内部开路。更换 VR1003 后，机器故障排除

续表

机型	故障现象	故障分析与处理方法
松下 NV-M1000型 摄录像机	机器快进倒带正常，进入摄录状态时即自动卸载	该故障一般发生在加载驱动机构及伺服控制电路。检修时，打开机盖，按下重放键，磁鼓电机立即转动，磁带加载到位后仍自动卸载。重新按下重放键，注意观察磁带加载到位时压带轮和张力臂还没有运行到位，磁带就接着卸载。检查磁带加载机构无异常情况，用交流适配器多芯电缆插头与摄像机连接好，按下重放键，观察磁带加载到位后用手触摸加载电机皮带轮，仍在正常转动，但皮带时转时停。卸出皮带检查，发现已老化松弛，造成磁带加载完毕，加载电机不能通过加载凸轮继续带动压带轮、张力臂和方式状态开关运行到记录或重放位置。更换加载电机皮带后，机器故障排除
	机器装盒中，不能摄录与重放，一进入工作状态即自动关闭电源	经开机观察，发现机器加载不到位，方式开关无正常输出信号，造成断电自动保护。检修时，打开机盖，装入录像带开机，按下“PLAY”键，观察机械动作，发现加载扇形齿轮运动至2/3处时受阻，且扇形齿轮外罩有向外凸出的趋势，数秒后自动关机。去掉固定扇形齿轮罩的3只卡簧，卸下外罩，加载扇形齿轮，发现加载凸轮严重磨损，同时，加载扇形齿轮的驱动臂也严重变形。将加载凸轮与扇形齿轮更换后开机，故障依旧，且加载电机驱动块IC6005(M54543AL)发烫。取出录像带，用手动方式加载，加载没有感到太大阻力；再次放进录像带，仍然用手动方式加载，当扇形齿轮运动至2/3处时，手感阻力突然加重，无法加载。再次取出录像带，将带头、带尾检测灯用胶带遮贴后加电，加载顺利成功。由此来看，故障的出现与有无录像带有关。重新放入磁带开机，在扇形齿轮运动至2/3处时，用一塑料起子拨动收带轮一侧磁带，加载顺利完成。取出录像带，开机加载，用手感觉收带轮发现有较大的阻力。此轮在加载过程中，刹车应完全释放，以利于加载臂能顺利地挑出磁带。再观察收带盘刹车，其制动受方式开关连动臂控制，仔细观察，发现刹车控制臂与方式开关连动臂间有磨损，结果造成收带盘长期刹车，使加载受阻。在刹车控制臂上套一长约7mm、直径3mm的硬绝缘套管，并用502胶固定后开机，加载成功，机器恢复正常
	机器摄录时录像器完全无光，但其他工作正常	据用户介绍，该机是在碰撞一下之后发生此故障的。从现象上看，摄录均正常，估计为硬故障。检修时，打开机盖，先拔下寻像器的10芯接插头，并仔细观察寻像器内元件和电路印刷板，均未发现异常。然后用万用表逐步测量10芯接插头与引线板是否有断路现象，当测至第6、7根时，发现不通，仔细剥线检查，发现第6根将要断开，第7根完全折断不通。重新连线后，机器故障排除

续表

机型	故障现象	故障分析与处理方法
松下 NV-M1000型 摄录像机	机器摄录像时有图像无声音，其他均正常	该故障可能发生在话筒放大及录放转换电路。由原理可知：机器处于摄录像状态时，机内话筒将外界声音转换成电信号，经MIC放大电路放大处理后送入音频录放电路IC4002第⑪脚，在IC内部ALC及放大电路处理后分成两路，一路从⑬脚输出至LINE OUT插口，供监视或作外录之用，一路从⑲脚输出至音频录放磁头进行本机记录。该机播放非本机摄录的正常磁带时声音正常，一般可认为IC4002问题不大，应重点考虑MIC组件放大录放音频转换电路是否异常。为了提高检修效率，可利用电路的设计特点对其进行压缩，方法为：机器处于摄像状态，从LINE OUT插孔引出AV信号至监视器，看此时监视器中是否有被摄景象和环境声音出现，有则可以说明话筒组件、MIC放大电路均正常，问题出在IC4002⑲脚以后；如无声，则应逐级检查IC4002⑪脚以前各电路(包括话筒)。试机后发现，监视器中有环境声发出，从而排除了话筒及放大电路出故障的可能性。继而用示波器测量IC4002⑲脚及C4019负端音频信号，有波形出现，而测P4002插座第⑤脚，示波器屏幕上无任何反应，这时可做出推断，如电阻R4013未开路，即为录放转换开关IC100⑪脚内的电子开关处于闭合状态(应处断开位置)，该开关管⑧脚高电平闭合，反之断开，测IC401⑧脚电压8V左右(正常为0V)，再测QR4004 C极(应为8.6V)，B极2V，正常，由此断定QR4004损坏。焊下测量，发出三极均开路。由于QR4004内部开路，C极始终处于0电位，从而导致IC4001内录放转换开关动作失常，将⑨脚音频信号和偏磁信号短路到地，使上述故障发生。用一小功率PNP硅管及一只4.8kΩ电阻代换后，机器故障排除
	机器摄录及重放3秒后自动保护停机，除出盒(EJECT)键有效外，其余按键失灵	根据现象分析，机器在摄录及重放时2秒内能工作，说明刚开始各系统工作正常，3秒后因某种原因使磁带运行受阻，造成保护停机。检修时，打开机盖观察，发出磁带装载正常，但3秒后立即卸载，原因是磁带不从供带盘继续拉出，卷带盘因不能卷带，微处理器发出指令使机器保护停机。试用一盒好磁带故障现象亦然。取出盒带，用手拨动供带轮，发现它与过桥齿轮扎在一起，仔细检查过桥齿轮，发现已松动，将松动出来的过桥齿轮重新拧紧，机器工作恢复正常
	机器摄录时，加载运转正常，但录不上信号	机器摄录时，加载运行正常，说明系统控制电路、加载电路、驱动电路基本正常，故障一般发生在电源传感器电路中。检修时，打开机盖，可按下列方法进行检查。 先用万用表测摄像头供电电源，发现无+16V和－8V电源电压。由于这两种电压是由一只二次电源变换器产生并提供的，应进一步对该电路进行检查。 该机二次电源变换器电路是由集成电路IC1003(AN6562S)、IC1004(AN6914S)、Q1003(2SD1293M)和脉冲变压器T1001等组成。①首先用示波器检测IC1001㉒脚输出的矩形脉冲波形正常，用万用表测I1001⑨脚输入的12V直流电压无问题，但测其⑥脚电压却为0V。②切断电源，用万用表R×10Ω挡测脉冲变压器T1001的各组线圈，其⑨～⑧脚绕组通，但⑨～⑥脚绕组开路。③进一步检查发现Q1003内部损坏。更换Q1003及T1001后，机器故障排除

10．松下 NV-M3000 型摄录像机

机型	故障现象	故障分析与处理方法
松下 NV-M3000 型摄录像机	机器开机数秒后自动断电	开机数秒后自动断电，说明各功能系统正常，故障可能是因某种原因使磁带运行受阻而导致机器停机保护。检修时，打开机盖观察时发现，机器加载正常，但数秒后机器卸载，其原因是供带轮停转，卷带轮已无法卷带。取出磁带后再检查，发现盒仓过桥齿轮螺钉松动并靠在供带轮上。将过桥齿轮螺钉拧紧后，机器故障排除
	机器加载后即自动卸载，且关闭电源，需经多次拨动电源键，才能进入工作状态	开机观察，机器加载后，磁鼓转动，但较正常转速慢，当磁带一接触到磁鼓，磁鼓立即停转。经反复多次拨动电源键，磁鼓才能正常转动。用手拨动磁鼓，并无受阻现象。在不插入磁带情况下开启电源，用万用表测磁鼓电机引线插座 PF2101 各脚电压均正常。插入磁带反复拨动电源键，让磁鼓电机能正常旋转后，再测量 FP2101 各脚电压，发现④、⑧、⑫三脚三相电流输入端对地直流电压不相等且不稳定，④脚、⑧脚约为 2V，⑫脚为 2.2V，测量三相交流电压也不平衡。怀疑磁鼓电机三相绕组有问题，拔出引线后测量绕组的线间电阻均为 7.5Ω，应属正常。判断伺服和驱动电路有问题。卸下主板，本着先易后难的原则，用万用表二极管测试挡测量驱动电路 IC2102（UN224）。UN224 由 3 只 PNP 三极管和 3 只 NPN 三极管组成，测量每个 PN 结正向电压降，发现⑬脚、⑭脚为 1.8V，其余为 0.6V 左右，显然由⑫、⑬、⑭三脚构成的 NPN 型三极管不良。更换 IC2102 后，机器故障排除
	机器一开启电源，带仓即自动弹起	该故障一般发生在选择开关及控制电路。经开机检查，该机工作方式选择开关位置正确，说明问题出在控制电路，且大多为微处理器本身损坏或出盒开关有毛病所致。由原理可知，如果出盒开关接点始终处于接通状态，则开启电源后微机即接收到出盒指令信号，向加载电机的驱动电路发出驱动指令，加载电机反转，通过传动机构使带盒仓打开。开启电源开关，用万用表测加载电机两端的瞬时电压值为 5V，说明微处理器有指令输出，再将出盒开关的一端接点与线路板焊开，关上带仓。开启电源，则带仓不弹起，加载电机两端也无电压，由此断定微处理器输出的指令信号是出盒开关有毛病所致。关机后，用万用表电阻挡测出盒开关的导通情况。用手指按压开关时，开关导通；松手时，开关又处于开路状态，说明开关正常。但将出盒开关控制板多次反转后再行测量，则该开关不论是按压还是松开均处于导通状态，因此断定该开关存在内部短路故障。修复开关后，机器工作恢复正常

续表

机型	故障现象	故障分析与处理方法
松下NV-M3000型摄录像机	机器摄录时，有伴音无图像	问题可能出在视频记录信号处理或磁头开关控制电路。检修时，打开机盖，将机器置于CAM状态，镜头对准拍摄景物，按摄像开始/停止键，观察磁带走带正常。用示波器分别观察接插件FP5001③、⑤、⑧、⑩四脚均有调频记录信号输出，说明视频记录信号处理电路工作正常，再观察IC5001⑫脚输入的H·SW和⑬脚输入的H·ASW脉冲信号波形正常。用万用表检查Q5009基极为低电平，正常值记录为0.7V，重放为0V，进一步检查发现Q5003 c极输出的4.8V电压丢失，检查QR5001基极无电压，正常值记录为4.7V，重放为0V。顺着电路发现微处理器IC6004⑱脱焊。重新补焊后，机器故障排除
	机器摄录时，无信号输出	该故障可能发生在数字视频信号处理电路。检修时，打开机盖，用万用表检查各路供电电源均正常。用示波器测试B301⑫脚有1.5$V_{p\text{-}p}$的信号波形，说明CCD摄像头电路送来的电信号正常。但测B302①、②、③三脚无正常的信号输出，说明问题确在数字视频电路。继续检查，当用万用表测IC307(MN655431SH)A/D转换芯片的DE引脚时，发现无3.5V供电电压。由于IC307①脚无正常工作电压，极可能使A/D转换电路未工作，进而使整个视频数字电路中的信号流程不能正确进行。而在该电路中，一般地说，各集成芯片的供电端多数串有防扰保护电感，该电感的主要作用是防止电源中的脉动成分引起数字电路的错误动作，经仔细检查3.5V电源是经L307电感送来的。于是检测电感两端对地电位，发现一端有3.5V电压，一端无3.5V电压。经查为L307一端引脚脱焊。重新补焊后，机器工作恢复正常
	机器摄录时，图像边缘有一条黑线	该故障一般发生在数字视频电路及相关部位。检修时，打开机盖，用示波器测IC307、IC306、IC304的输入、输出波形均正常，IC316(MN5185)录像控制芯片输入端波形正常，输出端发生变化，测其各引脚电位，发现其⑱脚电位与正常值相差较大。查⑱脚为消隐控制输入，直接IC318的④脚，IC318(TC7S08F)为一门，将两路消隐信号送于IC316的⑱脚。用万用表IC318各脚电压，其①脚、②脚约1V，⑤脚为电源3.5V，触摸IC318芯片表面温度，明显升高，说明IC318内部损坏。更换IC318后，机器故障排除
	开机后指示灯不亮，机器不工作	该故障可能发生在电源及控制电路。由原理可知：该机电源控制电路中有一个5V三端稳压块IC6010，专门给微处理器IC6004供电，12V电压经R1606向IC6010供电，并从①脚输出5V电压加到IC6004的⑮、⑳、⑰三脚，作为微处理器的工作电源，IC6010输出的5V电压还经电阻加到IC6009的③脚，从②脚输出复位电压加到IC6004㉕脚。检修时，打开机盖，用万用表实测IC6010的③脚有12V输入，但①脚无+5V输出。经检查为稳压块IC6010(7805)内部损坏。更换稳压块7805后，机器故障排除

续表

机型	故障现象	故障分析与处理方法
松下 NV-M3000 型 摄录像机	插上电源后，不能开机	该故障一般发生在电源及相关电路。检修时，打开机盖，用万用表检查发现 R1606 损坏。由原理可知：12V 电源经电源开关管 Q1006 输出一路给伺服控制系统，其中又经 Q2101 变换成稳压 9V 送给主导轴电机驱动，同时送给 IC1001 及相应的稳压基准电路。经检测 Q2101 内部已击穿，由此说明稳压 9V 输出端有关电路有问题，而该 9V 是给主导轴电机的。故断开该 9V，换上新的 Q1006，先不接 Q2101 开机，电源指示灯亮，寻像器有图像，接上 Q2101，机器工作恢复正常。更换 Q2101 及 R1606 后，机器故障排除
	机器摄录时，主导轴时转时停	问题一般出在主导轴电机驱动及相关部位。检修时，打开机盖，先仔细检查线路板、主导电机及引线后，未发现接触不良现象。开启电源，插入磁带观察，发现寻像器中图像几分钟后出现跟踪不良，同时可看到带盘转速时快时慢。此时用万用表测量主导电机引线端插座 FP2102 各脚电压，发现三个霍尔元件的输出端电压均不稳定，再测霍尔元件电源供组端 VC+，即 FP2102 的第⑤脚电压，表针在 2～3V 间摆动，该电压由 IC2103 的⑭脚输出，经测量情况相同。测量电源输入端⑬脚有稳定的 5V，断定⑭脚之间的稳压器有问题。IC2103 是主导电机驱块，型号为 AN3841SR，不易购买。考虑电路中仅局部损坏，而且霍尔电源稳压器在集成块中是独立的，决定外加稳压电源替代。该机外加稳压电源替代后，机器观察排除

11．松下 NV-M3500 型摄录像机

机型	故障现象	故障分析与处理方法
松下 NV-M3500 型 摄录像机	有时不能开机，但按压寻像器一侧的机壳则有时又能开机	该故障一般为接触不良所致。检修时，打开机盖，用万用表测系统控制 IC6004㉘脚有 5V 高电平，拨动电源开关，发现该电平无变化，查电源开关完好。再测开关接地端与主线路板接地端不通，仔细检查发现，主板上插座 FP6001 与操作板上 FP6501 间的 12 芯薄膜排线在弯折处有发黑的痕迹。拆下排线用万用表 R×1Ω 挡测量，其靠边的①、②线已开路。该排线①为操作板地与主板地的连线，②为开盒键控制线，两线断裂，造成上述故障发生。重新连线后，机器故障排除
	机器装入电池开机后 10 分钟即告警关机	经检测电池正常，判断问题出在电源电压检测电路。检修时，打开机盖，用万用表检测 IC6004⑩⑧脚的基准电压 2.5V 正常，再测 IC6004⑩②脚电压为 2.7V，而其正常值应该为 2.9V，说明是电源取样检测电路有问题。测 R6015 和 R6016 中点取样电压为 2.9V 正常，测电阻 R6032 左端电压也正常，电阻 R6032 阻值为标称值 1kΩ，说明故障在 C6010 或 IC6004 内部电路。将 C6010 焊下后，再测 IC6004⑩②脚电压恢复正常，测 C6010 内部漏电。更换 C6010 后，机器故障排除

续表

机型	故障现象	故障分析与处理方法
松下 NV-M3500 型 摄录像机	机器自摄后重放时，画面上有周期性噪波带	经开机观察，将自摄带放到其他录像机上重放时，故障现象一样，伴音正常，按下暂停键画面的质量也基本正常。判断问题可能出在主导轴伺服电路。由于伴音不失真，证明主导轴速度伺服环路正常，故障主要出现在相位伺服环路。由于录放都存在周期性噪波带，因此重点检查 CTL 磁头及 CTL 脉冲信号处理电路。 检修时，打开机盖，使机器处于摄录暂停。用示波器检测记录状态的 CTL 脉冲通路。先用示波器探头检测 IC6004 的㊺脚，有 CTL 脉冲输入，测 IC6004 的㊻脚，有 CTL 脉冲输出，测 IC6004㊼脚无 CTL 脉冲，说明 CTL 脉冲在 IC6004 的㊻脚与㊼脚电路间被阻断或旁路。检查㊻脚与㊼脚间的外围元件，发现 C6211 电容（10μF/16V）内部开路。由于 C6211 开路，使机器摄录时无法录上 CT 脉冲信号，重放时也无法检拾出 CTL 脉冲，造成重放时主导轴相位伺服电路因此比较信号而不能正常工作。更换 C6211 后，机器故障排除
	机器不能开机，电源指示灯不亮	该故障一般发生在电源电路。检修时，打开机盖，用万用表测插座 P1001②脚电压为 12V 正常，测 IC1001 的⑩脚、⑭脚也有 12V 工作电压。此时，再拨动电源开关至开机端，检测电源通断管 Q1006 各极电压，发现 Q1006 基极电压不仅不随电源开关的接通而变为低电平，且电压值与 Q1006 发射极电压相同，均为 12.5V 左右，基极电压为 11.7V 左右，集电极电压也为 12.5V 左右，故怀疑 Q1006 损坏。焊下 Q1006（2SB970X）检查，发现其内部损坏。更换 Q1006 后，机器工作恢复正常
	机器开机后，电源指示灯一闪即灭，机器无任何动作	问题一般出在电源电路，且大多为除＋5V 以外的某路输出电压不正常所致。检修时，打开机盖，先找准各路电压测试点，在每次开机瞬间，用万用表依次测量各路电压。检测时，发现电源输出＋18V 和＋9V 始终为零，而－8V 等其他各路电压在开机瞬间均有一个升高和回落过程。仔细检查，发现脉冲变压器 T1001④脚与⑤脚之间断线，使 T1001③、④脚均无脉冲电压输出。更换 T1001 后，机器故障排除

12. 松下 NV-M5500 型摄录像机

机型	故障现象	故障分析与处理方法
松下 NV-M5500 型 摄录像机	通电开机后，机内有“咔咔”声发出	问题一般为机械传动部件在运行时被异物卡住所致。检修时，打开机盖，通电检查，发现“咔咔”声是因凸轮运行受阻造成的。仔细观察凸轮及其相关部件，发现在主导轴与连接板间卡有一小块塑料片，经观察塑料片为磁带盒上掉下的磁片。清除异物后，故障排除
	机器摄录时，变焦功能失效	该故障一般为机器变焦机构不良所致。检修时，打开机盖检查，发现拨盘已跳出变焦镜推拉杆的凹槽，致使前后移动时不能带动推拉杆变位，造成变焦功能失效。把拨盘重新卡入推拉杆的凹槽中后，机器变焦恢复正常
	摄录时，变焦功能失效，图像模糊不清	该故障一般发生在变焦机构。检修时，打开机盖，检查发现拨盘已跳出变焦推拉杆的凹槽，导致变焦镜前后移动时不能带动推拉杆变位，使变焦功能失效。将拨盘重新卡入推拉杆的凹槽中试机，工作恢复正常。该机经上述处理后，故障排除

13．松下 NV-M8000 型摄录像机

机型	故障现象	故障分析与处理方法
松下 NV-M8000 型 摄录像机	机器开机后，电源指示灯亮，按出盒键，带仓不能弹出	该故障可能发生在带仓控制电路及相关部位。检修时，打开机盖，用万用表测 QR6037A 管基极电压为 12V，按下"EJECT"键，电压立即变为低电平 0V，说明按键开关 S6502 工作正常。顺着电路检查 UR6037B 管 V_c 为 8.4V（正常值应为 11.5V），V_b、V_e 均为 0V。按下 EJECT 键瞬间，V_c 从 8.4 变为 12V，V_b、V_e 均从 0V 变为高电平 12V，正常值 V_e 从低电平 0V 变为 0.7V，说明故障出在 QR6037 B 管发射极电路中。由原理分析可知，在带仓下降状态下，QR6037 管发射极经 D6025→接插件 P6006②脚→SW1503 接地，按下出盒键，QR6037 管发射极电压从低电平 0V 变为高电平 12V，经进一步检查，发现带仓下开关 SW1503 内部开关簧片断裂。更换带仓下降开关 SW1503 后，机器故障排除
	机器进入摄录状态时，磁带不加载，数秒后自动断电	问题可能出在机械传动机构及加载电机驱动电路。检修时，打开机盖，用万用表测加载电机驱动集成块 IC6004⑥脚（LOAD）为低电平 0V，按下重放键，⑥脚立即从低电平 0V 变为高电平 3.6V，说明系统控制微处理器发出的加载指令已加到 IC6004⑥脚，问题应在加载电机驱动电路中。用万用表测 IC6004 各脚对地电压，发现①脚、⑨脚在路对地正反向电阻正常，接通电池开关，用万用表测电源稳压管 Q6005/2SD1819 各脚对地电压，V_c 为 9V，V_b 为 7.8V，V_e 为 0V，正常 V_e 应为 7V，经查发现 Q6005 内部断路。更换 Q6005 后，机器故障排除
	机器入盒后不加载，3 秒后自动断电保护	问题可能出在机械传动机构及加载驱动电路。检修时，打开机盖，按下重放键，用手触摸加载电机皮带轮转动，说明故障在机械传动机构内。检查机械传动机构，发现加载齿轮与中载齿轮之间有一枚螺钉卡在中间，因此造成加载齿轮不能与齿圈啮合传动。经检查为录像带盒上紧固螺钉失落其中，取出螺钉后，机器故障排除
	机器工作时，有能进入插入编辑（INST）状态	该故障可能出在键盘操作电路。检修时，打开机盖，开机后插入一盒没有抠去防误抹挡片的录像带，用示波器观察接插件 P6003 脚有键扫描信号输出，用一只二极管正极接接插件 P6003 脚，在重方向暂停状态下同时按下 REC 和 A. DUB 键，画板上 REC 和 A. DUB 指示灯亮，机器能够进入 INST 状态，说明故障在 A. DUB 按键或电路板线条及接插件上。取下操作电路板检查，发现二极管 D6514 正极虚焊，重新补焊后，机器故障排除
	机器开机装盒后，各功能均不起作用	经开机检查，电源及显示正常，判断问题出在带头、带尾检测接收器上。检修时，拆开机壳，找到带头、带尾检测接收器，发现导线在机板金属卡破皮，对地短路，使 CPU 输入低电平，因而 CPU 判断为无盒带装入，造成录像部分不动作。在破皮处套上绝缘套管，机器工作恢复正常

续表

机型	故障现象	故障分析与处理方法
松下 NV-M8000 型摄录像机	机器重放时画面出现横向噪波带	可能为磁迹问题。检修时,先清洁磁鼓和带道,没有变化,再将机械部分全面检查一遍,也进行了跟踪微调整,更换了传动皮带,并对各个齿轮、滑轮全部进行了清洁,均未能解决问题。进一步分析,判断为机芯相关部位磁化所致。用专用消磁器将带轨、磁鼓、音控磁头、全消磁头、各个导柱滑轮消一遍磁后,试机,现象消除。该机经上述处理后,故障排除
	机器插上电源即能工作,但断电源后不能重新开机	问题一般出在电源开、关机控制电路。检修时,在关机状态用万用表测电源控制管 Q6001 b 极,为高电平 13V,在接通电源开关瞬间,Q6001 b 极立即从高电平 13V 变为 12.3V,说明电源接通控制电压已加到 Q6001 b 极。进一步检查 QR6003 c 极电压为 0V,正常时电源在关断状态下为 13V,电源接通时为 0V,经检测为 QR6003 内部击穿。更换 QR6003 后,机器工作恢复正常
	机器摄录过程中,不能进入待机状态	该故障可能出在 IC6001⑥脚键扫描信号接通电路或 IC1001⑲脚控制电路。检修时,打开机盖,在摄像暂停状态用示波器检测 IC6001⑥脚,有键扫描信号输出,顺电路检查按键开关 SW001 一端,有键扫描信号,将示波器探头移到 SW001 另一端,按下 STANDBY 键,观察示波器上无键扫描信号。用镊子短路一下 SW001 开关焊点,待机指示灯立即点亮,寻像器内光栅消失,操作面板上 REC、PLAY、PASUSE/STILL 指示灯熄灭,机器进入摄像待机状态,再用镊子短路一下 SW001 开关焊点,待命状态立即解除,由此判定按键开关 SW001 内部不良。更换 SW001 开关后,机器工作恢复正常
	机器插入未抠去防抹片的磁带,不能进入摄录状态	故障一般发生在防抹检测电路。检修时,打开机盖,用万用表测 Q6003 各脚对地电压,e 极为 9V,b 极为 3V,正常应为 8V,c 极为 3V,正常时为 8.6V,说明 Q6003 c 极输出的 REC 9V 电压异常,经进一步检测,发现 Q6003 内部击穿。更换 Q6003 后,机器故障排除
	机器插入未抠去防抹片的磁带,不能进入 CAM 状态	问题一般出在防抹检测控制电路。检修时,打开机盖,用万用表测 QR6018 各脚对地电压正常。用示波器检测 IC6001⑥脚输出的键扫描脉冲信号正常。进一步检测二极管 D6015 正极,发现无键扫描脉冲信号,关机后,用万用表测 IC6001⑥脚至 D6015 正极之间的电阻为∞,经仔细检查发现 D6015 正极引脚脱焊。重新补焊后,机器故障排除
	机器摄像时,寻像器内有光栅无图像	问题可能出在磁鼓及相关部位。该机寻像器的视频信号是从磁鼓控制磁头 5S、5F 上取得的。如果上述磁头损坏,则在寻像器中即会出现有光栅无图像现象。检修时,打开机盖,经检查发现 VHE0422 型磁鼓上的控制磁头一只已严重磨损。另一只也已损坏。更换磁鼓后,机器故障排除
	机器摄录时无图像	问题一般出在 CCD 及其驱动电路。检修时,打开摄像头外罩,用万用表先检查+16V、-8V、+5V、+9V 电压均正常,接着检查 IC201、IC202 各脚电压也均正常,最后用示波器检查 FP201,却见其④脚无视频信号输出,经查为 FP201 内部损坏。更换 FP201 后,机器故障排除

续表

机型	故障现象	故障分析与处理方法
松下 NV-M8000型 摄录像机	机器摄录数分钟后，录像器屏幕上图像消失，变为一片黑色光栅	该故障一般发生在CCD图像传感器及驱动器电路。应重点检查IC201、IC202是否工作正常。检修时，打开摄像头外罩，用万用表测＋16V、－8V、＋5V、＋9V电压均正常；检查IC201各脚电压，发现其①、㊹脚电压明显呈异常，经查为晶振X201内部短路。更换X201晶振后，机器故障排除
	机器摄录时，有图像无伴音	问题一般出在音频信号记录处理电路。由原理可知：机器摄录时，由话筒送来的信号先经Q4007放大，送至IC4003②脚；再经其内部放大电路放大、开关电路选择后，从其⑤脚输送至IC4002⑪脚；在IC4002内部经自动电平控制(ALC)加至放大器C的同相输入端。放大器C输出的信号加至录/放切换选择开关，经该开关对信号进行切换处理后分成两路：一路由IC4002⑬脚输送到线路输出接口；另一路先经录/放切换开关送到放大器D做均衡放大，再由IC4002⑲脚送到音频录/放磁头。 根据上述分析，检修时，打开机盖，将该机线路输出接口与电视机AV输入端相连，结果发现电视机扬声器中无伴音发出，由此判断故障出在话筒组件和MIC放大电路之中。进一步查话筒组件及MIC放大电路，发现Q4007内部损坏。更换Q4007后，机器工作恢复正常
	机器摄录及重放时，寻像器上图像表面布满噪波	该故障可能发生在视频信号切换及磁头控制电路。检修时，打开机盖，用万用表检查发现REC ON控制管Q5008 B管基极无电压(正常值重放时应为0.5V，记录时为0.7V)。关机后，用万用表检查Q5008 B管，发现b、e极间已击穿损坏，因此造成视频磁头L2重放信号输出端接地。更换Q5008 B管后，机器故障排除
	机器摄录的图像当环境照度高时画面几乎消失，呈全白状态	该故障一般发生在自动光圈调整控制电路。由原理可知：置于自动AUTO时，景物反射光通过镜头与光圈投射到CCD组件的感光面上，CCD的输出经IC501的预视放器送至IC304的④脚，光圈控制取决于视频信号电平的高低，电平高会使图像过白，反之则过暗。视频信号电平从IC304②脚输出，经Q301缓冲放大后，送至光圈电机驱动电路，IC301⑥脚、⑦脚输出的驱动电压经Q330缓冲后加至光圈电机绕组。光圈电机的转动受视频电平控制，电平高光圈关小，反之则光圈开大。当按BACK LIGHT键时，通过IC105为IC301提供偏压，使光圈比正常时开大，此时处于逆光中的景物图像也很清晰。 根据上述分析，检修时，打开机盖，先用万用表测IC301引脚电压，发现⑤脚的0.9V电压异常，经查为VR301内部不良。更换VR301并调整其阻值，使IC301⑤脚为0.9V，故障排除
	开机后电源指示灯不亮，机器不工作	该故障一般发生在电源及相关电路。检修时，打开机盖，用万用表检查IC1002③、⑤、⑦、⑨、⑪、和⑬等脚均无电压输出，测②脚和⑮脚＋12V电压正常。测IC1001①脚(V_{cc})无电压，试将IC1002②脚上的＋12V电压直接接到IC1001①脚，用万用表测IC1002③、⑤、⑦、⑨、⑪和⑬各脚，输出的电压均正常，说明故障存在于电源开关控制电路，用万用表仔细检查该电路相关元件，测三极管Q1001 V_e为13.2V，V_b为13.5V，V_c为0V，正常值V_e为13.2V，V_b为12.5V，V_c为13.2V。焊下Q1001检测，发现内部已击穿。更换Q1001后，机器故障排除

续表

机型	故障现象	故障分析与处理方法
松下 NV-M8000 型 摄录像机	开机电源指示灯不亮，各功能键不起作用，不工作	该故障可能出在电源及相关部位。检修时，打开机盖，检查功能键印刷电路板 OPERATE 开关通断良好，主线路板无异常，按照先易后难的原则，先查上键控板与主体线路板之间的排插连接是否完好，经仔细检查发现排插左边弯曲位置有裂口，用万用表测量，发现①脚不通。用细导线连通后插上排插开机，电源通，指示灯亮，各功能键恢复正常。该机经上述处理后，故障排除
	机器开机后数分钟自动卸载，进入倒带状态	问题可能出在带盘旋转检测电路。检修时，打开机盖，开机后按下重放键，用万用表测接插件 P6009①脚电压为 4V，测 P6007②脚电压为 3.7V，正常值应为 3.3V。进一步检查，发现盘旋转检测器件光敏晶体管 Q1503 内部短路。更换 Q1503 后，机器故障排除
	机器工作时，不能进入摄录状态	问题一般出在防抹检测控制电路。检修时，打开机盖，用万用表测接插件 P6003⑥脚对电压 0V，晃动机器，⑥脚电压突然从 0V 上升到 8.7V，面板上 REC 指示灯和寻像器内显示的 TAPE 字符闪烁告警。试将 P6003⑥脚对地短路，机器工作恢复正常，说明故障出在防抹检测开关或接插件上。进一步检查发现 SW1502 开关簧片接触不良。防抹检测开关市场一般难买到。应急修复为：卸出防抹检测开关，小心修整开关簧片，保证在插入未抠去防抹挡舌的带盒时，SW1502 接触可靠，插入已抠去挡舌的带盒时，防抹检测开关控制触头伸入方孔内，使 SW1502 处于断开状态即可。更换 SW1502 或采用上述方法修复后，机器故障排除
	机器进入摄录状态即自动卸载断电	问题可能出在带盘旋转检测控制电路。检修时，打开机盖，用示波器测接插件 P6007②脚，开机后，按下重放键，观察发现，磁带走带时无带盘旋转脉冲检测信号输出，用万用表测接插件 P6007 的①脚(TREEL)电压为 1.3V，②脚为 3.9V，正常应在 0～3.8V 之间摆动。卸下操作电路板和主电路板，查底盘上 VES0413，印制板上光敏三极管 Q1503，内部不良。更换 Q1503 后，机器故障恢复正常
	机器重放时，画面出现图像晃动现象	问题可能是由鼓迹不稳造成的。一般为磁鼓伺服电路有故障或下鼓旋转变压器脱胶移位所致。检修时，打开机盖，先用手转动上磁鼓，发现转时阻力较大，于是取下上磁鼓，拆出下磁鼓，发现上下旋转变压器明显脱胶。经重新装配，仔细调整 PG 电位器后，机器故障排除，原因为上下旋转变压器脱胶，磁鼓距离发生变化，致使上磁鼓阻力增大，造成鼓速不稳。该机经上述处理后，故障排除
	开机后电源指示灯一闪即灭，其他操作键均失灵	经开机观察发现，按住电源开关不放时，电源指示灯亮，其他操作键正常，说明问题可能出在电源及在系统控制电路。检修时，打开机盖，先重点检查微处理器 IC6001(MN15361VYF)㊲脚的控制电压，以及双三极管 QR6004(XN1213)的状态转换情况。用万用表测 IC6001㊲脚控制电压正常，QR6004 内 Q2 的 c 极电压异常，说明 QR6004 损坏，导致 QR6001(2SB1218)截止，QR6003(UN5213)不能保持导通而出现上述故障。如无此双三极管更换，可将 Q1、Q2 分别用一只 2SC1815 型三极管 b 极串接一只 47kΩ、1/8W 电阻，并在其 b 极与 e 极之间并联一只 47kΩ、1/8W 电阻。该机经上述处理后，故障排除

续表

机型	故障现象	故障分析与处理方法
松下 NV-M8000 型摄录像机	开机后，主导轴电机即转动，带仓弹不出，随后自动断电停机	该故障可能发生在电源及驱动控制电路。检修时，打开机盖，用万用表在主导轴电机转动时测开关电源输出的 9V 电压仅有 2.7V，测 IC1002⑦脚或⑨脚输出的 9V 电压正常，顺着电路检查，发现 IC1002⑦脚输出的 9V 来自电压集成保护器 IPC-N25，查 IPC-N25 内部损坏。更换电压集成保护器 IPC-N25 后，机器故障排除
	机器摄录正常，但重放时无图像	根据现象分析，机器摄录信号正常，说明视频磁头开关电路及所需的各种控制信号基本正常，问题可能出在视频信号重放处理电路。检修时，打开机盖，在重放状态下先用万用检查 IC5001⑥脚是否有(VCC)4.7V 电压，如果⑯脚无电压，检查开关管 Q3025 发射极有无(SW)5V 电压，无电压应检查开关电源电路，电压正常则检查 Q3025 基极有无系统控制微处理器 IC6001㊼脚送来的 E·REC 低电平信号，如有，而 IC5001⑯脚仍无电压，说明 Q3025 已损坏；若 IC5001⑯脚有 4.7V 电压，可用万用表进一步检查 IC5001 各脚对地电压是否正常，如不正常，则检查其余各脚在路对地正反向电阻是否正常，外围元件是否损坏。该机经检查为 IC5001 内部不良。更换 IC5001 后，机器故障排除
	机器重放时，图像彩色时有时无	该故障一般发生在视频信号色度处理电路。检修时，打开机盖，在重放状态下用示波器观察测试点 TP3001 是否有 $0.1V_{p\text{-}p}$ RF 信号包络波形，若正常，说明磁头放大器工作正常，故障在色度信号处理电路中，若无或包络幅度小，应检查视频磁头磨损是否严重。如果视频磁头正常，用万用表检查 IC5001⑮脚工作电压是否正常，正常值在重放状态下应为 2.7V。如果正常，应检查三极管 Q5015、Q5018 和滤波器 FL5001 是否不良。该机经检查三极管 Q5015 内部损坏。更换 Q5015 后，机器故障排除

14．松下 NV-M9000 型摄录像机

机型	故障现象	故障分析与处理方法
松下 NV-M9000 型摄录像机	机器开机后，电子寻像器内光栅闪亮即灭，按出盒键带仓弹不出，几秒后电源指示灯自动熄灭	该故障一般发生在电源及相关电路。检修时，打开机盖，开机后用万用表检查 NOREG 12V、SWNO REG 12V 和主导轴电机 9V 电压输出正常，其余电压均无输出。再用万用表检查开关稳压器集成块 IC1001㉕脚、⑩脚和⑭脚上的 12V 电压正常。用示波器观察 IC1001㉗脚上 $0.7V_{p\text{-}p}$ 三角波形也正常，说明 IC1001 内部基准电压发生器电路工作正常。将示波器探头分别移至⑨脚、⑪脚和⑮脚上观察，无脉宽调制比较信号输出。取出电池，用万用表测 IC1001 各脚在路对地电阻，发现⑮脚对地正反向电阻均为零，正常值为 6kΩ 左右。进一步检查相关元件，发现开关管 Q1004 b-e 极间击穿。更换 Q1004 后，机器故障排除

续表

机型	故障现象	故障分析与处理方法
松下 NV-M9000 型摄录像机	插上电源开机，指示灯一闪即灭，机内有焦味	问题可能出在电源及相关电路。检修时，打开机盖，焊下电源屏蔽盒，观察元器件无烧坏的痕迹，用万用表检查 NOREG 12V 电压正常，几秒后发现脉冲变压器 T1001 内部冒烟，说明故障存在于 T1001 与 Q1004 组成的开关电源初级回路中。焊下开关管 Q1004，用万用表检查发现其内部击穿，更换 Q1004 后接着检查脉冲变压器 T1001，从电路板上焊下 T1001，用万用表 R×1Ω 量程挡检查初级绕组①、②脚之间已短路（正常值直流电阻应为 5Ω 左右），因此造成插入电池时 12V 电压通过 T1001 初级绕组直接加到击穿损坏的开关管 Q1004 集电极上，过大的电流流过 T1001 初级绕组线，圈冒烟短路，从而导致上述故障发生。更换 T1001 后，机器故障排除
	机器工作时，出现不定时停机，但不收带，几秒后自动断电保护	问题可能出在主导轴及相关部位。取出磁带后，开机观察，发现开机瞬间收带轮不微动，正常应为：开机后有加载电机微动声，收带轮转一下即停。现用手转动主导轴变位，发现有的位置在开机瞬间收带轮转一下，有的位置不转。由原理可知，安装在主导定子线圈附近的 3 个霍尔元件时刻检测主导转子的位置，霍尔元件拾取的信号经插头 FP2102 和 IC2103 的⑤～⑩脚加到位置信号处理电路，该电路产生的位置信号用来开关主线圈的电流，使 3 个主线圈交替地工作，在某一时刻，给两个主线圈的 4 个绕组适当地供电，则两个绕组线圈产生的磁极将吸引磁铁（主导飞轮）。另外两个绕组线圈产生的磁极将排斥磁铁。检修时，沿着电机旋转的方向顺序地给 3 个主线圈的两个线圈通电，使主导飞轮（磁铁）转动，一旦磁铁运动到下一个部位，霍尔元件检测到磁铁运动的位置，使主线圈中另外两个线圈通电以保持磁铁的旋转。故障现象为主导轴变位，有的位置在开机瞬间收带轮转一下，有的位置不转，于是怀疑主导轴电机霍尔元件可能有问题。拆下主导轴电机，用万用表测 3 个霍尔元件中各脚间在路阻值，发现 3 个中有一个霍尔元件不正常。更换霍尔元件或换主导轴电子线圈整板后，故障排除
	机器装入未抠防抹片的磁带，将功能开关扳到摄像位置，录像机操纵板上 PLAY、PAUSE、REC 三个指示灯能同时点亮，不能摄录	问题可能出在防误抹开关等相关部位。检修时，打开机盖，先检查摄像、录像功能开关，触点良好，开关正常。分析机内可能有接触不良故障，先观察仓上边缘防误抹开关，发现触片氧化严重，用砂纸打磨触点后试机，故障排除。因该机的防误抹开关固定在一个软铝片上，机器使用日久氧化或装盒时该铝片受力引起变形，都会造成防抹开关接触不良，导致该现象出现。该机经上述处理后，故障排除

续表

机型	故障现象	故障分析与处理方法
松下 NV-M9000 型摄录像机	机器装带后,带仓有时不能正常压下;有时压下后,摄像时又自动打开	该故障一般出在带仓复位机构。检修时,打开机盖,取下操作按键电路板,发现各按键开关无锈蚀、霉断或短路痕迹。怀疑"EJECT"键不良,用万用表测该键,发现有时能通断,但弹力不足。用烙铁烫下此开关,拆开检查,看到复位圆形弹簧触片已失去弹性,与下面的触点呈虚接触状态,稍微一动就会发出出盒指令。更换一弹力很好的按键开关后,故障消除。如无高矮合适的按键,也可以用较普通的小按键内合适的圆形弹片作应急代换。该机经上述处理后,故障排除
	开机后,OPERATE 指示灯不亮,无任何动作	问题可能出在功能键控板及相关电路。检修时,打开机盖,先检查功能键板 OPERATE 开关良好,线路板上线路良好。由于机器无任何动作,再查上面键控板与主电路板 VEP03945A 上 FP6001 插头相连的扁排线,发现标号"1"的连线断裂。由维修经验可知,该机常出现扁排线中线折断故障,维修时要注意先查这种情况。重新连线后,机器故障排除
	机器摄录时,图像及彩色均正常,无伴音	该故障一般发生在音频信号处理电路。检修时,先用一盒伴音信号完好的录像带插入摄像机重放,电视机上彩色图像和伴音信号均正常,说明故障出在音频记录信号处理电路中。再插入一盒空白带拍摄,扬声器上出现同期声话筒啸叫声,说明该机同期声话筒信号已到达 IC4002⑬脚音频信号输出端,故障出在音频记录放大器或录放电子切换开关控制电路中。将电视机上音量开关关小,用一台音频信号发生器将 1kHz 正弦波信号从 IC4002⑪脚注入,用示波器观察 IC4002⑲脚输出的音频记录放大信号正常,顺着电路检查接插件 P4002③脚上的超音频偏磁信号也正常,说明问题出在 P4002③脚至 IC4002⑲脚这段电路中。关机后,用万用表检查,发现从 IC4002⑲脚至电容 C4019 之间印制板铜箔线条已断裂开路。重新补焊后,机器故障排除
	机器摄录正常,但重放时,电子录像器满屏横纹	根据现象分析,机器摄录正常,说明走带机构、摄录部分、微处理器是正常的,问题一般出在重放电路。检修时,首先用示波器顺信号线路查,发现前置放大 IC5001⑤脚只有杂乱波形信号,不是图像波形。试换 IC5001,故障不变。由于前置放大集成块 IC5001 是录放共用,当其⑭脚电压为 5V 时则处于放像状态。测其⑭脚电压为零,查其外围电路有一个 NPN 三极管,测其 b 极电压为 2.7V,e 极电压 5V,c 极电压 0V。正常 c 极电压为 5V,判断三极管 c、e 极开路。更换该管后,机器工作恢复正常
	机器开机后,一进入摄像或重放状态,即停机保护	经开机观察,机器放入磁带,快进、倒带功能正常,按重放键后便停机保护。能加载、卸载且快进、倒带正常,说明主导轴电机、加载电机及驱动电路均正常,判断可能出在磁鼓电机驱动电路。先进行放像操作,观察机芯内各机构的动作情况。用万用表先测集成电路 IC2102(UN224)各脚电压,均与图表数据不符,⑦脚为 0V,正常应为 3.5V。再测 IC2101(AN3890FBS)的⑫脚电压也为 0V,正常为 3.5V。测 IC2101 其他各脚及 5V 供电均正常,说明 3.5V 稳压电路供电有故障。检查其供电通路,发现保护电阻 R2127(3.6Ω/1/4W)开路。更换 R2127 后,开机不久,R2127 再次被烧坏,故判断驱动功率放大电路 IC2102(UN224)内部损坏。更换 IC2102 和 R2127 后,机器故障排除

续表

机型	故障现象	故障分析与处理方法
松下 NV-M9000 型摄录像机	机器摄录时，聚焦不良	该机有自动和手动聚焦两种聚焦功能。如果手动聚焦良好而自动聚焦不良，说明问题自动聚焦控制电路有问题，但该机在手动和自动聚焦控制下均不能达到良好聚焦，说明问题在镜头组件上。拆开头组件，发现补偿组的镜片由于固定的胶水粘合不好，造成脱位，使得光通路发生了变化而导致聚焦不良。将补偿组的镜片重新安装在原固定支架上，并用快固胶黏剂将镜片与支架粘牢，等胶水干后，再把镜头组件重新组合即可。该机经上述处理后，故障排除
	机器插入磁带后，自动进入快速倒带状态，待带倒到头时，又自动转入记录状态，并在录像器中有记录指示	经开机仔细观察，发现机器加载结束时，入口导柱和出口导柱没有进入定位靴内，因此加载不到位。进一步观察发现：担负加载工作的大的功能齿轮内的滑道和功能方式摆臂内的销钉位置有些偏差。由于大的功能齿轮和功能方式摆臂与开关位置拉杆的相对位置不准确，才使位置开关滑动的位置不准确，导致机器错误地动作。因此应重新调整各部件的相对位置。在调整时，先使机器处于初始状态，然后分别拆下各部件重新安装。安装时，一定要注意各齿轮和其他部件上的定位孔的位置要对准(每个齿轮上都有用于安装的定位孔)，否则安装不正确，会导致其他故障的发生。经过重新调整之后，手动加载，入口导柱和出口导柱均能到位，进入定位靴内。机器恢复正常

15. 松下数码摄像机（适用其他型）

机型	故障现象	故障分析与处理方法
松下数码摄像机（适用其他型）	显示：F01 故障代码	T 轮锁定。查明原因，排除故障
	显示：F02 故障代码	S 轮锁定。查明原因，排除故障
	显示：F03 故障代码	卸载时出错。查明原因，排除故障
	显示：F04 故障代码	加载时出错。查明原因，排除故障
	显示：F05 故障代码	磁鼓被锁定。查明原因，排除故障
	显示：F31 故障代码	数据通信错误。查明原因，排除故障
	显示：F51 故障代码	变焦电机锁定。查明原因，排除故障
	显示：F52 故障代码	聚焦电机锁定。查明原因，排除故障
	显示：U10 故障代码	结露保护。查明原因，排除故障
	显示：U11 故障代码	磁头堵塞。清洗磁头

二、索尼数码摄像机(DV)故障检修

1. 索尼 HC21E 摄像机

机型	故障现象	故障分析与处理方法
索尼 HC21E 摄像机	带仓不能弹出，卡死，回放图像有百叶窗现象。装磁带后不能进仓，装带进仓后报：c：32：XX c：31：XX 错误标识。本身摄放正常，但不能回放。其他机器摄的磁带回放图像有条纹，回放声音断断续续	机芯故障。查明原因，排除故障

续表

机型	故障现象	故障分析与处理方法
索尼 HC21E 摄像机	无磁带或磁带记录禁止显示	此显示出现在显示器的上方中间位置。出现此提示时，表示摄像机里面没有放置磁带，应检查确认机内是否有磁带。另外在摄像状态，放入磁带后仍出现此提示，那有一种可能，就是磁带的记录禁止开关放在了记录禁止的位置，将其关闭
	结露报警	此显示出现在显示屏的上方中间位置。出现此提示，表示机器内部有潮气凝结，如果此时强行操作机器，可能会损坏磁带及机器。 造成结露报警的原因如下：其一，机器在过于潮湿的环境中使用；其二，机器从寒冷的环境里进入温暖潮湿的环境中，比如冬天机器从室外进入室内。 一旦机器出现结露报警，应立即将磁带从机器里取出，然后将机器的带仓打开，放于干燥的地方，直到机器潮气散尽，报警消失

2. 索尼 DCR-HC43E 摄像机

机型	故障现象	故障分析与处理方法
索尼 DCR-HC43E 数码摄像机	液晶触摸屏不亮，但触摸其屏内按钮可以听到按键音。按下键后，合上触摸屏，可从取景器内看到按键有效果，屏幕菜单有变化	重点检查液晶屏的排线是否不良，也有可能是液晶屏的背光源故障
	黑屏，但显示屏功能正常	如果能放像，而液晶屏和取景器不能显示画面，大概是机器内的光耦合元器件 CCD 损坏。更换 CCD 即可排除故障

3. 索尼 PC7E 摄像机

机型	故障现象	故障分析与处理方法
索尼 PC7E 数码摄像机	用 USB 数据线连接到电脑上播放的时候有马赛克	因为 USB 的传输速度不够，所以图像会有马赛克。摄像机的传输要用 1394 卡与线
	拍摄时变焦杆对压力过于灵敏，推拉变焦时容易发生“飞焦”，再后来按下摄像键没有任何反应，有时摄像机还会乱操作	开机检查发现，开仓键下面连接控制面板的排线与摄像机主板的连接座脱焊。重新补焊后，故障排除

4. 索尼 TRV75E 摄像机

机型	故障现象	故障分析与处理方法
索尼 TRV75E 数码摄像机	磁带到头报警	此显示出现在显示屏上方中间的位置。此提示并非故障显示，而是通知使用者磁带已经到头，重新换一盘磁带或进行倒带即可
	聚焦模糊，显示：E6100 故障代码	仔细检查镜头组件，没有发现有部件断裂或错位的情况，用万用表检测聚焦线圈，线圈不通。再观察未发现有线圈因为发热而变色损坏的迹象，两焊角的焊接也无问题。后用放大镜再观察，发现一个接头拐弯的地方有间隙，用极细的镊子轻轻一拨，断点出现了。用细导线连线后，故障排除

5. 索尼 DCR-PC 105E 摄像机

机型	故障现象	故障分析与处理方法
索尼(DV)DCR-PC 105E 数码摄像机	重放时没有声音	记录问题。其原因及解决的方法如下。 ①话筒及其电路故障。可以通过 AV 连接方式的监视器试听一下现场声音是否正常,如果有现场声音,则说明话筒及电路正常,否则话筒及其电路有问题。 ②音频记录电路故障。当判断出话筒及其电路无问题后,即可认定故障发生在音频记录电路
	磁带吞吐失灵,取景器和监视器均能正常显示拍摄时的图像,但磁带装不进去或取不出来	机芯及其驱动电路不良。查明原因,排除故障
	把 DV 机录像带上的内容转录到电脑上,正确地安装完所有驱动程序以及编辑控制程序,连接好 USB 连线,开始转录工作。利用 SONY 专用的 ImageMixer 软件顺利地把所有内容拷到硬盘上。准备编辑前,先打开 Windows Media 看一看所生成的 MPEG 文件,所转录的影像只见其像	是软件设置的问题。重新打开 ImageMixer 软件,切换到 USB 模式后,发现窗口的右上角有一个小扳子模样的图标,点击后出现一个设置对话框。有一个"USB 捕捉设备设置"的栏目,里面有一项"声音设备"的下拉选项菜单,当前的选项是"Sony Digital Imaging Audio",把它改成"USB Audio Device",确定后重新录制

6. 索尼 DSR 系列录放像机

机型	故障现象	故障分析与处理方法
索尼 DSR 系列录放像机	显示 058 或 078 故障代码	S 侧或 T 侧带盘电机故障。更换电机
	显示 068 或 088 故障代码	S 侧或 T 侧闸电磁铁带松弛。检查闸电磁铁供电
	显示 291 故障代码	磁带卷绕故障。检查磁带或带盘电机
	显示 403 或 503 故障代码	ERROR02 带盘电机伺服系统和磁带动转系统故障。检查磁带或带盘电机
	显示 603 故障代码	在录像或放像时检出磁带松弛。检查 T 侧电机,查明原因,排除故障
	显示 803 故障代码	磁带加载时检出松弛。检查磁带,带盘电机或加载电机
	显示 OB8 故障代码	压带电磁铁故障。检查压带电磁铁供电
	显示154、174、194故障代码	插入磁带盘电机 FG 信号失常。检查 FG 发生器或带盘电机
	显示 274 故障代码	穿带时 T 侧带盘电机 FG 信号失常。检查 FG 发生器,带盘电机,磁带本身
	显示 454、474、494、554、574、594、654、674、874、855 故障代码	在快进、倒带、搜索、放像、录像、退带等模式下,检出带盘 FG 信号失常。检查带盘电机、FG 信号发生器脏堵,磁带通路清理
	显示 255、275 故障代码	穿带结束 S 侧或 T 侧 FG 信号失常。检查带盘机及磁带
	显示 355、375、395 故障代码	在停止或静像模式下检出 S 侧或 T 侧 FG 信号失常。检查带盘电机

续表

<table>
<tr><th>机型</th><th>故障现象</th><th colspan="2">故障分析与处理方法</th></tr>
<tr><td rowspan="20">索尼DSR系列录放像机</td><td>显示402、403、503、603故障代码</td><td colspan="2">在快进、倒带、录放像或搜索模式下检出磁带松弛。检查带闸</td></tr>
<tr><td>显示696故障代码</td><td colspan="2">在录放像模式磁带卷绕方向不对。检查电机伺服电路</td></tr>
<tr><td>显示A55、A75、A95故障代码</td><td colspan="2">退带过程中S侧或T侧FG信号失常。检查带盘电机</td></tr>
<tr><td>显示6A7故障代码</td><td colspan="2">在录放像时检出磁带张力失常。检查压带轮机构，张力带或带盘电机</td></tr>
<tr><td>显示042故障代码</td><td>主导电机转速不正常</td><td rowspan="2">检查主导电机驱动电路或FG发生器</td></tr>
<tr><td>显示144故障代码</td><td>主导FG检测失常</td></tr>
<tr><td>显示03A、032故障代码</td><td colspan="2">磁鼓转速失常。检查鼓电机驱动电路或FG发生器</td></tr>
<tr><td>显示028、209、221、224故障代码</td><td colspan="2">穿带电机检测失常。检查穿带电机及穿带环是有卡死现象</td></tr>
<tr><td>显示018故障代码</td><td>带仓电机过流</td><td rowspan="2">检查带仓电机及传动机构是否卡死或带仓本身是否正常</td></tr>
<tr><td>显示111、911故障代码</td><td>带仓上升、下降超时</td></tr>
<tr><td>显示0C8故障代码</td><td>转换电机过流</td><td rowspan="2">检查转换电机、传动机构是否卡死及带仓上的3只传感器</td></tr>
<tr><td>显示1C1故障代码</td><td>转换电机转动超时</td></tr>
<tr><td>显示OD8故障代码</td><td colspan="2">电磁铁过流。更换电磁铁或校准电磁铁位置</td></tr>
<tr><td>显示30故障代码</td><td>同时检测到带头尾传感器故障</td><td rowspan="3">检查带头带尾传感器BETACAM机型带头带尾传感器为电感式(检测电感Q值变化)</td></tr>
<tr><td>显示31故障代码</td><td>带头传感器故障</td></tr>
<tr><td>显示32故障代码</td><td>带尾传感器故障</td></tr>
<tr><td>显示33故障代码</td><td>大小带位置传感器故障</td><td rowspan="2">检查传感器是否脏堵</td></tr>
<tr><td>显示35故障代码</td><td>带仓位置传感器故障</td></tr>
<tr><td>显示36故障代码</td><td colspan="2">风扇停转。查明原因，排除故障</td></tr>
<tr><td>显示37故障代码</td><td colspan="2">温度传感器故障。查明原因，排除故障</td></tr>
</table>

7. 索尼数码摄像机（适用其他型）

<table>
<tr><th>机型</th><th>故障现象</th><th>故障分析与处理方法</th></tr>
<tr><td rowspan="7">索尼数码摄像机（适用其他型）</td><td>显示：C：04：00 故障代码</td><td>没有使用标准的电池</td></tr>
<tr><td>显示：C：21：00 故障代码</td><td>结露报警。查明原因，排除故障</td></tr>
<tr><td>显示：C：22：00 故障代码</td><td>磁头脏。清洗磁头</td></tr>
<tr><td>显示：C：31：10 故障代码</td><td>加载超过规定的时间</td></tr>
<tr><td>显示：C：31：11</td><td>卸载超过规定的时间</td></tr>
<tr><td>显示：C：31：20 故障代码</td><td>卸载T轮面磁带松弛。更换</td></tr>
<tr><td>显示：C：31：21 故障代码</td><td>S轮错。查明原因，排除故障</td></tr>
</table>

续表

机型	故障现象	故障分析与处理方法
索尼数码摄像机（适用其他型）	显示:C:31:22 故障代码	T轮错。查明原因,排除故障
	显示:C:31:29 故障代码	S轮错。查明原因,排除故障
	显示:C:31:24 故障代码	T轮错。查明原因,排除故障
	显示:C:31:30 故障代码	主导马达启动时FG丢失。查明原因,排除故障
	显示:C:32:11 故障代码	电机加载失败。查明原因,排除故障
	显示:C:31:40 故障代码	磁鼓启动时FG丢失。查明原因,排除故障
	显示:C:31:42 故障代码	磁鼓工作时FG丢失。查明原因,排除故障
	显示:C:32:20 故障代码	卸载T轮面磁带松弛。查明原因,排除故障
	显示:C:32:21 故障代码	S轮错。查明原因,排除故障
	显示:C:32:22 故障代码	T轮错。排除故障
	显示:C:32:23 故障代码	S轮错。排除故障
	显示:C:32:24 故障代码	T轮错。排除故障
	显示:E:61:00 故障代码	聚焦初始化失败。查明原因,排除故障
	显示:E:61:10 故障代码	变焦初始化失败。查明原因,排除故障
	显示:E:62:00 故障代码	电子防抖电路工作不正常。查明原因,排除故障
	显示:E:62:01 故障代码	电子防抖电路工作不正常。查明原因,排除故障
	显示:E:91:01 故障代码	闪光充电超过规定的时间
	显示:E:92:00 故障代码	使用非标准电池
	显示:E:94:00 故障代码	内部存储器错误。更换
	电池报警	此显示出现在显示屏左上角。出现此显示并非故障,而是表示电池已经耗尽,应立即更换新电池
	备份电池报警	此显示出现在显示屏上方中间的位置。出现此提示表明机内的备份电池耗尽或日期没有设定。 备份电池是用于维持机内的时钟电路在机器不使用时继续工作的,如果此电池耗尽,机器的时钟电路将无法工作。另外,如果日期时间没有设定,也会出现此提示。如果出现此提示,应分清是什么原因造成的,可以先检查日期和时间是否设定,没有设定应设定。如果设定后此提示仍然出现,就表示备份电池已经耗尽,此时可以将摄像机接上交流适配器,在摄像机关机的状态下使用交流适配器对机内备份电池充电4小时以上,然后进行日期时间的设定。充电4小时备份电池可以维持机内时钟运行3个月左右。如果充电后此提示仍不消失,表明备份电池已经报废,应更换备份电池

三、JVC 数码摄像机(DV)故障检修

1. JVC GZ-MG330 数码摄像机

机型	故障现象	故障分析与处理方法
JVC GZ-MG330 数码摄像机	显示:E01 故障代码	加载时出错。查明原因,排除故障
	显示:E02 故障代码	加载时出错。查明原因,排除故障
	显示:E03 故障代码	T 轮或 S 轮 FG 信号丢失。查明原因,排除故障
	显示:E04 故障代码	磁鼓 FG 信号丢失。查明原因,排除故障
	显示:E06 故障代码	主导轴 FG 信号丢失。查明原因,排除故障
	无法从带仓中取出数码摄像带	常见的原因是由于未接通电源或者是充电电池没电了,只要及时"补充"电力就可以了。当然,少见的原因就是带仓的机械故障,需要专业维修站修理
	机器除了可以退带之外,其他一切功能均不能运作	首先要检查电源,然后看一看机器的显示屏中有没有一个小水滴形状的指示灯在闪烁。如果有,说明机器结露了,把摄像机放在干燥通风的地方插电 1 小时以上就正常了
	摄像时所得图像不良	这种故障一般可细分为三种情况:一是取景器和电视机所显示图像都不理想,故障的原因通常在摄像头电路;二是取景器图像正常而电视机显示的图像不良,这种故障通常是 AC 适配器或线路连接不良所致;三是电视机图像正常而取景器图像不良,故障原因通常是由取景器引起的
	图像色彩不自然	如果监视器图像正常而记录磁带无彩色或彩色不良,一般故障发生在录像部分;反之,若记录磁带正常而监视器图像不正常,则为 AC 适配器或连接不良所致。倘若两者均不良,则故障在摄像头电路
	图像模糊,聚焦不好	如果手动聚焦良好,而自动聚焦不良,通常故障在自动聚焦电路。如果手动与自动聚焦均不良,则故障主要在镜头调焦组件
	大显示屏不显示,显示颜色正常,常见镜头不能取景或者花屏	显示屏及电路故障。查明原因,排除故障
	带仓不能弹出,带仓弹出不能进仓,机芯卡带,机器显示 04、06 报错,安全模式启动,回放图像或者声音不正常,有条纹或断续	机芯故障。查明原因,排除故障

2. JVC GZ-MG365 数码摄像机

机型	故障现象	故障分析与处理方法
JVC GZ-MG365数码摄像机	不开机、死机等	主板故障。查明原因，排除故障
	开机就死机，显示英文或提示格式化	硬盘故障。查明原因，排除故障
	磁头脏堵，报警	此显示出现在显示屏上方中间的位置。出现此显示是提示使用者磁头可能脏了，影响记录，可以用专门的清洗带清洗。但是由于摄像机是利用记录前检测磁带上已有的信号进行磁头脏堵判断的，因此如果以前磁带上记录的信号就不好，则此时机器可能会出现误报警。当出现此提示时，应使用当前的磁带录制一小段后回放一下，如果记录的图像没有问题，就是摄像机的误报
	机器的自动聚焦功能失灵	检查数码摄像机的手动聚焦功能是否打开，因为在手动聚焦功能打开的情况下，机器的自动聚焦功能是不起作用的，所以此时才会发生“失灵”现象。 解决方法：只要关闭手动聚焦功能就可以了，这个时候自动聚焦功能会“自动”地重新发挥作用

3. JVC GZ-MG465 数码摄像机

机型	故障现象	故障分析与处理方法
JVC GZ-MG465数码摄像机	拍摄的图像无彩色	原因主要有以下几种。 ①摄像机聚焦严重不良。由于散焦而失去了4.5MHz的色度信号，同时图像清晰度也严重下降，变得模糊不清。重点检查摄像机自动聚焦电路板上的聚焦稳流电路。 ②色度信号增益放大级截止，结果是色度信号无输出。重点应检查色度信号通道中与增益放大相关的各级，如输入、输出放大级、自动色度控制级、缓冲放大级等。 ③色度信号中断。原因是信号传输线路开路或者信号中途短路入地，使得摄像机只输出亮度信号。检查的重点应该是色度通道集成电路
	自动聚焦，不清晰	具有以下某一性质的物体会使摄像机聚焦不准：表面黑暗的物体；有光泽或反射光太强的物体；反差太小的物体；快速移动的物体；一部分靠近摄像机而另一部分离得太远的物体，如白色的墙壁、水面、玻璃等。在拍摄具有以上特点物体时，最好使用手动变焦，这样可有效地避免不清晰。另外，在长时间静止拍摄后，自动聚焦电机会产生“惰性”(即“静止”或“不动”的惯性)，再移动拍摄其他被摄物时，摄像机可能聚焦不清。这时，只要按动推拉按钮进行变焦或快速移动摄像机，就可以激活聚焦电机，进行自动聚焦了。如果使用频率较高，那么在两三年后，摄像机特别容易发生这种情况

四、三星数码摄像机(DV)故障检修

1. 三星 SMX-C10 数码摄像机

机型	故障现象	故障分析与处理方法
三星 SMX-C10 数码摄像机	显示:出仓:C 故障代码	主轴锁定。查明原因,排除故障
	显示:出仓:R 故障代码	线断。更换
	显示:出仓:D 故障代码	引导轴问题。查明原因,排除故障
	重放图像无伴音	遇到这种情况,可将所拍摄的磁带放入普通正常录像机中重放,看伴音效果。如果伴音正常,则故障在AC适配器;反之,故障在音频记录电路或话筒以及话筒电路中
	整机不工作。开机之后各按键均无作用,取景器无光,出盒机构不动作	这类故障通常是电源或电源电路不正常所致。应首先检查电池电压或AC交流适配器输出电压是否正常,若正常则故障在电源电路
	磁带吞吐失灵。取景器和监视器均能正常显示拍摄时的图像,但磁带装不进去或取不出来	此类故障一般发生在机芯及其驱动电路中,查明原因,排除故障
	拍摄或重放时,画面有水平束状线条	原因是摄像机磁鼓沾有灰尘或脱落的磁粉等脏物所致。排除方法:用螺丝刀取下带仓盖,左手持麂皮,蘸少许酒精,轻按于磁鼓上,右手缓慢旋转磁鼓,正、反方向各数圈,将脏物除去,故障即可排除。擦拭时,切记不可用手或其他硬物触摸磁头,以免弄脏或划伤磁头
	摄像机在拍摄时有时不走带,发出"嗡嗡"声,数秒后自动断电	通常是由于磁带质量低劣或绕带太紧所致。排除方法:刚开机时,利用摄像机的放像功能,快进或快倒磁带少许,再倒回原处进行拍摄,摄录即可恢复正常。建议不要使用劣质录像带,也不要选用过长的录像带

2. 三星 SMX-C20 数码摄像机

机型	故障现象	故障分析与处理方法
三星 SMX-C20 数码摄像机	液晶显示屏模糊不清	①亮度设定不对。重新正确设定。 ②阳光照射在显示屏上。用手或其他物品遮住阳光。 ③电池接触不良或电量不足所致。可以重新装好电池或更换新电池。更换新电池时,注意必须全部更换,不能新旧电池混用

续表

机型	故障现象	故障分析与处理方法
三星 SMX-C20 数码摄像机	回放的图像上有横线或短暂的马赛克出现,有时声音也出现中断现象	这种情况一般是由于数码摄像机的视频磁头拍摄时间过长,磁带的磁粉脱落或是外界灰尘造成磁头污损所致。 解决办法:使用专门的清洁带清洁磁头,或者使用棉球蘸取无水酒精来轻轻地擦洗磁头,擦拭时,切记不可用手或其他硬物触摸磁头,以免弄脏或划伤磁头。建议每使用数码摄像机拍摄 10 小时左右就要清洁一次视频磁头,这样可以获得满意、清晰的拍摄效果。当数码摄像机使用了很长时间后,清洁带不起什么作用时,可能是磁头已经比较严重地磨损了,这时就只能换一个新的视频磁头了
	无法从带仓中取出数码摄像带	解决办法:常见的原因是由于未接通电源或者是充电电池没电了,只要及时"补充"电力就可以了。少见的原因就是带仓的机械故障
	机器除了可以退带之外,其他一切功能均不能操作	常见的故障原因是电力不足或机器内部结露
	电池充电时充电指示灯不亮	常见的故障原因是电源与电池组安装、设置有误,电源插座没有电,或者是电池充电过程已经完成。解决办法:将数码摄像机的电源 power 开关向上滑动至 off,并保证将电池组正确安装在摄像机上,如果还不能解决问题,多半是因为电池本身的故障,须更换电池

3. 三星 HMX-U10 数码摄像机

机型	故障现象	故障分析与处理方法
三星 HMX-U10 数码摄像机	逆光拍摄时主画面太黑	逆光拍摄时,若使用自动光圈,会因背景光过强使拍出的画面主体太暗,严重影响视觉效果。排除方法:只需用手动功能调节摄像机的光圈大小,即可拍到清晰的图像
	图像模糊不清	解决方法有以下几点。 ①数码摄像机镜头上不干净。只需要擦掉脏的东西即可。 ②焦距未调整好。尤其是当数码摄像机处于手动聚焦调整时,自动聚焦功能不起作用,应该将 FOCUS 聚焦开关设定于 AUTO 位置。此外,如果拍摄条件不适于自动聚焦时,可以将 FOCUS 聚焦开关设定于 MANUAL 手动位置,通过手动调整好聚焦,图像便可恢复清晰状态。 ③摄像机电路故障,主要表现为镜头单元聚焦性能不良,此时应重点检查聚焦稳流电路
	图像清晰度差,彩色不实,画面有固定斑点出现	排除前面所述聚焦电路故障之后,主要原因应考虑 CCD 传感器质量欠佳。可以通过示波器观察传感器前置视频输出波形,排除相关外围元件故障后即可确定传感器本身性能不良。 拍摄图像质量差的原因除摄像机部分故障外,也可能是录像部分的故障,如磁头污染或损坏,或者有关电路故障

续表

机型	故障现象	故障分析与处理方法
三星 HMX-U10 数码摄像机	日期和时间无法设定，但取景器能够显示出日期和时间	这种故障多发生在摄像机的系统控制微处理器的有关电路，主要是与日期(DATE)和时间(TIMECLOCK)相关的数据输出电路。此外，取景器集成电路中的行、场脉冲输出电路也应该重点检查
	取景器不能够显示日期和时间，当然也无法设定日期和时间	主要发生在取景器的字符显示有关电路。由于取景器字符显示功能是通过取景器电路输出的行、场脉冲(HD、VD)与系统控制微处理器输出的数据共同作用下，通过屏幕显示完成的，因此系统控制微处理器的数据输出电路以及取景器电路的行、场脉冲电路，无论哪方面发生故障都会导致字符显示不正常，所以上述有关电路应进行重点检查。此外，数码摄像机内的纽扣式电池已经耗尽，也会导致该故障。将其更换，然后设定日期和时间

4．三星 SMX-F34 数码摄像机

机型	故障现象	故障分析与处理方法
三星 SMX-F34 数码摄像机	取景器光栅异常，为一条水平亮线或场幅拉不开(光栅垂直方向压缩)，光栅异常的同时，场线性也随之明显变坏	这种故障发生的部位，通常限于场扫描电路。重点检查取景器的场扫描集成块。可以从测量集成块各脚电压入手。因为发生这种故障时，一般场扫描集成块总会有相关的引脚电压偏离正常值。查出电压异常的引脚后，再查外围元件及线路，特别注意查找是否存在短路和漏电等故障。若外围元件及线路均无问题，最后就可以确定是集成块本身有问题
	重放拍摄完的磁带时，在液晶屏、监视器或电视机屏幕上没有图像显示	原因及解决方法如下。 ①视频磁头损坏、严重堵塞或者磁头连线开路，导致无磁记录信号输出，此时重放其他节目带(非自录)也无图像。可以更换磁头或对磁头进行清洗。 ②记录电路故障，使得记录信号中断。此时重放其他非自录节目磁带，能够有正常图像显示，进一步用仪器测试记录信号，若有问题可进行维修或更换。 ③录像磁带的质量问题。碰到无磁性层或者磁粉严重脱落的伪劣磁带，重新更换磁带即可

续表

机型	故障现象	故障分析与处理方法
三星 SMX-F34 数码摄像机	摄像机自动停机保护	自动停机主要有以下三种情况。 ①摄像机在没有任何操作情况下5分钟后自动停机。如果在演播室中或在其他场合直播时使用这种摄像机，突然停机是不行的。只要取出带仓中的录像带，问题就解决了。因为MINI DV格式录像带是金属带，特别容易磨损磁头，所以摄像机在没有接受操作指令1分钟后会自动停机保护磁头。一旦录像带被取出，就不会因为保护磁头而停机了，摄像机可以连续工作。 ②当摄像机内部和录像带上已经凝结湿气时，摄像机会自动保护而无法工作，并且几秒后会自动关机。这时千万不要强行开机，这样很容易损坏磁头，造成不可挽回的损失。去摄像机内湿气最好的方法就是把摄像机放在通风的地方，一两小时后再使用，机器就会恢复正常。 ③当录像带表面上有划痕或不平整时，摄像机也会停机保护磁头。这时要特别注意操作，否则会造成卷带，以致录像带无法再使用。正确的操作方法是：当自动保护时，立即关闭摄像机电源。过1分钟左右，在关闭电源的状态下，取出录像带，并查看录像带表面的划痕情况。如果划痕很多或很深，应立即停止使用这盒录像带；如果划伤情况不是很严重，可打开摄像机电源，放入录像带，并把摄像机切换到放像状态(VTR)，用快进功能(不能用PLAY，否则会损坏磁头)，放过有划痕的地方，录像带可继续使用

5. 三星 VP-D351/352/353/354/355(i) 数码摄像机

机型	故障现象	故障分析与处理方法
三星 VP-D351/352/353/354/355(i) 数码摄像机	无法开启摄录一体机	检查电池或交流电源适配器
	拍摄时无法操纵 Start/Stop(开始/停止)按钮	检查功能开关，将其切换到CANERA(摄像)；盒带已到终点；检查盒带上录制保护标签
	摄录一体机自动关机	摄录一体机置于待机状态，闲置未使用的时间超过5分钟；电池容量用光
	电量迅速耗尽	环境温度过低；电池充电不足；电池报废；无法为其充电；使用另一电池
	播放时看到蓝屏	视频磁头脏污。用清洁带清洁磁头
	在录制屏幕的黑色背景下出现垂直条纹	被摄物体与背景的对比度过大，使摄录一体机不能正常操作。提高背景亮度，减少反差，或在较亮的环境下拍摄时使用BLC(背景补偿)功能
	取景器中的图像模糊	取景器镜头未经调整。调整取景器控制手柄，直到显示在取景器上的指示标识清晰为止
	自动聚焦功能失灵	检查手动聚焦菜单。在手动聚焦模式下，自动聚焦功能不起作用

续表

机型	故障现象	故障分析与处理方法
三星 VP-D351/352/353/354/355(i)数码摄像机	播放快进和快倒等按钮失灵	检查功能开关，将功能开关切换到 PLAYER(摄像机)，盒带到达开头或终点
	在播放搜索过程中，看到马赛克图形	属于正常现象；录像带可能损坏；清洁视频磁头

五、佳能数码摄像机(DV)故障检修

佳能摄像机（适用其他型）

机型	故障现象	故障分析与处理方法
佳能数码摄像机（适用其他型）	找不到电源	发生这种故障时，按动电源操作按钮不起作用，摄像部分不工作，电子取景器无光，录像部分进出盒机构也不动作。这种故障可能有两种情况。 ①发生在使用充电电池时。首先检查充电电池是否未装上或者安装不正确，这时只要正确安装好电池即可；然后检查充电电池是否未充电，解决方法是换上充好电的电池或者将电池充好电后再使用；最后有可能充电电池失效，充电电池的寿命是有限的，经过多次充、放电后其使用时间便会逐渐缩短，直至最后失效。如果将失效的电池装入机内，自然无法给数码摄像机供电，在这种情况下应更换新电池。 ②发生在使用 AC 适配器进行交流供电时。首先检查适配器是否接好，应重新连接好交流电源插头，再重新插好；再检查是否是 AC 交流适配器出了故障，通常是开关稳压电路未工作引起的，把稳压电路调整一下即可
	电源接通后又很快断开	解决方法如下。 ①检查充电电池电力是否耗尽。此时应更换一组充足电的电池，或者等电池充好电后再开机拍摄。 ②检查数码摄像机暂停时间超过了 5 分钟。在暂停时间超过 5 分钟之后，数码摄像机保护电路便自动将机器切换到录像“锁定状态”，为了节省电力，大部分电路电源关闭，这时只要重新开启电源(OPERATE)开关即可。 ③检查机内是否有潮气凝聚。机内有潮气凝聚时，数码摄像机便自动停机。这是因为当数码摄像机内有潮气凝聚时，走带会使磁带粘在磁鼓上，从而损坏磁头和磁带，所以数码摄机内均设有湿度探测器，当机内的湿度达到一定的程度时，湿度探测器便会发出停机指令，这时数码摄像机除启仓按钮外，其他按钮均不工作，其目的是保护机器及磁带。在拍摄中如果发生这种情况，应该拿出磁带，待潮气蒸发后再进一步操作机器

续表

机型	故障现象	故障分析与处理方法
佳能数码摄像机（适用其他型）	显示:E02　故障代码	在特定的时间内,AF处理没有结束,对焦镜头没有被驱动
	显示:E03　故障代码	在特定时间内,自动闪光操作没有结束
	显示:E09　故障代码	在特定时间内,JPEG处理没有结束
	显示:E14　故障代码	发生原因不明的故障。查明原因,排除故障
	显示:E16　故障代码	主板故障(在EVF模式下正在记录或录完成后,在特定时间内,CPU和外围IC间的通信没有结束)
	显示:E18　故障代码	镜头故障(在特定时间内,镜头镜筒的移动没有停止)
	显示:E23　故障代码	当向CF中写入影像数据的过程中,CF卡满溢时,写入被反复执行,并加大JPEG的压缩比来减小影像文件的大小,直到影像能再度写入CF卡
	显示:E24　故障代码	在主板上的成像电路电源未被探测到
	显示:E25　故障代码	对焦PI(光电传感器)探测失败
	显示:E26　故障代码	在特定时间内,影像向SDRAM的写入;没有完成
	显示:E27　故障代码	在连续拍摄模式,在特定时间内,缓存影像的自由空间不能使用(CF卡或主板)
	显示:E30　故障代码	当影像被记录到CF卡中时,相机断电(当相机再次打开时,故障代码显示)。在E23后可能发生这种故障。解决方案:重新开启
	显示:E50　故障代码	CF卡不能被正确格式化
	显示:E51　故障代码	无法从CF正常读取影像数据
	显示:E52　故障代码	影像回览失败,主板不良。查明原因,排除故障
	显示:Err01　故障代码	镜头主板间通信失败。查明原因,排除故障
	显示:Err02　故障代码	CF卡有故障。更换
	显示:Err04　故障代码	CF卡已满
	显示:Err05　故障代码	内置闪光灯的自动弹起操作受到阻碍。查明原因,排除故障
	显示:Err99　故障代码	什么错误都有可能出现

六、其他型号数码摄像机(DC)故障检修

卡西欧监视用球形数码相机

机型	故障现象	故障分析与处理方法
卡西欧监视用球形摄像机	上电后无动作、无图像	①源损坏或功率不足。 ②更换电源线接错。 ③更正工程线路故障
	自检进行不正常，有图像，但伴有电机鸣叫声	机械故障，摄像机倾斜，电源功率不够。 更换符合要求的电源，最好把开关电源放在球机附近
	自检动作正常，但无图像	视频线路接错，更正视频线路。接触不良，检测摄像机。进水损坏，更换

第三章 MP3、MP4、MP5音像播放机故障检修案例

一、MP3音乐播放机故障检修

1. 京华 JWM-640BMP3 播放机

机型	故障现象	故障分析与处理方法
京华 JWM-640B MP3 播放机	有歌曲,但是有的歌曲无法播放,或者播放到某一首歌就死机	检查 MP3 歌曲是否为标准格式,有的 MP3 歌曲虽然在电脑上可以播放,但在 MP3 播放机上却不能播放。MP3 播放机对 MP3 格式要求严格,更换标准格式的 MP3 歌曲文件
	有歌曲,但是全部不能播放	在电脑上选择用 FAT 格式来格式化 MP3 播放机。如果误采用 FAT32 或者 NTFS 格式格式化 MP3 播放机,就可造成 MP3 播放机无法播放歌曲
	播放 MP3 歌曲噪声特别大	MP3 歌曲很多都是直接从盗版 MP3 歌碟上拷贝出来,由于盗版 MP3 歌碟制作水平不一,里面的很多歌曲都存在明显的噪声。最好的办法是直接用电脑转录音乐 CD 为 MP3 格式,再复制到 MP3 播放机中欣赏。或者先在电脑上试听一遍 MP3 文件,确定没有背景噪声,再将文件复制到 MP3 播放机上
	播放歌曲不正常,程序混乱	安装随机应用软件,然后使用随机软件提供的 UPDATE 功能重写 MP3 播放机的芯片,用随机软件提供的 FORMAT 功能格式化 MP3 播放机的内存
	播放次序乱跳,或者播放时突然中断 0.5 秒,然后又继续播放	格式化 MP3 播放机,重新复制歌曲进去
	连接电脑,有时候可以找到,有时候不能找到	MP3 播放机从电脑上拔出的时候,Win 98 下应使用"弹出"功能再拔出,Win me/2000 下应使用右下角的"拔下或弹出硬件"功能再拔出。XP 中为"安全删除硬件"

续表

机型	故障现象	故障分析与处理方法
京华 JWM-640B MP3 播放机	无法开机,按住开机键无任何反应,但有电源灯光亮	将 MP3 通过数据线接入电脑的 USB 口,按住播放键,大约 10 多秒之后系统会相继发现“SigmaTel STMP34XX MP3 Player”和“SigmaTel STMP34XX SCSI Host Adapter”两个设备,依次装入随机盘中所提供的驱动程序,再按播放键直至在“我的电脑”中出现可移动磁盘盘符,此时 MP3 的液晶屏幕上会显示“USB LINK”字样。之后运行联机软件中的“StMp3Format”,将“File System”(文件系统)选择为“FAT12”,并把“Quick format”选项前的“(”去掉,然后点击“Start”,几秒后格式化完成。执行联机软件中的“StMp3Update”,点击“Start”,很快应用程序就会将 MP3 的 Firmware 重新写入 MP3 中。双击系统右下角的“安全删除硬件”图标,安全删除该 MP3 设备后,将 MP3 播放器从数据线上取下,如果升级成功,MP3 播放器被拔出后,会自动进入到 MP3 模式。将 MP3 重新插入到数据线上即可直接认识该 MP3 设备,拷入 MP3 歌曲,再拔下后逐一测试 MP3 播放器的各个功能键,直到都能正常使用

2. 金点 MP3 播放机

机型	故障现象	故障分析与处理方法
金点 MP3 播放机	不能开机,电池没电,电池没正确安装	更换电池,正确安装电池
	没有声音	耳机没接好,音量调至最低;接好耳机,调节音量
	计算机连接不上	正确连接,重新拔插
	开机后马上关机了	电池电量太低。更换新电池即可
	无法工作,无法播放 MP3 音乐	MP3 文件格式不对。转换格式
	播放歌曲,进入游戏时常会自动重启,其他功能正常	先格式化 MP3,无效。拆机发现其 Flash 是焊在按键的背面,容易受力虚焊。重焊闪存,故障排除
	开机,但是过一会儿 boot error,于是连电脑有反应,但是没办法和 Windows media 建立连接,没办法传输文件	在网上找到固件升级工具,刷固件时,机子和固件程序连接不上,于是清空 Flash,再刷,连接上了,面板上的流水灯开始闪烁,一会儿显示刷机成功,开机一切都正常
	容量减少,无法在电脑上格式化,不能开机	先把本机 SW1 置于 OFF 起始状态(U 盘状态),然后按住大圆键不放。在按住大圆键 KYE2 的同时再将 SW1 推至播放状态,并一直按住大圆键 10 秒以上不放,此时 LED 灯显示为双色灯同时亮,放开大圆键,等待大约 2 分钟后,绿灯熄灭后表示低格结束。再重新拷入歌曲,即可恢复听歌
	开机就马上关机,或者无法开机	把 MP3 播放机连接到电脑 USB 端口或者专用充电器上充电(大约充电 3~5 小时),再开机看是否正常。采用 5 号或者 7 号电池的产品,更换新电池试试
	不能和电脑连机	解决办法如下。 ①更换 USB 连接电缆,再测试。 ②确保电脑 USB 端口已经打开。 ③正确安装随机驱动程序

3．甲壳虫MP3播放机

机型	故障现象	故障分析与处理方法
甲壳虫MP3播放机	无法开机，屏幕无显示等	使用Fixtool工具软件修复
	播放的音乐名称是乱码	这个问题主要和MP3音乐文件附带的文件信息不正确有关。解决的方法是直接用WINAMP等播放工具将音乐文件信息去除
	插入电源适配器充电时无充电指示	若播放器长期未使用，内置的锂电池因电压太低，插入电源适配器充电时尚处于预充状态（电流很小，起到保护电池的作用），OLED无充电显示；当预充电压达到设定的电压值时（一般为1分钟左右）进入恒压、恒流充电阶段，OLED出现充电显示符号
	网上下载的WMA不能播放	使用WMP(windows media player)自行制作WMA
	有时会死机	拷贝歌曲或者格式化进行当中拔掉USB连线，会造成按键锁死。要安全退出，不要在拷贝完成或格式化结束以前拔掉USB连线
	电脑不能识别MP3	电脑USB口故障（机械损坏，供电不足等）。电脑操作系统故障，最好重新启动或安装系统软件
	开机后按下按键，播放器没有动作	播放器按键锁处于锁定状态

4．子弹头MP3播放机

机型	故障现象	故障分析与处理方法
子弹头MP3播放机	不能识别文件	不是标准的，MP3文件，在电脑上能正常播放，却不被MP3播放器所识别。解决方法就是利用超级解霸的MP3格式转换器，把该MP3文件再转换一次，在设置选项中，把压缩层次设为第三层，再拷到MP3播放器里即可
	电脑提示不能连接播放器	为USB线没有插到底引起。因为播放器的USB控制电路是根据USB口处是否存在4.5～5.0V的电压来确认是否连机的，故播放器能正常显示已连接；由于USB是串行设备电源线，和数据线的接口长度不同，USB线没有插到底时不能传输数据，造成电脑提示不能连接播放器
	开机时屏幕上会显示“! Media Error”，随后会自动关机	用户误用Windows的格式化程序对MP3进行格式化。只要重新用驱动程序进行格式化就可以了
	机器开启不了	当机器开启不了时，90%以上的原因是用户的各类误动作导致MP3内部的固件(Firmware)损坏造成的。只要对其进行重新格式化并写入Firmware就可。可将电池拿下，按住播放键不放，连上电脑，运行驱动程序，然后进行格式化及固件升级即可
	用户用光盘自带的驱动进行升级后，只能显示繁体中文	下载简体中文的固件，然后照上面的步骤重新用驱动程序进行升级并格式化即可
	容量减少，不能开机听歌	先把本机SW1置于OFF起始状态（U盘状态），然后按住大圆键不放，在按住大圆键KYE2的同时再将SW1推至播放状态，并一直按住大圆键10秒以上不放，此时LED灯显示为双色灯同时亮，大约2分钟后，绿灯熄灭后表示低格结束。再重新拷入歌曲，即可恢复听歌

5. 清华紫光 THM-907n MP3 播放机

机型	故障现象	故障分析与处理方法
清华紫光 THM-907n MP3 播放机	MP3 机的容量比实际的少	①有方案程序在内，不同的方案占用的空间不同，可能会有一定的出入。 ②是否有隐藏文件。将查看模式更改为显示所有文件后重新查看一下属性。还有就是 MP3 的内核程序存储在存储器里面
	只能存储数据，而不能播放 MP3 文件，或没有声音	①音量太小。调节音量。 ②内存格式化的系统不正确。用“FAT”系统重新格式化。这种情况很有可能使用其他格式的文件系统格式化了 MP3。MP3 一般默认的文件系统为 FAT 文件系统，而用其他格式的文件系统格式化后很有可能不能播放，只能作 U 盘使用
	有的 MP3 格式文件在 MP3 播放器上能够播放，有的不能播放	出现有的 MP3 格式能够播放，有的不能播放的主要原因是它们的压缩格式层次不一样。普遍 MP3 只支持用第三层缩的 MP3，而用第一、二层压缩的只能在电脑中播放，在 MP3 播放器中不能播放。可以下载一个 MP3 转换工具，把它转换成标准的 MP3 格式
	出现开机 LOGO 后不能播放	把 MP3 机和计算机连接，用驱动程序附带的格式化工具或更新程序方式重新刷新一下 MP3，即可解决该种情况
	无法开机，但是连接 USB 后可以当 U 盘，显示正常	用万用表检测电池两端电压为 3.96V，然后按开机播放键，电池两端电压降为 3.95V，判断电路硬件故障的可能性不大，直接找到相同板号的固件重新刷写，故障排除。此故障有时易判定为电池或是电源故障。其实有许多问题都是软件故障引起的，在有相同固件时，可以先刷软件，以免走弯路

6. 瑞星 MP3 播放机

机型	故障现象	故障分析与处理方法
瑞星 MP3 播放机	用电源给机器供电，按开机按钮后有开机电流，但是放开按钮后电流就下降为零	该故障一般是开/关机电路的三极管电流放大倍数太小或者三极管损坏。当按开机键时，PLAY_ON 应该为接近电池电压，PWR_ON 应该为高电平(3.3V)。如果该两点电压异常，通常是三极管损坏，再则就是场效应管(IS2305)损坏或是 3.3V 稳压的 LDO 以及 1.8V 的 DC/DC 损坏
	用电源给机器供电后，不需按键，直接开机	该故障一般是开/关机电路的三极管损坏，或者场效应管的型号不对
	固件升级成功后，开机后总处于充电状态	①该故障一般是由于 USB_DET 脚的检测出现了异常，重点检查 USB 到电池充电的二极管是否击穿或漏电，造成电池供电时 USB_DET 的检测电压达到门限值(一般为 1.5V 以上)。 ②主控芯片的 USB_DET 脚被击穿
	录音有杂音	①检查 MIC 的偏置电路是否异常，经过一级 RC 滤波后的 MIC 电压为 2V 左右。 ②MIC 损坏或是与 MIC 并联的高频旁路电容误配、耦合电容漏电以及一级 RC 滤波电路参数异常，特别是滤波电容容量失效。 ③如果以上检查未发现异常，并且排除软件上的相关设置无误，可以将主控的 MIC 引脚交流对地短接(用 10μF 左右的电容)再录音，如果还存在噪声，可能为主控被损坏
	插入耳机后，外功放有声音	此故障一般是耳机检测电路错误。检查耳机检测脚的电压是否在插拔耳机的时候有电压变化(插耳机时大约为电池电压的一半，拔耳机时应该为 3.3V)。 确认外功放的静音控制是否确实有效。 AD 参考电阻(连接在引脚名 REXT100K 引脚的 100kΩ 电阻是否正常)，该电阻阻值异常将引起四路的 ADC (LRADC0～LRADC3)转换错误

续表

机型	故障现象	故障分析与处理方法
瑞星 MP3 播放机	固件可以正常升级，但升级后 LCD 屏未能正常显示	检查 LCD 的引脚定义是否与 PCB 上的接法一致。如果数据总线、控制总线、电源线中任意一根线出错，都会造成 LCD 显示异常。 检查 LCD 的数据总线、控制总线是否开短路。 检查固件中的 LCD 驱动程序是否为该 LCD 屏的驱动程序
	每次升级成功后重新插入 USB，在计算机端总是被识别为“Rockusb Device”硬件	检查各个按钮是否有对地短路，如果是软件上定义的固件升级按钮对地短路了，就会出现此故障，每次连机都会识别成“Rockusb Device”硬件。 检查 NAND Flash 是否损坏
	播放音乐时正常，但是播放视频时经常出现或是播放到同一片断时出现视频播放马赛克，同时视频伴音也出现异常声音	该故障多出现在 NAND Flash 个别损坏存储单元。一般更换 NAND Flash 即可恢复正常
	播放视频时横条花屏	该故障通常是由于 LCD 屏的读写不可靠造成。一般是 LCD 屏的读写速度太慢。可以考虑更换 LCD 屏，或者在软件上调整 LCD 的读写时序。 LCD 屏损坏
	播放视频时马赛克花屏	该故障通常是 SDRAM 的地址线与 CPU 的连接出现了开/短路。根据马赛克块的大小，可以大致确定地址线异常的部位(高位地址线或低位地址线)，一般越向高位地址线出现开/短路，它的马赛克块越大。该原因引起的马赛克不会影响其他功能，包括在播放视频的时候音频仍然是正常的。 LCD 屏损坏
	升级固件时长时间停留在 a“等待 USB 重新枚举，请等待……”提示	24MHz 晶振已经起振，但是振荡频率正负偏移过大(一般示波器实测频率在 24MHz±2MHz 之间)，造成通信异常；1.8V、3.3V 供电电压偏低，或是电源纹波过大造成
	升级固件时 NAND Flash 识别对了，但是最后出现“数据写入失败”提示	原因通常是由于 NAND Flash 的写入、片选、忙检测(FCE0、FCLE/A2、FALE/RS/A1、FWEN、FWP、RD/BY)等控制线与 CPU 的连接出现开/短路造成；NAND Flash 的控制总线 FREN、FCE0、FCLE/A2、FALE/RS/A1 与芯片的连接开/短路时，也会引起 NAND Flash 读信息错误，从而出现 NAND Flash 厂商识别出错。 3.3V 供电电压偏低，或是电源纹波过大造成。 NAND Flash 本身损坏
	升级固件时提示“NAND Flash 厂商暂不被支持”，固件升级失败	NAND Flash 的 8 根数据总线(D0～D7)开路或者短路。当数据线 D0～D7 被短路时，会在每次插入 USB 接口时计算机只会认到“rockusb Device”硬件，烧入固件的时候还会出现 NAND Flash 厂商识别出错。 1.8V、3.3V 供电电压偏低，或是电源纹波过大造成。 USB 线阻抗特性比较差，造成机器与计算机的通信不可靠

续表

机型	故障现象	故障分析与处理方法
瑞星 MP3 播放机	插入 USB 后，计算机未能识别到该 USB 设备	首先检查 1.8V、3.3V 供电电压是否正常。如果未测到该两组电压，应重点检查 USB 供电电路。 USB 的通信线 DP、DM 是否与芯片连接、是否虚焊或短路。 如果以上都正常，再检查芯片的复位电路是否正常。 如果以上项目检查都未发现异常，再考虑芯片的 USB 接口与计算机的通信是否异常，USB 线、计算机的 USB 接口是否损坏
	电池电压检测错误	电池电压检测电路的分压电阻（两个 100kΩ）不正常。 参考电阻（连接在引脚名 REXT100K 引脚的 100kΩ 电阻是否正常），该电阻阻值异常将引起四路的 ADC（LRADC0～LRADC3）转换错误，更换该电阻
	播放音频/视频/收音机时无声音	主控有音频输出，检查功放是否有供电。 主控有音频输出，检查静音控制电路是否异常，以及软件控制方式是否和电路的控制方式一致。 以上判断均未发现异常时，检查功放的交流旁路电容是否击穿或容量变值，功放是否有损坏。 主控无音频输出，检查 CODEC 的外围器件、音频输出引脚有无对地短路

7．优百特 UM-709 (256M) MP3 播放机

机型	故障现象	故障分析与处理方法
优百特 UM-709(256M) MP3 播放机	录音开始有噪声	这是由于录音开始一段时间，背光还在工作，麦克风录下了背光噪声造成的。解决方法是关闭背光后再录音
	不能通过升级增加 FM 功能	FM 功能是新款 PRO 版才有的。通过软件的固件升级是不可能达到的
	格式化后无法播放	此现象为播放程序丢失所致，应参照说明书进行升级操作。注意，第一次弹出后需再次格式化，才能将“$nantla$.ugr”文件复制到 MP3 中
	不能播放 ASF 格式的音乐文件	因为 UM-709 只支持 64～128Kbps 之间的音乐文件格式。如果不能正常欣赏，自己去搜索一个音乐文件格式转换的软件，转换一下就行了

8．金星 JXD858 型 MP3 播放机

机型	故障现象	故障分析与处理方法
金星 JXD858 型 MP3 播放机	无法开机	固件丢失或损坏。重新植入固件。 电池电量不足。更换电池或充电。 电池保护电路损坏，致使内部锂电池过度放电。修复电池保护电路，并对电池进行小电流专业充电。 晶振损坏或脱焊。更换晶振或补焊。 主控芯片损坏或有关引脚脱焊。更换主控芯片或补焊。 开机键损坏、断路。更换开机键或补焊。 电池电极脱焊。补焊

续表

机型	故障现象	故障分析与处理方法
金星 JXD858 型 MP3 播放机	无法播放文件	文件格式不支持。换成机器支持的格式。 下载过程中有关程序出错。格式化重新下载。 有些文件有版权保护未解除。解除版权保护。 文件错误、残缺或损坏。更换或修复文件。 固件损坏。重新植入固件。 解码芯片损坏或有关引脚脱焊。更换解码芯片或补焊相关引脚。 分辨率高于机器支持的最高分辨率。转换至低分辨率
	自动关机	电池电量不足。更换电池或充电。 电池电极、电源开关接触不良。补焊或更换开关、电极。 机器内部有活动金属物,使有关电路短路。 检查、清理机器,去除可疑金属物。固件损坏。重新植入固件
	无法操作	按键锁定。解除按键。 固件损坏。重新植入固件
	无法连接计算机	固件损坏。重新植入固件。 机器 USP 接口脱焊。补焊。 数据线损坏。修复或更换数据线
	插卡后开机,在自检快完成时瞬间自动关机又重复自检;当不插卡时可完成自检并可正常播放,此时插入卡时,在读取卡内文件时即自动关机并重复上述故障	根据原理分析,故障很可能是开关管导通后的供电回路存在短路或过流。在开机瞬间测插卡与主控共用的 3.2V 电压,发现在故障时 3.2V 供电有一个 3.2V—0—3.2V 的循环跳变,G3 两端则始终为 0V。对卡座供电引脚检查,并未发现有短路现象,但拆下 G3 测量时,发现其已短路,于是用一只同规格的贴片电容更换,故障排除
	操作时,所有按键失控,连接电脑正常,显示正常	用万用表电阻挡测 5 个按键,只有最后一个 VOL 音量键是好的,而音量键在主菜单界面下是无效的。将上面的 4 个按键全部更换,各功能操作正常。这种 4 脚扁平按键在平时的维修中故障率很高,但 4 个同时损坏的情况不多见

9. 索尼 NW-E405 MP3 播放机

机型	故障现象	故障分析与处理方法
索尼 NW-E405 MP3 播放机	被快速格式化后用 SonicStage传输了歌曲,但是 MP3 上显示“FORMAT ERROR”	“FORMAT ERROR”是格式错误的意思,应该用机器本身自带的那个功能格式来格式化
	播放 MP3 歌曲时出现跳过和死机现象	因为 MP3 文件和 MP3 播放器支持的范围不同,容易出现跳过和死机现象。一般有几个原因:采用率不对,一般是 44.1kHz,有时 48kHz 的文件就不能用;压缩率,MP3 机不支持该 MP3 的压缩率(太高或太低);VBR 不支持;还有一个容易出现的问题,一些文件是采用超级解霸压缩而来的,默认的是压缩成 MP2 格式的,但显示的是 MP3 格式,大部分 MP3 机都不支持。 解决方法:可以删除或用软件重新转换一下,转成符合机器要求的格式即可。WMA 文件还有可能遇到版权保护的问题,这时就要用其他软件解除版权限制后才可以播放。对于出现乱码的现象,如果语言设置没问题,一般是 ID3 标签没设置好,调整一下即可

续表

机型	故障现象	故障分析与处理方法
索尼 NW-E405 MP3 播放机	连接后，不能下载音乐文件	①确认 USB 通信器是否已经连接了电脑及数码播放机，且播放机处于开机状态。 ②确认 USB 驱动程序已安装。 ③确认储存器可用的容量及要下载的文件大小。 ④检查电池是否电量不足。 ⑤检查 USB 连接线是不是好的，或者换一条 USB 连接线试一试
	自己压缩的 MP3 文件在播放器中无法播放	由于目前市场上音频文件的压缩格式不一样，而且压缩速率不同，因此压缩出来的歌曲压缩格式与播放器的压缩格式不兼容。播放器只支持标准的压缩格式，对非标准的压缩格式不支持。 解决方法：在压缩歌曲时，不要采取第一层或第二层压缩

10．汉声 8200T 型 MP3 播放机

机型	故障现象	故障分析与处理方法
汉声 8200T 型 MP3 播放机	无屏显，同时键控无效	该机屏显驱动与键控矩阵电路采用 SM1628，同时发生无屏显和键控失效故障，原因应与 SM1628 本身及其供电或者 DATA、STB、CLCK 信号有关。首先检查 SM1628 的供电⑦脚电压为＋5V 正常，接着检查 DATA、STB、CLCK 信号是否正常，结果发现 SM1628 的 CLCK 信号输入③脚电压仅有 1V 左右，不正常。经进一步检查，面控板与主板连接的排线 CLCK 焊点已经脱焊，其他焊点也存在不同程度的虚焊现象。将其重新焊接后，故障排除
	无屏显	该机键控以及遥控均正常，说明供电以及 DATA、STB、CLCK 信号基本正常，无屏显故障应该在 SM1628 本身或者显示屏

11．小博士 ATJ2091N MP3 播放机

机型	故障现象	故障分析与处理方法
小博士 ATJ2091N MP3 播放机	播放 MP3 歌曲时出现跳过和死机现象	由于某些 MP3 文件和 MP3 播放机支持的范围不同，容易出现跳过和死机的现象。常见原因有：①采用率不对，44.1kHz 和 48kHz 的文件 MP3 就不能用；②压缩率不对，如果 MP3 机不支持该 MP3 文件的压缩率（太高或太低），就会出现跳过和死机的现象；③VBR 不支持；④有些文件采用超级解霸压缩而来，默认的是压缩成 MP2 格式，但显示的是 MP3 格式，大部分 MP3 播放机都不支持。删除不能播放的歌曲文件或自己用软件重新转换一下，转成符合机器要求的格式即可。WMA 文件还有可能遇到版权保护的问题，这时就要用其他软件解除版权限制才可以播放了

续表

机型	故障现象	故障分析与处理方法
小博士 ATJ2091N MP3 播放机	按下开机键后,播放器没有显示	原因:①机器没装电池;②电池没有电了;③电池装反了。 解决方法: ①检查是否装电池; ②更换电池; ③取出电池,5 秒后将电池正确地装入机器中
	开机后,按下按键,MP3 播放器没有反应	机器按键锁定。解决方法:拨动“HOLD”键,解除按键锁
	播放文件时没有声音	原因:①音量太小;②机器正与计算机连接;③机器中没有存放歌曲。 解决方法: ①调节音量大小; ②给机器中下载歌曲
	连接后,不能下传音乐文件	①确认 USB 通信器是否已经连接了电脑及 MP3 数码播放机,且播放器处于开机状态。 ②确认 USB 驱动程序已安装。 ③确认储存器的可用容量及要下载的文件大小。 ④检查电池是否电量不足。 ⑤检查 USB 连接线是不是好的,或者换一条 USB 连接线再试一试
	MP3 播放机中有歌曲,但是有的歌曲无法播放,或者播放到某一首歌就死机	①检查 MP3 歌曲是否为标准格式,有的 MP3 歌曲虽然在电脑上可以播放,但在 MP3 播放机上却无法播放。因为 MP3 播放机对 MP3 格式要求严格。更换标准格式的 MP3 歌曲文件,或将非标准格式用软件进行格式转换。 ②MP3 是有损压缩格式,它的解码率通常是 128Kbps,如果用户不满意这种解码率的音质,可以用更高的解码率来压缩音乐,所以会有 256Kbps 或更高的 320Kbps,甚至还有动态改变解码率的 MP3 格式。对于国产的 MP3 来说,能解码 320Kbps 音乐文件的 MP3 播放器并不多,而且像高价位的产品,肯定是不能回放动态解码的。所以当音乐无法播放的时候,首先应该确认文件的解码率是否被播放器所支持。 ③如果仅仅是某些音乐无法播放,首先应当要检查那些无法播放的音乐文件是否有问题,特别是一些从网上下载的音乐文件,有很多虽然扩展名为 MP3,而实际上只是 MP2 格式。目前市场上很多播放器都无法播放 MP2 格式的文件,特别是一些高端机器。 区别 MP3 与 MP2 的最简单的方法是:使用 WinAMP 打开音乐文件,然后双击文件标题,看一下 MPEG 信息中有一项 MPEG 1.0,如果后面是 loyer3 则为 MP3 文件
	耳机外响声音很小	应该是主控音频电路有问题。2091 主控芯片的⑧、⑨脚是音频信号输出脚,⑦脚(PAVCC)是音频信号旁路电容脚,查这几个脚都正常。更换主控后还是一样,最后测到主控芯片的⑪脚(VRAD)对地电阻变小(只有十几欧),经检查为⑪脚的对地电容(474P)短路。更换电容后,故障排除

12. 澳维力 MP3 播放机

机型	故障现象	故障分析与处理方法
澳维力 MP3 播放机	自己压缩的 MP3 文件在播放器中无法播放	由于目前市场上的压缩文件格式不一样，而且压缩速率不同，因此压缩出来的歌曲压缩格式与 MP3 播放器的压缩格式不兼容。播放器只支持标准的压缩格式，对非标准的压缩格式不支持。 解决方法：在压缩歌曲时，不采取第一层或第二层压缩
	歌曲播放时，显示的时间比较乱	目前采用 VBR 格式压缩的 MP3 文件(即可变速率压缩的 MP3 文件)，在播放时由于速率的变化会引起时间显示的变化，但 MP3 播放是正常的
	出现死机	同时按下了几个键以及其他非法操作，如未关机拿掉电池，或在传送文件时拔 USB 插头等，会导致死机。 解决方法： ①取出电池，5 秒后将电池正确地装入机器中； ②对机器进行格式化，特别注意要选择正确的文件格式 FAT
	无法正常开机或无法正常工作	使用 Windows 系统的格式化程序，有时会导致 MP3 播放器无法正常开机或无法正常工作。只能采用 MP3 管理软件中提供的格式化工具。如果没有安装管理软件，在使用 Windows 系统的格式化程序时，要采用 FAT 文件格式化，如果误采用 NTFS 文件或 FAT32 文件格式化，将使 MP3 播放机无法工作。如果安装了 MP3 播放器管理软件，而在浏览器中无法格式化移动磁盘，这是因为管理软件在某些系统中将 Windows 的格式化屏蔽了，需要使用管理软件上的格式化工具格式化可移动磁盘
澳维力 A790 MP3 播放机	能开机，只显示 "sting......"。连接电脑时，无任何反应	测音频电压 AVCC 的电压只有 2.4V，正常应为 3V，飞线到 VCC，加电后机器进入主程序并且能播放了，连机也一切正常。 如果 AVCC 的电压不正常，也会使机器进入不了主程序，也就无法连接电脑，造成固件丢失假象

13. KNC 牌 MP3 播放机

机型	故障现象	故障分析与处理方法
KNC 牌 MP3 播放机	找不到 MP3 播放器	当用 MP3 管理软件格式化 MP3 播放器的内存，当关闭 MP3 管理器后，却无法找到 MP3 播放器，这主要是因为格式化操作删除了 MP3 内存中的一些系统停息。拔下 USB 连接线并且再插一次即可解决
	MP3 与计算机连接后，无法找到移动盘符	①系统中没有安装 MP3 随机附赠的播放器管理软件，或安装后的文件受到破坏。重新安装 MP3 播放器管理软件。 ②计算机的主板不支持 USB 接口。升级计算机的主板驱动程序

机型	故障现象	故障分析与处理方法
KNC 牌 MP3 播放机	MP3 在电脑中显示的内存不足	因为 MP3 在出厂时写入播放程序，这些程序要占用 MP3 的内存，所以 MP3 在电脑中显示的内存与 MP3 播放机本身标注的内存相比，稍有不足
	有的歌曲歌词和唱的不同步	歌词同步显示的机器只有在播放带歌词的歌曲时才能显示歌词，另外，如果在编辑歌词时输入和唱的不同步，就会造成歌曲的歌词和唱的不同步，因此应该特别注意编辑歌词时输入的时间和唱的同步输入。这与 MP3 机器的质量无关
	MP3 播放机不能和电脑连机	①确保电脑 USB 端口已经打开。 ②更换 USB 连接电缆后，再重试。 ③在 Windows 98 下正确安装随机驱动程序
	有时所有功能按键失控，有时功能菜单向上、向下一直跳，有时偶尔能够正常播放	主控芯片 ATJ2091N 的四排引脚有杂物或虚焊。脱焊一遍后，完全修复正常
	开机正常，就是声音输出沙哑	主控芯片 ATJ2091N 不良。用 ATJ2091H 代换 ATJ2091N，外写固件后故障排除

14. 飞利浦 MP3 播放机

机型	故障现象	故障分析与处理方法
飞利浦 MP3 播放机	MP3 有时会自动关机	首先检查电池电量是否充足，如果电量不足肯定会自动关机。其次要了解附近是否有电磁干扰或静电干扰。闪光灯及人体内所携带的静电都有可能使 MP3 播放机停止工作
	MP3 播放机开机就马上关机，或者无法开机	把 MP3 播放机连接到电脑 USB 端口或者专用充电器上充电（大约充电 3～5 小时），再开机看是否正常。采用 5 号或者 7 号电池的产品，更换新电池试试。新购买的 MP3 播放机赠送的电池有可能电量不足，应充足电量后再用
	显示“黑屏”	通常是格式化造成字体库丢失导致。重新升级就可以恢复正常
	MP3 播放器连接电脑后，有时候可以找到，有时候不能找到	①MP3 播放机从电脑拔出的时候，Windows 98 下应使用“弹出”功能再拔出。 ②Windows me、Windows 2000 下应使用右下角的“拔下或弹出硬件”功能，再拔出。 ③XP 中使用“安全删除硬件”，再拔出
	进入未完成下载任务的文件夹时出现死机	由于下载没有顺利完成，会造成 MP3 机器内数据结构的混乱，此时可能会产生多余无用的文件，同时造成 MP3 机器的死机。建议重新开机并格式化内置内存
	无法开机，无法连接电脑	软件问题。从网站上下载的 E3，升级包中两个文件，进行软件升级

15. 小月光 MP3 播放机

机型	故障现象	故障分析与处理方法
小月光 MP3 播放机	播放 MP3 歌曲噪声特别大	现在的 MP3 歌曲,很多都是直接从盗版 MP3 歌碟上拷贝下来的,由于盗版 MP3 歌碟制作水平不一,里面的很多歌曲本身存在明显的噪声。最好的办法是:直接用电脑转录为音乐 CD 为 MP3 格式,再复制到 MP3 播放机中欣赏,或者先在电脑上试听一遍 MP3 文件,确定没有背景噪声再将文件复制到 MP3 播放机上
	MP3 歌曲播放次序乱跳,或者播放时突然中断 0.5 秒,然后又继续播放	①检查系统设置是否在随机播放状态,在随机播放状态下歌曲播放次序会随机乱跳。 ②格式化 MP3 播放机,重新复制歌曲
	用超级解霸制作的 MP3 无法播放	由于用超级解霸制作的 MP3 文件,实际上是 MP3 文件名的 MP2 文件,部分 MP3 机无法识别这种文件,在播放时会发生死机、跳过歌曲等问题
	MP3 播放机中有歌曲,但是全部不能播放	在计算机上选择用 FAT 格式来格式化 MP3 播放机,如果误采用 FAT32 或者 NTES 格式化 MP3 播放机,就可造成 MP3 播放机无法播放歌曲的故障。播放器出现这种问题,首先确定是一部分音乐无法播放还是全部音乐无法播放,如果所有音乐都无法播放,则可以先对播放器进行一次格式化,其中一些无驱动的播放器,要注意格式化后的文件系统。因为播放器的容量都不大,所以一般播放器都只用 FAT16,如果使用了错误的文件系统进行格式化,就有可能会造成文件无法播放、死机或无法开机的问题。 U 盘和 MP3 这些采用 Flash RAM 为存储介质的产品,通常只支持 FAT12 或 FAT16,如果误用 FAT32 格式化,就不能认出文件了。FAT 是文件分配表的意思,FAT16 使用了 16 位的空间来表示每个扇区配置文件的情形,故称之为 FAT16,而如果采用 FAT32,那么控制芯片相应就要用 32 位来记录每个扇区的信息,成本会高很多,显然不是最合适的方案。之所以会有 FAT32,是因为 FAT16 不支持 2G 以上的分区,而现在多数的 U 盘或 MP3 的容量都在 2G 以下。目前高档的 U 盘已经是 FAT32 了,但 MP3 播放器的控制芯片多数不支持 FAT32,所以遇到这种情况,就是 U 盘功能 FAT32,但却不能播放 FAT32 存储的 MP3 文件。 闪存的读取次数是没有限制的,但抹除写入的次数是绝对有限制的。早期的闪存每一记忆单位只有 1000 次的重复抹写的次数限制,而现在已提高到 10000 次。这里的重复抹写包括格式化,所以要尽量避免格式化。任何对闪存的操作都要在电力充足下进行
	无法开机,但可以连接电脑	观察 2051 主控各引脚,有些引脚氧化了,将 ATJ2051 各脚重新焊接一遍,再次接上维修电源,未开机时已没有电流了。按"PLAY"键,开机正常

16. 金刚 2.0 MP3 播放机

机型	故障现象	故障分析与处理方法
金刚 2.0 MP3 播放机	可以开机,但开机后显示一个充电图标,按 M 键后可进入播放界面,有时自动重启,有时使用正常。连接电脑正常	重点检查电源充电电路。首先测 USB 端口的正极,发现有 3.3V 左右的电压,有点波动。正常的话,此处在未接充电器和电脑时应该是 0V 的,所以可以确认是锂电池电压回流了。分析 RK2606 原理,判断最大的嫌疑是 D1、D2 这两个二极管。开始以为是 D2 击穿,更换之后故障依旧。再次更换 D1,故障排除。分析此故障原因,是电池很久没用,电量下降,再次充电时造成电流增高,使充电部分损坏
	不开机,不能连接电脑	显示屏的两根线脱焊。细心焊好线,开机一切正常
	不小心格式化了,无法使用	格式化没有注意格式,磁盘格式是 FAT32,所以无法使用。再重新格式一下,把它改成 FAT 格式
	格式化后不能播放歌曲了	不要自行进行格式化,最好利用机器自身的格式化选项进行格式化。如果在 Windows 里面进行格式化,应选择 FAT16 模式;如果选择 FAT32 模式格式,则还需要进行一次固件升级来进行解决

17. 小贝贝 MP3 播放机

机型	故障现象	故障分析与处理方法
小贝贝 MP3 播放机	打开电源即显示“充电中……”,无法使用,插上 USB 后可以充电	故障应是在 2051 主控的⑲脚相关电路,此脚功能为 USB 电压检测。 有如下两种可能:①主控损坏;②电池 3.7V 电压回流到充电电路。 先用万用表的二极管检测挡测量充电二极管的正负电阻,没有发现击穿和断路。会不会是二极管的性能不好,用一个好的二极管直接代换,再次开机,故障排除
	无法开机,插上电脑有烧焦异味	大多数都是电源滤波电容击穿所致
	无法开机,拆机连上 USB 线后,闻到了烧焦的异味	根据维修经验,判断为限流电阻、电容、或是稳压 IC 击穿所致。找到稳压 IC 旁的 J476 电容,用手摸烫手,从侧面观察,表面已烧坏了。用万用表测电容两端电压只有 0.3V。焊下此电容,再次接上 USB 线,MP3 恢复正常
	不工作	在检修时发现输出端口无 5V 电压输出,测 C1 上无 300V 直流电压,说明故障点在 R1、D1～D4、C1 元件范围。后经断电之后逐一检测,测出 R1 电阻断路,但外观却完好。将其更换后再开机,充电器恢复正常
	充电器空载时“LED”红灯亮,但插接 MP3 负载后熄灭且 MP3 机不工作	根据空载时“LED 红”可发光的情况,初步分析振荡电路可起振工作。检查低压输出部分元件未见异常。检查振荡电路部分时,测到 Q1 管 e 极所连反馈电阻 R4 阻值偏大,判断为该电阻已变质,造成振荡偏弱,输出带负载能力减弱。在更换 R4 为新电阻后,开机再试,充电器在插接 MP3 机后工作性能完全恢复

18. 小坦克 MP3 播放机

机型	故障现象	故障分析与处理方法
小坦克 MP3 播放机	连接电脑可以开机并可当 U 盘使用。接充电器也可以开机,但是电池供电无法开机	测量电池电压为 0.8V,插上充电器,再测为 2.9V,还是偏低,拆下电池再插充电器,测电池两端电压还是只有 3V,测主控芯片 ATJ2051 的 64 脚 VCC 电压,仅为 2.45V,偏低,用手摸主控芯片有点温热,摸三脚稳压 IC(662N)烫手,判断为三脚稳压 IC 或是 ATJ2051 不良。 将三脚稳压 IC(662N)的输出脚悬空,测其输出电压,只有 2.5V。手摸 662N 烫手,说明稳压 IC 损坏。更换 662N 稳压 IC 后,故障排除
	播放时声音变慢速	晶振不良。更换晶振后,故障排除
	开机接电脑正常,就是显示模糊、暗	显示耦合电容不良。更换电容后,故障排除
	开机操作各功能正常,播放歌曲时提示无文件,在关于菜单中显示可用空间为 0,接入电脑可找到磁盘,但无法格式化	①从故障现象判断为软件问题或是闪存虚焊或不良。 ②先拆机拖焊了一遍闪存。重新开机,故障依旧。 ③用随机光盘。 ④运行 HQ002K 升级软件升级。HQ002K 的升级软件步骤:电脑提示"设备将被复位,固件要更新完成"后才能操作。按"确定"继续,再勾选"格式化磁盘"选项(客人修前已说明里面资料可以不要),点"开始"。 ⑤此时程序提示千万不要拔下 MP3,直到完成升级。 ⑥非常顺利,复制了几首 MP3,开机,播放正常,机器修复
	用电池无法开机,关闭电源接充电器后可以开机,但充电指示灯不亮,测试各功能正常。但是打开电源开关后即关机,且屏不亮	以为是电池坏了,拆机后接上 MP3 充电器,测电池电压只有 1.5V。拆掉电池,再测电压还是只有 1.5V。查看电路图,发现 TC8(J476)电容和电池是并在一起的,没有经过电源开关而起滤波作用。找到电路板上的 J476 电解电容,直接拆除或更换,再试机,故障排除

19. 欢格 MP3 播放机

机型	故障现象	故障分析与处理方法
欢格 MP3 播放机	MP3 出现英文"Error! Reformat Internal media with"	解决方法如下。 ①用户用了 FAT32 的文件系统格式化 MP3 播放器。 ②用了与其不配套的驱动程序 Firmware。 第一种情况可以用最新的驱动软件所附带的刷新工具重新刷新 MP3 即可解决该种情况
	播放时,音乐出现断断续续的停顿	解决方法如下。 ①机器感染病毒。重新格式化机器。 ②歌曲有问题。可能是歌曲压缩格式不同,更换歌曲试一下。有的是由于从电脑下载文件到 MP3 时,USB 接口的接触不良引起的,建议重新插拔几下,或更换另一根 USB 接口延长线

续表

机型	故障现象	故障分析与处理方法
欢格 MP3 播放机	机器会自动关闭	菜单中有一选项为关闭设置,可设置"当长时间不用时,机器自动关闭"
	用户升级到一半,因为意外原因突然终止,导致机器无法开启	将电池拿下,按住播放键不放,连上电脑,运行驱动程序,然后进行格式化及固件升级即可
	找不到盘符	安装程序不对应或没安装。需要找到对应的驱动重新安装。接触不良
	按键问题	①检查"HOLD"开关是否置于锁键位置,将其置于非锁键位置。 ②在歌曲播放或停止时,相同按键功能不一样,可翻看说明书或多试一下。 ③如按键掉落,将机器送维修站维修
	不开机的现象	①丢失程序。在 MP3 上传输数据时,不正确插拔机,容易出现丢程序,使得机器不开机。避免此现象的方法是点击移动存储标记属性中的停止使用,在电脑提示"可以拔下移动存储"时,正确拔下 MP3。解决方法是从网上下载修补程序,安装在电脑上后,使用其程序对机器进行格式化。如解决不了,可发回厂家重新写程序。 ②接触不良。由于平时经常更换电池,容易引起电池弹簧松动,导致接触不良,线路不通,无法开机。避免方法是平时换电池时,轻拿轻装。解决方法是打开机壳,焊接线路松动处。 ③线路板或方案出现问题。此种情况将机器发回厂家由其解决。 ④是否安装电池?是否装反?是否耗尽?
	自动关机的现象	①电池不足。更换电池即可解决。 ②程序设置。在机器电源管理中设定了自动关机的时间,调整即可。 ③无意碰撞。有些机器,关机键设定时间太短,无意间碰到,引起关机。解决方式是妥善放置,避免与其他东西碰撞
欢格 HG-818F,炬力 2085 方案 MP3 播放机	所有功能正常,播放十几秒到几分钟后会出现提示"电池电量低",然后关机。查看电池电量显示都是满格	主控芯片引脚虚。对主控的四列引脚进行补焊,再次开机,故障排除

20．LYH-808 MP3 播放机

机型	故障现象	故障分析与处理方法
LYH-808 MP3 播放机	使用时常死机	据用户反映,该故障是较长时间未用后才出现的。从故障现象分析,估计其内部存在虚焊或接触不良。拆开播放机,见其内部电路集成度高、元件少,用放大镜逐一观察,没发现虚焊和开路等,本着先易后难的原则,先检查电路板与机壳的接地处(电路板上的一小块锡箔,通过螺钉与机壳固定接地),发现严重氧化,致使电路板接地不良。将接地处处理干净后,重新装机故障排除

续表

机型	故障现象	故障分析与处理方法
LYH-808 MP3 播放机	无规律死机，有时死机后还无法开机且背光灯一直发绿光	先测电路板与机壳间的电阻，接地良好。观察其他元件，无开路和虚焊现象。进一步仔细检查，发现一只晶振不良。在 VCD 数字电路中也常会发生晶振性能不稳定而使 VCD 机出现时好时坏的故障。将其换新后，MP3 一切正常，且无死机现象了
	电脑不能识别，但播放器本身能正常播放音乐	首先排除数据线断路的可能，估计是 MP3 播放器的 USB 接口开路(因长期拔插，极易出现开路现象)。经检查，发现接口中的复位信号线断路，重焊后故障排除。该故障原因是复位信号开路，导致与 PC 连机时，机器不能复位，所以无法连机

21. 其他品牌 MP3 播放机

机型	故障现象	故障分析与处理方法
Bnmy MP3 播放机	播放及录音功能均正常，只是连接电脑后无法识别	说明该机主要电路工作均正常(如电源电路及系统控制电路等)，故障应在 USB 接口及其附属电路上。拆开 MP3 播放机外壳，取出电路板，用万用表对 USB 接口及其附属电路上的元件一一进行检测，从检测结果发现 R6 已经开路损坏。更换 R6 后故障排除
RICH MP3 播放机	按开机键后屏幕始终显示“Starting...”，过一段时间后自动关机	该机解码及控制芯片采用 STMP3502 芯片，存储器采用 K9K1G08UOM。根据故障现象，判断故障是由存储器虚焊或损坏所引起的。 拆下该机外壳，取出电路板。用电烙铁对存储器 K9K1G08UOM 进行补焊，故障排除
讯读 MP3 播放机	能正常播放，但在播放过程中一遇抖动，则出现暂停或死机	根据故障现象，判断该机故障由虚焊或线路断路引起。拆开机壳，对该机主芯片(SPCA753A)及存储器进行补焊后，故障排除
OPPO MP3 播放机	不能开机	由于该机使用内置的可充电锂电池，首先怀疑电池出现故障。测电池两端电压为 3.75V，正常。测稳压集成电路 6206P332M 的输出端电压为 0V，测 3.3V 负载电路阻值正常，说明该稳压集成电路已经损坏。拆机件更换后，机器恢复正常
	不能开机，但能与电脑连接，并可作移动盘使用	根据故障现象，初步判断该机固件丢失或错误。从网上下载其固件并对其进行恢复升级后，故障排除
BY-266 型 MP3 播放机	刚装电池时能自动开机，并有状态选择界面，但不能选择状态及进行各种操作，一段时间后自动关机	机器能够显示且有状态选择界面，说明该机电源电路及主芯片电路工作均正常，故障部位应出在按键控制电路中。取出电路板，检测按键控制电路，发现 R19 一端与 3.3V 电源连接的穿板连接孔开路，导致按键控制电路失电，而引起该故障。将该连接孔用细铜丝短接后，整机恢复正常
金利 2.0 英寸 TFT 屏，RK2606 主控方案，512M MP3 播放机	开机后停在了主菜单界面，所有按键失控，连接电脑后可以找到硬件，但提示无法识别	软件故障或者是机内闪存有虚焊。拆机对 50 脚双列扁平封装的 SDRAM 芯片 AT361716 重焊了一遍，再次开机，各功能键恢复正常。连接 USB 正常，故障排除
圆筒型 MP3 播放机	可以开机，听歌正常，就是电池充不满，充 12 小时也只能听 30 分钟不到就没电了	测了一下充电电压 3.9V，偏低，继续查故障。发现两个 J476 的电容很烫，于是换了，开机还是很烫。继续检查又发现两个电容分别接一个稳压管 65ZB，于是把这个管子的输入端翘起来，发现不烫了。更换 65ZB 后，故障排除

续表

机型	故障现象	故障分析与处理方法
润信牌 2085 方案，256M MP3 播放机	无法开机，无法连接电脑 USB	拆机，测电池 VBAT＋的 3.7V 无电压，插上 USB 线，测 USB 5V＋电压正常，电池的充电电压 VBAT＋4.2V 正常。再测三脚稳压 IC3 的输出脚 VOUT 无电压，用手摸 IC3 会发烫，初步判断 IC3 损坏或负载短路。更换 IC3 故障不变，再用万用表电阻挡测 IC3 的 VOUT 输出脚对地电阻，为 0Ω（注：VOUT 脚与主控 3 脚连接）。 怀疑主控损坏，测主控的各脚对地电阻，晶振脚的对地电阻也为 0Ω 用热风枪吹下控芯片，再测 IC3 的 VOUT 对地电阻，已无短路。更换主控 2085
	插 USB 显示“充电中……”，有时插能找到盘符，多数时间找不到	该主控芯片为瑞星微方案，大多为大容量电池不良或充电二极管阻值变大。该机经检查为稳压 IC（RK2606-VDD-1.8V）不良，用 65kΩ 1.8V 三端稳压应急替代 3606 外 DC-DC 电路中的 CST5206 稳压 IC（RK2606-VDD-1.8V），故障排除
途韵 BW-M628R（M618R）车载 MP3 播放机	插到汽车点烟座上的接收机发出“嘟嘟”的响声，收不到音乐或者完全无声、无反应	经检查其原因，均为 12V 变 5V 的 SOP-8 封装的 DC-DC 电源管理 IC 损坏，型号为 ACT4060。ACT4060 是这个车载 MP3 音乐电台的设计薄弱环节，由于 ACT4060 DC-DC 电源管理 IC 不好买，决定改电路，用一个三端稳压 L7805 代替 ACT4060。三端稳压 L7805 选择输入 5～30V 耐压的型号，修改实际很简单，拿掉已经损坏的 ACT4060 和电感，按照 7805 三端稳压的资料确定输入、输出和接地脚，输入脚接到 ACT4060 的②脚位置，输出脚接到电感的输出端位置，中间的接地脚接到 ACT4060 的④脚位置即可。修复后的车载 MP3 音乐电台再用到 24V 的车上一切正常
DQ-1093 MP3 播放机	开机后有背光，无显示，接电脑不连接	测电池电压正常，测主控电压正常。测晶振一脚为 1.7V，一脚为 0V，未起振，说明屏坏的可能性不大。这个晶振是用胶固定在电路板上的，用手左右摇动，感觉晶振不够牢，经查是靠晶振的根部断了。直接更换一个 24M 晶振，故障排除
1.5 英寸屏，2085 方案，1G，MP3 播放机	外壳发热	升压电感的磁芯破损。将电感更换试机，升压 IC 不再烫手了。此故障会造成 MP3 耗电增加，电池使用时间变短。 分析原因，应该是电感的磁芯破损，造成电感的损耗增加，升压 IC 功耗过大导致发热
蓝魔 MP4 播放机	开机后显示屏上有竖形干扰线，影响使用，在播放状态时会好一些	显示排线上的元件有虚焊。将各电阻电容等相关元器件补焊一遍，故障排除
合邦（AVID A1568L）方案途韵 BW-R818 车载 MP3	无法正常播放，连机无法拷贝歌曲	分析原理可能是由于闪存开焊引起的。检修步骤：接可调电源 12V，数码管有显示但不正常，按任何键都无反应，连接电脑可发现盘符，但提示格式化，而且无法完成格式化。把机器拆开补焊闪存后，再连机，数码管显示 USB，发现设备信息，可以看见里面的歌曲，接稳压电源显示歌曲数，可以调频率，故障排除
MP3 播放机	用充电器能播放音乐，而用内电池不能播放	测量电池电压为 3.90V 正常，测开关三个点都有 3.90V 电压，再测主控 ATJ2085 的③脚/⑰脚/⑱脚/⑲脚/㊾脚电压都接近 3.90V。进一步检查发现电池负极与主板地不通，连线后故障排除

二、MP4/MP5音像播放机故障检修

1. 小贝贝 HC-605F-V3 型 MP4 播放机

机型	故障现象	故障分析与处理方法
小贝贝 HC-605F-V3 型 MP4 播放机	无字，可连接电脑但不让格式	连接电脑后，用 Windows 不能格式化。当用右键选择格式化时，显示容量 5.3G(用右键点 G：盘属性时显示正常 114M)。实际上这个机器是 128M 的，安装刷机软件，把程序文件、字库文件都设置好，再点“修改”，显示“请输入密码”，密码是八个 0，输入八个 0 后点确定，显示参数修改成功，这时候再接入 MP3。刷好后，重新开机一切正常
	播放器出现异常(如死机)	①当播放器由于不当操作出现异常情况，导致无法正常工作时，按一下机器的“reset”(复位)键，再按开机键。 ②将播放器电源键拨动到 off 的位置，等待 2 分钟左右，重新将电源键拨到“on”的位置，播放器重新开机即可恢复正常。 ③防止死机发生，一方面注意在进行按键时不要操作得太快，建议逐一进行操作；另一方面如果电池电量不足，及时充电
	按键无作用或触摸屏无作用	检查“hold”键是否锁定
	播放器出现自动关机	①检查是否电池电量不足而自动关机。 ②检查设置菜单中是否设置了自动关机选项。 ③电压、电流问题。MP3 一般使用 7 号电池，7 号电池有 1.2V 和 1.5V 两种。如果使用 1.2V 电池，开机时瞬间电流强度可以满足开机要求，但是几秒之后电流将变小，这就会造成开机后自动关机。而大多数人使用的充电电池一般是 1.2V。 ④内部电路短路。 ⑤内部文件过多，存储器已经没有空间。删除一两个文件后恢复正常。留一点空间，对播放器的稳定工作有好处

2. KNN 牌 MP4 播放机

机型	故障现象	故障分析与处理方法
KNN 牌，凌阳 536 方案 2.5 寸屏 MP4 播放机	无法开机，接上电源也无法充电，电脑不识别	从故障现象判断在电源部分，测电池电压为 0V。使用 USB 插口供电，从 USB 的电源脚跨一根线到 5V 电源插孔的正极就可以了。更改之后的线插上电脑，可同时充电和当 U 盘使用。 插上 USB 线，测电池两端还是只有 0.5V 左右。分析电路，发现 5V 电源是通过一个二极管和一个场效应管到达电池的，测二极管的负极有 4.7V 的电压，怀疑是场效应管没有导通或损坏。 直接在场效应管的输入和输出脚并一个二极管。再次插上电源，已可以充电了，30 分钟后，拔下电源，测 MP4 各功能已恢复正常
	电脑认盘情况下出现“黑屏关机”现象	①由于机器内部芯片受到震动，或者操作不当，导致程序丢失。 ②应对机器进行固件更新

续表

机型	故障现象	故障分析与处理方法
KNN牌,凌阳536方案2.5寸屏MP4播放机	出现开机黑屏或蓝屏的现象	由于开机突然,致使电流迅速冲击显示屏,引起上述情况。 解决办法:关机后再次开机,多重复几次即可。建议干电池使用碱性电池
	开机后重复显示STARTING...,或开机后马上自动关机	原因可能是如下几种。 ①MP3感染了病毒,或与下载的文件有冲突。 ②格式化的方式用错。 ③电池没电量。 解决方法如下。 ①对电脑及MP3进行杀毒。 ②用"FAT"将MP3再格式化一次。 ③对MP3进行充电
KNN牌MP4播放机	进行文件传输时,电脑突然死机或无任何反应	①这可能是由于静电放电造成的。 ②从用户终端拔出USB对接线。 ③关闭电脑中的软件应用,将USB对接线重新连接到用户终端上

3. 魅族MP4播放机

机型	故障现象	故障分析与处理方法
魅族MeiZu MiniPlayer M6型MP4播放机	开机后屏幕提示:"NO Resource! Please Upgrade Resource Again!"按屏幕提示	固件需要升级,从魅族网站上下载MiniPlayer的升级固件,按照说明将Resource.bin的文件拷入M6的根目录,升级包中还有一个M6.edu的文件,按照说明,将M6.edu复制到播放器根目录下,关机一开机Formatting... 等一两分钟,屏幕上再次出现"NO Resource! Please Upgrade Resource Again!"的提示,再把Resource.bin文件复制到播放器,稍等片刻出现正常的播放界面,升级成功
魅族MP4播放机	MP4播放机在使用SD卡期间,出现不能读取内存文件或内存文件神秘失踪的故障	①先检查MP4播放机和使用的SD卡是否互相兼容,如果是因为不兼容而出现内存文件丢失的情况,应尽量不要在使用内置存储器的同时插入SD卡,避免在SD卡和内置存储器之间切换使用。也就是说,需要使用SD卡时,应先关闭MP4播放机,在关闭了MP4播放机内置存储器的条件下,再将SD卡插入MP4播放机,然后重新开机使用。使用SD卡完毕后,先关闭MP4播放机,然后再拔出SD卡,重新开机,再使用内置存储器来完成MP4播放机的各种操作。 ②当MP4播放机使用SD卡期间出现提示内存错误或文件丢失时(此时储存器已经不能读写),可利用机器菜单的格式化功能重新格式化内存

续表

机型	故障现象	故障分析与处理方法
魅族 MP4播放机	MP4播放机英文界面操作正常,中文操作界面不能正常显示	这一故障的原因是中文字体丢失。需要重新安装字库
	MP4播放机升级后,一连接计算机就提示格式化	①MP4播放机升级后出现格式化提示,说明升级操作没有成功,应重新升级。 ②重新升级后,如果还提示“请格式化”,应该先关闭MP4播放机,然后按下“Esc+MODE”键(对于688、689MP4播放机,应同时按“Esc+播放”键),再按“开机”键,等MP4播放机开机后,屏幕显示红字符,然后进入“设置”菜单,选择“格式化”中的“Flash”选项,进行格式化。等格式化完成后,按MP4播放机的升级方法,重新进行升级
	有些WMA格式的歌曲在计算机中能够播放,但在MP4播放机中却不能播放	①MP4播放机中普遍安装的是金星数码MP4播放器JXD,如果该WMA格式文件的采样率、比特优选法不符合JXD所支持的范围,该WMA格式的影音文件就不能在MP4播放机中进行播放。 ②有些WMA格式的文件在制作时设置了版权保护,因此不能在其他设备里进行播放。在使用Windows Media Player将影音文件压缩转换为WMA格式的文件时,要把“工具”→“选项”→“复制音乐”里面的“对音乐进行副本保护”选项前的对号去掉,这样制作出来的WMA格式文件就没有版权保护了

4. TCL C22型MP4播放机

机型	故障现象	故障分析与处理方法
TCL C22型 MP4播放机	用电池可以开机,连接电脑USB没有任何反应,也没有充电指示,其他功能正常	经查为主控芯片RK2606的107脚的R5、R6两个分压电阻不良。更换电阻,故障排除
	无法关机,关机后一直显示充电状态	电源IC(OCP8020)损坏。更换后,故障排除
	有些时候在拔播放器时,会引起计算机端的异常	①这种现象可能是文件传输中拔动USB所造成。 ②建议在文件传输过程中或格式化过程中不要断开连接,以免引起计算机端异常
	有的歌曲有不同的音量	MP3歌曲有不同的音量,因为录制的过程中间量电平调整参数不同,所以听起来音量不同
	播放器中的文件在管理软件中有时无法删除	通常是由于这些文件的属性为只读属性。在更改属性后即可删除文件
	MP4在电脑中显示的内存不足	MP4在出厂时写入了播放程序,这些程序要占用部分内存,所以MP4在电脑中显示的内存是不够标称容量的

5. 道勤 DQ-V88 型 MP4 播放机

<table>
<tr><th>机型</th><th>故障现象</th><th>故障分析与处理方法</th></tr>
<tr><td rowspan="5">道勤 DQ-V88 型 MP4 播放机</td><td>开机后提示“电池电压低关机”</td><td>重点检查电源、主控、电压检测电路等。本着先易后难的原则，先用万用表测量电池电压，为 4.1V，正常。电池损坏可以排除。通过电路分析，将重点锁定在了 RK2606 的 103 脚的参考电阻上（R4），其值为 100kΩ（104）。经查损坏，更换电阻，故障排除</td></tr>
<tr><td>有的电影可以快进，有的不能快进</td><td>因为下载的片源不一样，转换机器编码和码率也不同，播放时，就可能出现无法快进的问题
解决办法：下载码率和清晰度适中的电影，一部电影分割成 3～5 个容量较小的片段，再用 MP4 播放。一般快进问题不大，即使按错了，重新来也能很快进到指定播放位置</td></tr>
<tr><td>开机后，按下按键，播放器没有反应</td><td>机器按键锁定。拨动“HOLD”键，解除按键锁</td></tr>
<tr><td>无法将其他格式的影音文件转换为 RMVB 格式或 RM 格式</td><td>①下载最新版本的暴风影音，安装在计算机上，转换时，在“文件类型”这一栏中选择“所有文件”栏。
②如果在转换 RMVB 格式、RM 格式文件的过程中出现发送错误等错误信息，或者转换后的 RMVB 格式、RM 格式文件在播放时出现停顿及卡住等不良情况，说明转换前的原文件不能进行 RMVB 格式、RM 格式的转换</td></tr>
<tr><td>MP4 播放机中的 FM 收音机收不到台</td><td>①FM 收音机的收音效果，与所在地位置的 FM 调频广播信号强弱有很大关系，有些地域是 FM 调频广播的盲区，那么在这些地区肯定会收不到台。
②如果所在地区有 FM 调频广播信号，MP4 播放机中的 FM 收音机却收不到台，这时可改用手动调台方式搜索一遍，如果还是一个台都不能搜到，就应该检查 MP4 播放机的收音模板，问题多数就出在这里</td></tr>
</table>

6. SONY 2.5 寸 MP4 播放机

<table>
<tr><th>机型</th><th>故障现象</th><th>故障分析与处理方法</th></tr>
<tr><td rowspan="2">SONY 2.5 寸 MP4 播放机</td><td>开机后无显示，电源灯常亮，必须按“RESET”键才可关闭</td><td>先开机，在看到电源灯亮的时候，迅速短接 Flash 的⑦脚和⑧脚，这时机器的屏会亮，然后拿开短接的镊子接 USB 线连接电脑，找到 G:盘后格式化，把 G:盘里的文件夹建好，再把歌曲拷到对应的文件夹里即可</td></tr>
<tr><td>死机</td><td>同时按下了几个键以及其他非法操作（如在传送文件时拔 USB 插头等）。
解决方法如下。
①按复位键（RESET 键）关机，按开机键重新开机。
②对机器进行格式化。特别注意直接在 MP4 的设置菜单中格式化内存</td></tr>
</table>

续表

机型	故障现象	故障分析与处理方法
SONY 2.5寸MP4播放机	死机时没电流或电流偏低	先检查USB供电是否正常，IC3.3V有无输出及1.8输出，如果没3.3V输出。测3.3V控制脚的MOS管2222是否正常，检测各主供电电压正常，然后看复位电路，主控复位脚84脚3V是否正常(4725主控)，如不正常，说明主控坏

7. ATJ2085主控型MP4播放机

机型	故障现象	故障分析与处理方法
ATJ2085主控MP4播放机	不开机	把机器连上电脑，不识别，测供电时3V只有2V，而且3V稳压IC发热，再测3V输出的对地电阻，发现变小(万用表的二极管挡测只有0.3左右)，为了区分是稳压IC本身短路还是3V后面负载的问题，把3V稳压IC拆下来，再测3V输出的对地电阻就正常了，说明是稳压IC坏。换稳压IC后用电池开机时屏闪(一亮一灭)，用电源供电试机可以开机，显示正常，但电流很大，在160mA左右，而且屏有点太亮，估计是升压电路电流大。把升压IC3脚的对地电阻由原来的1.5Ω改为20Ω后试机，电流在70mA左右，显示和功能一切正常
TTJ2085主控MP4播放机	存储的资料经常无故丢失，内存显示只有30MHz左右，经专修人员修好后，过一段时间又出现同样的故障；或者完全开不了机，插上充电电源都开不了；连接到计算机上后，无盘符显示，计算机无法识别；可以进行播放，但是不能在计算机上删除或下载音乐，不能存储资料等	这些故障现象，将MP4播放机的固件升级后，都能自行消失。但要注意：在保证计算机和MP4播放机都正常的情况下，USB接口或者USB连线有问题，也会导致计算机不识别MP4播放机的故障
	计算机不识别MP4播放机。将MP4播放机和计算机连接好后，在计算机屏幕最下边的任务栏中不出现盘符	①可依次进入下列菜单："开始"→"控制面板"→"性能和维护"→"管理工具"→"计算机管理"→"设备管理器"。查看一下"通用串行总线控制器"前边是否有黄色的问号，如果有黄色的问号就卸载掉。 ②断开MP4播放机和计算机的连接，然后再重新连接一次，桌面上会弹出"硬件更新向导"对话框，选择"自动安装软件"，点击"下一步"，向导自动搜索软件，完成安装，这时在屏幕的右下角就会出现MP4播放机的盘符。 ③如果仍然不能识别，就应该检查USB接口，或更换一条USB连线重试

续表

机型	故障现象	故障分析与处理方法
TTJ2085主控MP4播放机	MP4播放机无法开机。接上充电器，充电指示灯亮，但没有其他任何反应	①打开MP4播放机，拆下内置锂电池，再接上充电电源，如果这时MP4播放机能够开机，说明产生故障的原因是内置锂电池断路了。应更换相同规格和型号的锂电池。 ②如果拆下内置锂电池，接上充电电源，MP4播放机仍然不能开机，这时，可以按下“开/关”键，测整机电流。如果MP4播放机的整机电流达不到20mA，说明升压集成电路有问题。更换升压集成电路后，故障就会消失。如果MP4播放机的整机电流超过了20mA，说明升压电路正常，MP4播放机仍然不能开机的原因可能是主控板烧坏了。如果MP4播放机的主控板损坏，只有更换主板，或者是报废整机了
	MP4播放机总是连续重复播放歌曲中的一小段	①检查MP4播放机中的歌曲文件是否有问题，可换另一个歌曲文件进行试播，若能正常播放，说明原先播放的歌曲文件有问题，应重新复制歌曲文件。若更换另一个歌曲文件仍不能进行正常播放，说明故障原因不在歌曲文件，而在MP4播放机本身。 ②先关闭MP4播放机，然后按下“Esc＋MODE”键，再按“开机”键。开机后，屏幕上显示红字符，然后进入“设置”菜单，选择“格式化”中的“FLASH”选项，进行格式化。格式化操作完成后，重新复制歌曲文件，试播放，故障消失。 ③若进行以上操作处理后，故障仍然存在，就需要由专门的维修人员解决了

8. 通用型MP4、MP5播放机

机型	故障现象	故障分析与处理方法
通用型MP4、MP5播放机	电流正常无标无盘	按键无升级设备时，检查升级键有没有问题及3.3V和1.8V供电是否正常，晶振工作电压是否正常
	晶振 12M、32.768M不良	检测晶振时两脚工作电压应不相同，如相同晶振坏。12M晶振电压为一脚1.5V左右，另一脚1.6V左右。32.768M一脚应为0.4V左右，另一脚应为0.8V左右
	无显示	机板问题，机器和软件不匹配，屏坏
	机板问题	在连电脑有盘的情况下，先测量显示屏焊盘到主控线路是否正常。显示电路升压在18V左右。如没有18V左右，说明升压电路有问题
	升级不通过	先测量各供电电压是否正常，Flash线路是否完好没断线。如果正常，代换一个缓存看或测量缓存焊盘对地阻值有没有问题
	升级后无盘	先看焊屏后能否开机，如果不可以，看Flash焊盘线路是否正常。如正常，代换Flash试一下。主控一般最简单，判定方法也是代换

续表

机型	故障现象	故障分析与处理方法
通用型 MP4、MP5播放机	电源部分不良	测1.8V IC输出电压是否偏低,复位电路3V电压是否正常,晶振电压工作是否正常
	无盘显白屏	先用万能表测电源电压是否正常,测量其1.8V输出电压是否正常或过高,无电压也会导致白屏
	显示暗	首先测量显示屏升压电路升压是否正常,如正常说明升压电路没问题,如不正常就需要换显示屏
	视频显示不良	①判定视频问题,先要区分是视频还是机器的问题,重新下载视频文件或格式化后再下载(机器对应的视频文件),如还是一样,就可判定为机器本身问题。 ②机器问题表现:缓存的好坏及到主控线路的测量,缓存的好坏一般只有代换或测量是否短路,如缓存线路没问题,就检测电源电压是否不正常。还有32.768M晶振有问题,主控也可导致视频显示不良
	放音乐时死机	软件及主板上问题。软件问题一般可以重新格式化,不行也可再升级格式化来判断软件问题还是主板问题。主板主要是供电部分及Flash主控的问题
	按键功能错乱	①按键与按键之间控制电阻是否并联,如果电阻是串联控制的,一个电阻坏,就可导致其他按键有问题。 ②按键及相连电阻不良,按键测量可用欧姆挡,按住按键测两脚是否相通,如测量按键线路没有问题,再用万能表测量其阻值,电阻一般是精密电阻。 ③如果以上都正常,按键漏电也会导致该故障发生。一般是用洗板水洗一下或直接换掉所有按键。有些按键功能由主控控制,如线路没问题,就可代换主控芯片
	充不进电及显低电	充不进电,先看电池是否正常,再检查充电,电流及电压是否正常。如测量收发模块⑨脚、⑩脚接两电阻电压过低时也会导致电池自动关机,音频IC坏或假焊也会导致此现象
	照相不良	摄像头及主板其他元器件问题

第四章

DVD/AV功放机/高保真音响故障检修案例

一、新科DVD/VCD光盘播放机故障检修

1. 新科9100型蓝光DVD播放机

机型	故障现象	故障分析与解决方法
新科9100型蓝光DVD	不通电	插上电源,红灯不亮,测XP3 12V输出端电压为零,且该脚对地无短路现象,再测C01两端无300V。断电测F1已经熔断。顺线路查找发现D01击穿,代换后试机,输出一切正常
	不通电	插上电源,红灯不亮,开机发现Q01已经烧黑,翻转电源板,贴片集成块IC1(LD7552)已经裂开,顺Q01各脚线路查找,D2、R6、R11～R15均已损坏。代换上述元件及F1后,通电试机,一切正常
	不通电	插上电源,待机红灯不亮,开机观察电源板,未发现有明显烧坏的现象。测XP3中无12V电压输出,该脚也无短路,再测C01有近300V电压,C05两端电压为零。拔下插头,再测C01两端,300V电压很久都不下降,说明300V在电路中并没有形成回路。没有形成回路的原因是Q01没有工作,即IC1没有启动,查启动电路R02(2MΩ)已经无穷大。换R02试机,故障排除
	不开机	插上电源,红灯亮,接电源键不起作用,用遥控开机也不起作用。查XP3中STB端,当按电源键时有5V,Q3基极也有5V电压,集电极电压为12V,说明Q3未工作。测其阻值已击穿,代换后故障排除
	不开机	插上电源,红灯亮,按电源键,红灯熄灭,但是显示屏不亮,测其XP1 12V正常,无5V输出,测C08两端阻值已为0Ω,取下D08检测,发现已经击穿。代换该二极管后试机一切正常

2. 新科 100 型 DVD 播放机

机型	故障现象	故障分析与解决方法
新科 100 型 DVD	机器不能出盒，按出盒键，显示屏有相应的字符显示	根据现象分析，按出盒键，显示屏有操作字符显示，说明控制及电源电路正常，问题可能出在驱动及出盒开关等相关部位。 检修时，打开机盖，先人为地将盒仓送出，开机发现盒仓能自动进盒到位。但用万用表测量 D106③脚，在输入出盒指令时，该脚无正常的 5V 左右高电平指令出现。输入进盒指令时，D106②脚亦无高电平出现。而 D106②脚、③脚分别与 D101 的⑭脚、⑲脚相连。测 D101 这两个脚，在按动进出盒键时也无相应的高电平指令输出。检查 D101 时钟振荡正常，也无虚焊现象。进一步分析，既然盒仓能自行进盒，说明 D101 已输出了进盒指令。能自行进盒到位而不能出盒，应为机芯状态开关工作不良所致。检查进出盒的两只微动开关，发现进盒开关正常，而出盒开关常闭。打开出盒开关，发现内部损坏。更换出盒开关后，机器故障排除
	插上电源后无反应，指示灯也不亮	根据现象分析，该故障一般发生在电源及控制电路。检修时，打开机盖，检查发现交流熔丝熔断且内部发黑，说明机内有严重的短路现象存在。再检查，发现场效应开关管 V310 击穿，N301 损坏，R316(0.82Ω)开路，R332(22Ω)阻值变大。再进一步检查 V310 尖峰脉冲吸收电路，又发现 C308 损坏。所有损坏件全部换新后，开机一切恢复正常

3. 新科 850 型 DVD 播放机

机型	故障现象	故障分析与解决方法
新科 850 型 DVD	机器工作一段时间后伴音消失	该故障一般发生在静音或其他相关电路。检修时，打开机盖，在故障出现时用万用表测 VD205、VD206 正端，发现 VD206 正常时约有 9V 电压，而 VD205 正极无电压，分析问题在以 V205 组成的开机防冲击电路。测 V205 基极、射极无压差，说明故障为 V205 本身性能不良所致，因该管为贴片三极管，如无同型号管，可用三极管 S8550 替换。需要注意的是，当用普通三极管替换贴片三极管时，切忌采用直接搭焊方式，以免使印制电路翘裂。焊接时，可将三极管用热熔胶固定于印制板上，再用较柔软的细导线对应连接即可。 更换 V205 后，机器故障排除
	屏显示“NO DISC”，不工作	经开机检查与观察，激光头有红色激光束射出，聚焦动作正常。放入碟片试机，碟片转动正常，分析为激光头发生故障。该机采用光圈型单束单镜激光头，在物镜前面有一个液晶光圈，受电压控制而改变光圈的大小，配合物镜调节孔径数值，使透过物镜光束的焦点发生变化。液晶受控光圈大，物镜数值孔径大，其光束焦点近，供 DVD 播放用。反之，液晶受控光圈小，物镜数值孔径小，其光束焦点远，供 CD/VCD 播放用。用放大镜仔细观察激光头物镜，发现其表面有磨化现象 更换同规格新激光头后，机器故障排除

续表

机型	故障现象	故障分析与解决方法
新科 850 型 DVD	所有按键功能均失灵(一)	该故障可能发生在电源电路。打开机盖,用万用表测Q821②脚电压为 0.7V,说明三路供电电路中的一路发生了故障。测量 Q821④脚模拟+5V 输出电压正常,Q823 发射极电压+5V 输出电压正常,Q824 集电极电压+9V 正常,由此说明整个开关电源系统供电一切正常。依次检查接插件CN801 第④、⑤、⑦脚,发现第⑤脚+9V 插头座脱焊。重新补焊后,机器工作恢复正常
	读完第一层信号进入第二层信号后,自动关机	根据现象分析,机器重放单层碟片正常,说明碟片读识电路工作正常。由原理可知:DVD 双层碟片放完第一面进入第二面时,系统层跳跃电路要求产生一个突跳脉冲,经IC505 驱动放大送到 DVD 聚集线圈,使 DVD 大镜头垂直移动,物镜焦点从 0.6mm 信号面进入 1.2mm 信号面。因此层跃变化电路不能产生突跳脉冲或在传输中丢失,物镜找不到焦点,光点自然读不出坑点信息。其次,激光束读完第一面进入第二面读取,反射光要穿过第一面信息层反射膜,反射光强度(率)只有单层读取的 30%。为了弥补返回光的能量损失,提高聚集伺服精度,在突跳信号驱动光点会聚在第二面信息层时,IC503㊻脚输出 LAYER 高电平,从 CN501㉑脚送到激光头内转换 I/V(TA1244)控制端进行切换,将电压放大,增益提升 10dB。此外,IC503㊶脚输出相应的(CD、DVD 单、DVD 双)直流控制电压,对进入 IC502 内 VCA㊿脚,通过控制切换,对第二面 DVD-RF 信号进行相应的均衡补偿(EQ)。如果这些电路不良,均会导致上述故障发生。分别检查上述相关电路,发现激光头组件内的 I/V 转换芯片 TA1244 内部控制端功能失效。更换芯片 TA1244 后,机器工作恢复正常
	所有按键功能均失灵(二)	问题一般出在控制电路。打开机盖,用万用表测 Q821②脚电压为 6.3V,电源停留在 OFF 方式,问题出在 IC601㊶脚所属开关机控制电路。断开 R831,测 CN801③脚电压为2.8V,说明 CPU 已经发出 ON 指令。检查 D829、D830、Q827,良好,依次断开+9V 过压保护中 D828、+8V/+9V短路保护中的 D831 和 D832、数字+5V 短路保护中的D833,结果断开 D833 后,电源进入 ON 工作方式,但数字+5V无输出。电源调整管 Q823 发射极输出的数字+5V 电压既受 Q821⑥脚电平控制,又受 Q825 截止-导通控制。断开 Q825 集电极,+5V 输出恢复正常,判定为 Q825 内部不良。更换 Q825 后,机器故障排除

续表

机型	故障现象	故障分析与解决方法
新科 850 型 DVD	显示屏无显示，所有功能键失效	问题出在电源控制电路。打开机盖，用万用表测滤波电容 C805，正端电压约为 300V，Q803④脚电压约为 0.12V，说明开关电源已进入振荡工作，而且二次回路中 R832、W826 组成的假负载电路在 9V 电源供电下投入安全保护工作，不然开关管集电极电流不会在 R808 两端形成 0.12V 的压降。显示屏不能点亮，说明微处理器系统未能进入正常工作。CPU 进入正常工作的条件是：+5V 工作电源、复位脉冲、系统主时钟。这三个必要条件缺一个，均会造成电源停振。再用万用表测稳压保护模块 Q821，①脚电压为零，⑤脚+6V 电压正常，由此判断保护模块 Q821 内部损坏。更换 Q821 后，机器工作恢复正常
	重放时，无图无声，操作键不起作用	该故障一般发生在电源电路。打开机盖，检查发现电源板上熔丝 F801 熔断，查看厚模块 Q803 和④脚过流检测电阻 R808 无异常。焊开 R808，换上一只新熔断器，开机，F801 重新熔断。检查滤波电容 C805 和 4 只整流二极管 D802～D805，发现 D802 内部短路。D802 击穿后，直流电流经 D804 和 D805 组成的闭合回路瞬间大电流，迅速烧断 F801，导致故障发生。更换 D802 后，机器故障排除
	插上电源后不能开机	问题一般出在电源及解码电路。检修时，打开机盖，用万用表测电源板上 C301，正端+300V 电压正常。再分别测输出端 VD308、VD312、VD310 电压，仅有 0.5V，而 VD308、VD312 整流后的电压也与正常值相差较大。断电后，分别测三整流输出端对地阻值，发现 VD308 对地阻值已接近短路，进一步检查发现电解电容 C321 内部严重漏电。更换 C321 后，机器故障排除

4．新科 2100 型 DVD

机型	故障现象	故障分析与解决方法
新科 2100 型 DVD	显示屏无显示	问题可能发生在电源电路。打开机盖，用万用表测 XP303 插座上各脚电压，发现无 12V 电压输出，且 N303(7812)严重发烫，分析其原因，可能是负载有短路。由原理可知：12V 负载有话筒音量放大板、解码板、5.1 声道输出板，当把到话筒音量放大板的连线插座 XP201 拔掉后，发现屏显示出现，机器正常工作，说明故障可能出在话筒音量放大板。拆下话筒音量放大板，根据电路图走线，用万用表测 12V 对地电阻为 0Ω，仔细检查发现 12V 铜箔线与地线铜箔线并排走线，因多余焊锡短接。清除多余焊锡后，机器故障排除

5. 新科330型超级VCD

机型	故障现象	故障分析与解决方法
新科330型超级VCD	入碟析显示"NO DISC"，不工作	经开机检查与观察，激光头物镜射出红色激光束，也有上下三次聚焦搜索动作，但碟片不转。根据VCD机初始化动作过程，估计机芯的激光头组件、激光头聚焦伺服、CPU系统控制工作正常，问题一般出在RF放大、FOK信号检测、激光头循迹伺服、主轴CLV（恒线速度）伺服等电路。打开机盖，用万用表黑表笔触碰循迹伺服集成块CX-A1782BQ⑬脚（TAO输出端）和㊷脚（TEO输出端），激光头的径向动作一次比一次剧烈，说明循迹伺服环路工作正常。由原理可知：微处理器CXP50116-713通过数据总线与接口电路N102（CXD2500Q）、N103（CX-A1782BQ）进行数据交换，只有在N102内的伺服定序器同时检测到N103㉕脚送来的高电平ROK信号和㉔脚送来的低电平FZC信号之后，CPU才会发出控制指令，由N102发出主轴开启信号，MDP激励信号经N104（BA6395）进行功率放大后驱动主轴电机，带动碟片旋转。CLV伺服系统集成在数字信号处理芯片CXD2500Q内，在碟片不转的情况下很难查出主轴伺服环路的问题，因此检查重点应落在FOK信号和FZC信号形成电路上。分析RF放大/伺服信号处理电路结构，N103㉕脚的高电平信号与㉟、㊱、㊲脚内的RF求和放大器有关。㉚、㉛、㉕脚内的FOK信号也仅在激光头进行上下聚焦搜索的一瞬间出现，聚焦搜索后，便恢复到静态时的0.1V低电平。按动"OPEN/CLOSE"键，让激光头上下聚焦动作重复几次，发现㉕脚始终无高电平跳动，由此可将故障范围压缩在N103内的RF求和放大器和FOK信号形成电路。仔细检查相关元件，发现RF信号耦合电容C113内部开路。更换电容C113后，机器故障排除
新科SVD330型超级VCD	重放时无图像	根据现象分析，说明解码器（SVD1811）正常，故障在音频模块（SVD1810）本身或以后电路中。打开机盖，用视频信号线连接SVD1810的视频输出脚，看是否有视频信号输出（如有输出，说明故障在SVD1810以后的连接电路中）。经检测无视频输出，说明SVD1810内部损坏。 更换SVD1810后，机器故障排除。如一时购买不到该芯片，也可以将此集成块的亮度、色度输出脚经电容混合后输出图像

续表

机型	故障现象	故障分析与解决方法
新科 SVD330 型超级 VCD	重放进，无伴音输出	问题一般出在解码板上的音频信号处理电路。打开机盖，将 V304、V305 从电路中拆下后开机，伴音恢复正常，说明伴音信号处理电路工作正常，故障发生在静音电路。用万用表测量 MUTE 端为正常低电位，将 V304、V305 重新焊好，并断开 V302 的基极后开机，有伴音输出，说明故障发生在 V302、V301 及其外围电路，逐一检查 VD304、R334、V302、R340、VD301、C329、V301QD、R342，发现 V301QD 内部损坏。更换 V301QD 后，机器故障排除
	重放时，纠错能力差，且有时不读盘	经开机检查与观察，该机激光头工作正常，说明故障出在解码板上。打开机盖，先检查 DSP、RF 放大电路 CXA2549 各脚电压，发现 VC 电源为 3.4V 左右，正常电压为 2.5V。进一步检查发现瓷片电容 C147 内部漏电，此电容一端接 CXA2549 芯片 Vcc，一端接 VC 端。更换 C147 后，机器故障排除
	入碟后不读盘	问题一般出在激光头及相关电路。打开机盖并开机观察，发现激光头聚焦、循迹等均正常，但激光头物镜不发光，检查排线正常，说明故障在主板上。用万用表测激光控制三极管 VD103A b 极有控制信号输入，e 极 Vcc 电源正常，当测 c 极时，发现 c 极引脚脱焊。重新补焊后，机器故障排除
	按电源开关后机器不工作	该故障一般出在解码板及供电电路。打开机盖检查，发现 7805 三端稳压输出 5V 电压只有 2V 左右，8V 电压正常，代换 7805 后故障不变。说明故障发生在 7805 以后，经进一步检查，发现 5V 滤波电容 C151 内部漏电。更换 C151 后，机器工作恢复正常
新科 330A 型超级 VCD	按进出盒键，托盘不出盒	经开机检查与观察，激光头循迹及聚焦动作正常，且激光头光束亮度正常。放入碟片后能旋转，并能显示部曲目录，但无时间显示，由此判断故障出在解压板部分。打开机盖，用万用表先检查供给解压板的电压，发现电源板上的接插头 XP304 的⑦脚无＋3.3V 电压输出。断开负载，再测＋3.3V 电压仍然没有，由此判断故障出在＋3.3V 的形成电路中。经逐一检查 VD301、V305 等相关元件，发现 VD301 内部损坏。更换 VD301 后，机器工作恢复正常

6．新科 120/220/260/320/380/870 型超级 VCD

机型	故障现象	故障分析与解决方法
新科 S-260(MP)型超级 VCD	托盘自动出盒	问题可能发生在托盘进盒限位开关。打开机盖，通电后发现激光头无径向动作。根据 VCD 机的工作过程，说明 CPU 没有进入工作状态，分析故障及其原因，很可能是进盒限位开关失灵。拆下机架，发现进盒限位开关闭合时电阻仍为无穷大，而正常电阻应为 0Ω。经仔细检测发现，限位开关触点氧化脏污。更换限位开关后，机器故障排除

续表

机型	故障现象	故障分析与解决方法
新科S-320(A)型超级VCD	遥控器不起作用	经检查遥控器正常，说明问题出在接收电路。打开机盖，用万用表测试键控板上的V501(HS0038)，电源电压为+5V正常，按遥控器按键(对准接收头)，用示波器测RMC输出，有信号，说明遥控接收头工作正常。用万用表测试从接收头信号输出到SVD1810㊵脚(RMC)之间的连线，无断裂。由此判断SVD1810内部不良。更换SVD1810后，机器遥控工作恢复正常
新科SVD220型超级VCD	重放时突然死机，屏显示与各功能键均失效	问题可能出在电源及控制电路。该机电源变压器次级共有四组输出：AC3.5V，AC7.2V，AC10.8V，AC22V。其中，AC3.5V是屏显示灯丝电压，AC22V产生−20V供阴极作高压，AC7.2V整流滤波后产生+5V，AC10.8V产生+8V供各集成电路、伺服驱动电路等。打开机盖，用万用表检查各组电压均正常。检查主板上的贴片式稳压集成块并更换，把一只普通的7805集成块固定在机壳底部后，用三根引线分别对应原KA78M05R三脚的位置焊好，把主板端的引线用热熔胶固定，试机后重放，能播放碟片，屏显示及面板功能均恢复正常，但遥控仍不起作用。进一步检查发现遥控接收头信号输出端对地短路，判定为红外接收头内部损坏。更换红外接收头后，机器故障排除
新科SVD260型超级VCD	重放时无伴音	问题一般发生在解压及音频放大电路。由于VCD碟片上的音频信号经解压后输入到音频放大板，经与卡拉OK板上输出的话筒信号混合后，由双运放4558的①、⑦脚输出。打开机盖，先找出音频放大板的伴音输入端，让该机播放一正常的音乐片，用示波器测量两输入端，均有正常的音频信号波形，说明解压板无故障。再测运放输出端①、⑦脚，也均有音频信号输出，而机器上的R、L输出端却无信号输出。考虑到两声道输出端电路同时出现故障的现象较少，故怀疑问题出在静音电路。由原理可知：该电路中V304、V305分别为L、R声道的静音控制，而两管均受V303控制。正常播放时，V303、V304及V305均不应导通，V303 b极及V303 c极应为高电位。用万用表测V304、V305 b极均约0.7V，V302 c极为0V，b极为0.7V，可见该机的静音电路已错误起控。V302 b极电压来源有两条支路，分别为VD301和VD304，测得VD304正端为0V，VD301正端为1.2V，而VD301正端与V301 c极相连，故检查V301 b极电压为0V，而测XP301④端有12V电压，经检测发现电阻R342内部开路。更换R342(10kΩ)后，机器故障排除

续表

机型	故障现象	故障分析与解决方法
新科 SVCD-380 型超级 VCD	入碟后不读盘	经开机检查与观察，机器入碟后激光头有"嗒嗒"的聚焦搜索声，显示屏一直显示碟 1，转盘不转，按任意键不起作用。打开机盖，检查激光头无异常，更换解码板 S1.1 也无效，怀疑问题出在电源电路。用万用表检测，发现 N303(7809)输出 9V 电压有抖动现象，其输入端输入电压也抖动，说明其整流滤波电路有故障，进一步检查其相关元件，发现滤波电容 C334 内部漏电。更换电容 C334 后，机器工作恢复正常
新科 870(MP) SVCD 型超级 VCD	电源指示灯不亮，机器不能工作	该故障一般发生在电源电路。打开机盖，经检查发现电源板上电阻 R336 烧焦，说明电路有短路现象。由原理分析，R336 是 N304(7812)限流保护电阻，说明 R336 后面负载有短路。先检查 N304，拆下后用万用表测量，发现其输出端③脚与②脚公共地之间电阻为零，说明 7812 内部损坏，从而导致 R336 因电流过大而烧焦。更换稳压块 7812 及 R336 后，机器故障排除
新科 A120 型 VCD	入碟后旋转一至两圈随即停止	经开机检查与观察，激光头有聚焦动作的激光发出，主轴能够启动，说明电机及驱动集成块 IC03(BA6395)基本正常。打开机盖，用万用表测该集成块㉑及㉓脚供电电压均正常。主轴误差信号输入端⑩脚在放入碟片后，电压从 2.3V 上升到 2.6～2.8V(激光头位于内圈时电压稍高，主轴转速较快)，此说明 IC02(CXD2500Q)④脚没有连续输出控制主轴做恒线速旋转的误差信号。另外，由于主轴能启动，估计 CPU 与伺服电路的通信基本正常且已收到 IC01(CXA1782BQ)输出的 ROK 信号，在放入碟片后，测量 IC02①脚及 CPU(CXP50116-3.0)㊶脚，均有 FOK 高电平出现。仔细观察 IC02 各脚，重点检查㊸脚、㊹脚及外接晶振无异常，由此怀疑 RF 信号不正常，因为 IC01 能输出正常的 ROK 信号，所以应首先检查 IC01 与 IC02 之间的信号通路。查 IC01㉛脚输出的 RF 信号通过一个涤纶电容 C2 耦合至 IC02㉔脚，经检测发现 C2 内部失效。更换 C2 后，机器工作恢复正常

7. 新科 20/22/25/26/28 型 VCD

机型	故障现象	故障分析与解决方法
新科 20 型 VCD	入碟后碟片快速反转且机内有"嗒嗒"声	问题一般出在主轴电机伺服及驱动电路。由原理可知：该机主轴伺服控制信号是由伺服块 CXD2500④脚输送至驱动块 BA6395，来对主轴旋转作控制。打开机盖，用万用表测 CXD2500④脚有主轴伺服控制信号输出，说明 CXD2500 工作正常。测 BA6395 各脚电压，发现其⑩脚电压仅为 1.8V(正常值应大于 2.5V)，因此判断其工作异常。BA6395⑩脚为主轴电机驱动放大器的正相输入端，通过该脚电压与其㉓脚的 2.5V 基准电压相比较，来对主轴电机旋转实施控制。当该脚电压大于 2.5V 时，主轴电机正转，否则反转。根据电路分析，影响该电压的外接元件是 R132、R133、C132，经检查发现 R133 内部不良。更换 R133 后，机器故障排除

续表

机型	故障现象	故障分析与解决方法
新科 20C 型 VCD	入碟后不读盘	根据现象分析，机器有“Video”字符显示，只是读不出碟片目录，估计故障一般出在 RF 信号放大电路。该机的 RF 信号放大电路由 CXA1782BQ 及其外围元器件构成。打开机盖，首先检查 CXA1782BQ 相关引脚的工作电压，结果发现其㉛脚电压与正常值不符，实测仅为 0.3V，而正常电压应达 1V 左右，怀疑其外接耦合电容 C13 和 C22 变质漏电，经检测果然为 C13 内部漏电。更换 C13 后，机器故障排除
	重放时，图像有马赛克现象	打开机盖，观察激光头工作正常，用万用表检测电源各组输出电压均正常，分析原因可能是 RF 信号强度太弱。再仔细检查 RF 信号产生的传输电路，发现 CXA1782BQ㉛脚输出端与㉜脚之间的电容 C14 已被厂家去掉，而㉛脚与㉜脚之间的两个串联电阻中间有电阻 R14 和电容 C15，对 RF 信号有分流的作用。断开 R14 和 C15 后，机器工作恢复正常
新科 22 型 VCD	显示屏无显示	根据现象分析，因机器其他功能正常，仅无屏显示，说明问题出在显示屏及供电电路，一般可能是 AC3.5V 或 −21V电压失控。打开机盖，用万用表检查主电源正常。再检查电源变压器二次侧绕组输出的 AC3.5V 电压，仔细检查发现插座内部接触不良。更换接插件后，机器显示恢复正常
	唱卡拉 OK 时无混响效果	该故障一般出在卡拉 OK 信号处理电路。打开机盖，首先检查混响电位器 2W1，发现无开路现象。然后用万用表测 2IC3(ESS6028)各脚电压，发现与正常电压相差较大，用手摸 2IC3 表面，发热且较烫，估计内部损坏。更换 2IC3 后，机器故障排除
	遥控功能失效	经检查机内遥控接收电路正常，说明问题出在遥控器上。打开遥控器，用万用表测 3V 电压正常，按下任一键后测 Q1 b 极有脉冲输入，测 Q1 c 极无脉冲输出。用一只良好的贴片式晶体替换 Q1 后试机，只有在遥控器离主机很近时，才有遥控功能。经仔细检查，发现红外光发射管 D1 内部损坏。更换 D1 后，遥控功能恢复正常
	重放时，内有较响的“吱吱”声	根据现象分析，机器重放正常，说明整机电路工作正常，故障可能在机芯伺服电路上。打开机盖，拆下机芯检查，发现齿轮完好，转动自如，“吱吱”声消失。怀疑 PQ10 性能变差，纹波增大。用一只新的三端稳压器 7805 替换后故障依旧。再经仔细检查，发现滤波电容 PC2 底部有漏液现象，经检测 PC2 已失效。更换 PC2 后，机器故障排除

续表

机型	故障现象	故障分析与解决方法
新科 22 型 VCD	无屏显示,机芯无任何动作	问题可能出在电源及控制电路。打开机盖,检查电源电路均正常,经分析,CPU CXP50116-702Q 未启动电源。查 CXP50116-702Q⑳脚果然无高电平,用万用表测 CXP50116-702Q 的㉞脚供电端,+5V 供电正常,再测㉜脚,有高电平,说明复位正常,再查㉒、㉔脚晶振也正常,说明故障可能是由 CPU 损坏造成,或者是键盘遥控指令电路有故障。仔细测量键盘接口电路、逻辑电路、非受控+5V 电源都正常。再进一步分析,如果 CPU⑳脚上的电阻 R30 短路,也会造成⑳脚无高电平。拆下 R30,用万用表一测,果然短路,R30 只有 14Ω 左右,该电阻正常阻值为 4.7kΩ。更换 R30(4.7kΩ)后,机器故障排除
新科 22C 型超越号 VCD	读盘纠错能力差	问题可能出在激光头及相关电路。打开机盖,用脱脂棉擦拭激光头物镜,效果稍有改善。后用一新 KS213C 激光头替换,故障排除。由于索尼 KS213C 激光头寿命较长,遂装回原激光头,微调其功率调节电位器,再置入质量次的碟片试机,已可顺利播放。实验证明,由于该机设计成熟,较少出现激光头损坏。原因在于该机采用了 LPC 与 APC 电路用以稳定 LD 的光功率,因此可以通过调整其功率来延长激光头使用寿命。微调其功率电位器后,机器故障排除
新科 25C 型 VCD	屏幕显示"NO DISC",不工作	经开机检查与观察,机器入碟后碟片不转,取出碟片,再开机观察激光头有激光发出,但无径向聚焦动作。用万用表 R×1Ω 挡测量激光径向聚焦线圈(DSM-213⑬、⑯脚)阻值<10Ω(正常)。分析得知,激光头径向聚焦电压是由 BA6395FP①、②脚提供的,开机用万用表直流 10V 挡测量 BA6395FP①、②脚,无电压输出(正常播放时应有 4V 左右电压输出)。再测 BA6395FP③脚,也无聚焦电压输入。该脚聚焦驱动电压(FEQ)是由 CXA1782BQ⑥脚提供的,用 10V 挡测 CXA1782BQ 的外围元件无故障,估计为 CXA1782BQ 内部损坏。更换 CXA1782BQ 后,机器故障排除
	入碟后不读盘(一)	问题一般出在激光头及相关电路。开机观察,机器入碟后激光头有激光发出,也有循迹动作,但无上下聚焦动作,说明故障系聚焦控制电路异常所致。由原理可知:聚焦伺服信号由 RF 放大和伺服处理集成块 IC001(CXA1782)①脚输出,经电阻 R01(24kΩ)输入到 CXA1782②脚,在集成块内完成聚焦相位补偿放大和平衡调节处理后,再由⑥脚输出聚焦伺服控制电压,直接输送到驱动放大集成块 IC003(BA6395)③脚,在块内完成驱动放大后,由 BA6395①、②脚输出聚焦伺服控制信号,去驱动聚焦线圈完成聚焦。开机后用万用表测得 CXA1782⑥脚电压能从 2V 变化到 0V,说明 CXA1782⑥脚已输出了正常的聚焦信号,而测得 BA6395③脚电压却为 0V,说明 CXA1782⑥脚至 BA6395③脚之间有断路,使聚焦控制信号不能传输到 BA6395③脚,因而导致上述故障的发生。经仔细观察果然发现 CXA1782⑥脚虚焊,导致信号中断。重新补焊后,机器工作恢复正常

续表

机型	故障现象	故障分析与解决方法
新科25C型VCD	入碟后不读盘(二)	该故障一般发生在激光头及相关电路。开机观察,激光头有正常的聚焦搜索动作,但无红色激光射出,怀疑激光发射电路出了故障。应重点检查以Q001(A952)和Q002(B1426)为核心的激光发射控制电路。用万用表检测Q001各极电压正常,实测Q002各极电压依次为c极0.35V,b极2.9V,e极1V,而正常时Q002各极电压应为c极2.1V,b极3.2V,e极4.5V,由此可见偏差较大。焊下Q002检测,果然发现其内部漏电。更换Q002(B1426)后,机器工作恢复正常
	按进出盒键,托盘不工作	问题一般出在托盘进出盒机构及驱动或电源电路。打开机盖,用万用表测进出盒驱动块BA6395AFP,电源电压仅为0.7V,正常时为8.8V,而整流滤波电路正常。怀疑稳压集成块7809损坏,经检查果然如此。分析造成三端稳压块损坏的原因一般可分为热击穿和电击穿两种,估计该机为热击穿的可能性较大。开机一段时间后,手摸稳压集成块烫手,证明判断正确。更换稳压块7809后,并找一块大小适中的铝散热片,涂上导热硅脂后固定在稳压块上,机器故障排除
	重放数分钟后,图、声出现停顿及马赛克现象	该故障一般由于机内某元件热性能变差所致。打开机盖,检查发现解码板上解码芯片CL484有烫手的感觉。分析该集成块上粘有纸标签,影响集成块的散热。将其撕掉后,机器散热现象大有好转。 在CL484表面上用强力固定一块大小适当的凹形散热铁块,故障排除
新科26C型VCD	键控全部失效	问题可能由于面板某按键存在固定漏电故障引起。断电后,打开机盖,用万用表R×1k挡检测各按键引脚间阻值,发现选曲键"4"号键引脚间阻值仅3kΩ,其余各键均在20kΩ以上,说明"4"号键内部漏电。更换该按键后,面板键控功能恢复正常
	入碟后不读盘	该故障一般发生在激光头及相关电路。开机观察,激光头物镜干净,通电后激光头有上下聚焦动作,也有激光射出,有聚焦动作,说明聚焦控制和驱动系统正常。分析问题可能出在RF放大电路、数字信号处理或电源供电电路。打开机盖,用万用表检查供电电压正常。由原理可知:该机的RF信号由CXA1821H的⑯脚输出(RFO),一路送至数字伺服/DSP电路CXD2545Q㉖脚,由内部FOK比较电路检测聚焦完成信号,并从CXD2545Q㊾脚输出FOK信号;RF信号的另一路则经R112、C120耦合送入CXD2545Q的㊱脚,经内部非对称校正电路与EFM解调电路获得子码信号、伺服控制信号、音频和图像压缩数字信号,这是因为CXD2545Q㊱脚RFAC的输入信号含有EFM信息。用示波器观察CXA1821H⑯脚输出的RF信号的"眼图"模糊(正常为清晰的0.8~1.2V图案),怀疑RF放大电路有问题,但检查相关元件均未见明显异常,用手摸CXA1821H集成块,表面发热严重,估计其内部不良。更换CXA1821H后,机器故障排除

续表

机型	故障现象	故障分析与解决方法
新科 26C 型超越号 VCD	图像上布满杂乱条纹	问题出在解码板上，且一般为视频处理电路故障。打开机盖，检查 ES3207 外围元件无异常，说明该芯片内部损坏。由于该芯片损坏，可以造成无图像、彩色失真、画面亮处模糊等多种故障。更换 ES3207 后，机器故障排除
	托盘进出盒速度明显偏慢	问题可能出在电源及负载电路。打开机盖，用万用表测主板上 D106(T7805)输入、输出端电压，其输入端为正常 8V，而输出端则降至 3.5V 左右。断开 T7805 输出端，电压恢复正常，说明问题在负载。逐一检测其输出端外接贴片电容，发现 C174 内部短路。更换电容 C174 后，机器故障排除
	入碟后，主轴电机飞转不受控	该故障一般发生在主轴伺服控制及复位电路。打开机盖，首先检测整机 8V、5V、3.3V 各组供电正常。检查数字信号芯片 CXD2540Q 后无异常，查 CXD2540Q 外接 16.9344MHz 晶振，发现 16.9344MHz 晶振置于电源板上 PCM1710 数模转换⑤、⑥脚上，用示波器查其振荡信号异常，替换晶振后故障不变。因晶振直接并于 PCM1710⑤、⑥脚上，遂怀疑其内部电路存在故障，用万用表查其电源⑮脚供电，该点正常时为 5V，实际电压跌落至 4.2V 左右，查供电电路无故障，判定为 PCM1710 内部不良。更换 PCM1710 后，机器故障排除
新科 28C 型 VCD	入碟后碟片不转	问题可能出在激光头组件。打开机盖，发现碟片入盒后主轴电机不旋转，激光头托架能够上升。不放入碟片，当托盘进入后激光头不动，也无激光束出现。由原理可知，激光头托架上升完全到位后，激光头物镜才会动作，故怀疑激光头托架上升时没有完全到位。装入碟片，待碟片进盒、激光头托架上升后，立即用手略向上托起架，结果读盘正常，由此说明故障确因激光头托架没有完全到位所致。引起这种故障的机械部件有多处，作为应急处理，可以用增加助动的办法消除此故障。 找来机中调谐盘拉线上的小弹簧三个，串接后，一头钩在托架上，另一头钩在片仓滑轨支架上。给托架一个上拉力，促使其上升到位。为了平衡，托架两侧应各装一个这样的弹簧。弹簧装好，试机后机器故障排除
	入碟后机器不工作	经开机检查与观察，机器入碟后激光头能径向移动，但无上、下聚焦搜索动作，因此判断聚焦线圈工作不正常。由原理分析，引起聚焦线圈不动作的原因有下列几种：①聚焦线圈工作不正常；②驱动块 IC03(BA6395)工作不正常；③伺服块 IC01(CXA1782BQ)工作呈异常。为确定故障部位，先用万用表 R×1Ω 挡测量接插件 CZ01⑬、⑯脚聚焦线圈两端电阻，发现物镜能动作，说明聚焦线圈本身正常；接着再用示波器检测 IC01⑩脚无聚焦控制信号输出，判断 IC01 内部不良。更换 IC01 后，机器工作恢复正常

续表

机型	故障现象	故障分析与解决方法
新科 28C 型 VCD	重放时,图像出现干扰失真及马赛克现象	该故障产生原因较多,如激光头组件、伺服电路、数字信号处理电路或解码电路等。打开机盖,首先检查解码板前端电路与激光头组件,未见异常。于是对解码电路进行重点检查。该机采用 MPEG1 解码芯片 ES3210,具有超强的纠错能力,内部集成视/音频处理器,其中音频压缩信号被解压后,通过 ES3210 ㊹ 脚输出音频数字信号,再经 DAC (PCM1710)进行数字/模拟信号的转换,然后输出模拟音频信号。若解码芯片及其外元件损坏,不仅会造成音频信号不稳定,而且会使图像出现干扰失真。另外,ES3210 的辅助接口㊺～㊽脚与 CPU 的㉑～㉕脚通信接口相接对应连接,CPU 在工作状态时与解码电路 ES3210 进行数据传输,若解码芯片损坏,将导致 CPU 得不到信息反馈而不能正常工作,严重时除表现为以上故障外,还可能出现"死机"。先检查 ES3210 的工作条件与外接元件,均无问题,判定为芯片本身损坏。更换芯片 ES3210 后,机器恢复正常工作且图声俱佳

8. 新科 320/360 型 VCD

机型	故障现象	故障分析与解决方法
新科 320 型 VCD	开机无蓝屏	故障可能发生在解码板或其供电电源。打开机盖,用万用表检查机内的各组供电电源,发现+5V 和+3V 电压均很低,但逐处断开 C325 和 C326 后+5V 和+3.3V 供电仍然很低,说明故障不是 C325 和 C326 损坏引起的,应检查前级电路。于是顺着电路往前查 N305、C327 等元件,结果当断开 C327 时,+5V 和+3.3V 电压马上恢复正常。经检测为电容 C327 内部漏电。更换电容 C327 后,机器工作恢复正常
新科 30C 型 VCD	激光头不能上升,无法读盘	开机观察,该故障为机械原因引起的。打开机盖,拆除盘架两侧铁卡,去除盘架,逆时旋转凸轮光头架可上升,当上升到一定位置时凸轮部分正好合侧开关,测量其闭合正常。检查发现盘片滑轨轴与机架因人为损坏而脱开。 用较小钻头在与机架脱落的轴芯部分钻一小孔,在轴芯上部稍扩孔以使固定螺钉沉于轴内,使盘架不致受阻,再找一只合适的自攻螺钉,使轴芯与机架固定在一起,将原滑动轮套于其上,装机后,机器故障排除
新科 30B 型 VCD	重放时,无图像、无伴音	该故障可能发生在数字信号处理器与 VCD 解压板之间的电路。打开机盖,先用示波器测数字信号处理器 CXD2500BQ 的 BCK、DATA、LR+CK 的信号波形均正常,说明数字信号处理器工作正常。进一步检查解压板,用万用表检测其工作电压为 5V 正常,再检查复位时钟信号也正常,判定为解码芯片损坏。更换同规格解码芯片后,机器故障排除

续表

机型	故障现象	故障分析与解决方法
新科 320 型 VCD	开机画面图像乱	该故障一般发生在解码板上。打开机盖并观察，电视屏幕上应显示新科开机画面，不能显示开机画面证明视频部分有故障。用万用表先测 N305 输出端有正常的 5V 电压，再测 V305 射极输出端电压为 4.5V，正常应为 3.3V。进一步检查 V305 及 VD302，发现 VD302 内部已开路。更换 VD302 稳压二极管后，机器故障排除
	按电源开关无法开机	问题可能出在面板键控电路及相关部位。打开机盖，用万用表先测 R346、R334、R339 交合点电压值，当按电源开关时此点无电压，查排插 XP301 第⑨脚，在按下电源开关时该点有 4V 左右直流电压，由此说明故障位于 XP301 经⑨脚至 R346 之间的印制线上，仔细检查发现 XP301 第⑨脚脱焊。重新补焊后，机器故障排除
	插上电源后不能开机	该故障可能出在电源及开关机控制电路。由原理可知：该机在待机状态时，除一组＋5V 供给 CPU，交流 3.5V 和直流－21V 供给显示屏外，其他各组电压均受 CPU 的㊎脚(Power on)控制。打开机盖，用万用表测 CPU 集成块 CXP50116-723Q⑮脚有＋5V 供电电压，按压电源开关键，发现 CPU 的㊎脚无高电平输出。查面板电路，发现无＋5V 供电，顺着电路查找，发现从插座 CZ05 出来的扁平连接线在一折叠处有一根线断开，此线从 CZ05 的⑫脚延伸出来供给面板＋5V 电压。重新连线后，机器工作恢复正常
	入碟后，碟盘旋转不停	该故障可能发生在碟位切换检测电路。打开机盖，先检查碟位检测开关(ADDR SW)及碟盘定位开关(STOP SW)均正常。再进一步观察，发现当激光头架不处于最下位时(即激光头下到位检测开关 DOWN SW 断开时)，故障消失，碟位切换恢复正常；反之，当 DOWN SW 闭合时，故障出现。由原理可知：电路中 R43 为一排阻，型号是 103-6R，SW1～SW6 是 6 只状态检测开关，负载向 CPU 传送相应的信息，IC05 为 CPU。分析碟位切换原理如下：定位开关(STOP SW)平时处于闭合状态，R43 第⑤脚输出电平到 CPU㉝脚，碟盘驱动电机不转。当 CPU 接到换碟指令后，控制碟盘电机驱动碟盘转动，在碟盘即将旋转到正确位置(由碟位检测开关配合检测)时，碟盘边缘将触动定位开关，使其瞬间断开，R43 第⑤脚便向 CPU 第㉝脚输出一个高电平脉冲(＋5V)，CPU 遂驱动电机停转，切换完成。现在应先查 R43 第⑤脚能否输出高电平至 CPU 的㉝脚。开机后将激光头置于最下位(DOWN SW 闭合)，用手使定位开关断开，用万用表测 R43 第⑤脚电压仅 2.2V，将 DOWN SW 断开后，再测⑤脚电压已上升至 5V，这表明 R43 第⑤、⑥脚间存在漏电。在 DOWN SW 闭合时切换碟位，虽然 STOP SW 能正常断开，但因送至 CPU㉝脚的电压过低(2.2V)，被视为低电平，故无制动指令发出，碟架便一直旋转，直至停机保护；当 DOWN SW 断开时换碟，CPU㉝脚便能接收到正常的定位脉冲，故障便消失了。经检测果然为 R43 内部损坏。将第⑤脚剪掉后，装回电路板，分析 R43 103-6R 内部由 6 只 10kΩ 电阻构成，焊上一只电阻 R 后，机器故障排除

续表

机型	故障现象	故障分析与解决方法
新科320型VCD	入碟后不读盘	问题一般出在激光头及相关电路。开机观察，激光头聚焦正常，但无激光发出。用万用表测量CPU(CXP84120)㊶脚(激光头到位信号输入端)5V电压正常，测CPU㊿③脚(APC电路控制端)5V电压也正常；该信号送到RF信号前置处理器CXA1821⑲脚和①脚(激光功率自动控制电路APC)为高电平，说明正常；进一步检查VD103(9012)激光驱动管及外围元件时，发现VD103(9012)内部开路。更换VD103后，机器工作恢复正常
	入碟片不转动	问题可能出在解码板或其供电电路。打开机盖，先检查机内的各组供电源，结果发现机内的+5V和3.3V电压均很低，其中+3.3电压仅为0.4V，5V供电仅为1V，怀疑C325和C326电压仍很低，说明故障不是C325和C326损坏引起的，应查前级电路。顺着电路往前查N305、C327等相关元件，结果发现N305内部损坏。更换N305后，机器故障排除
	入碟后不能读取目录	打开机盖，仔细观察，发现激光头物镜表面凝结了灰尘，判断该故障由此引起。 ①用一块软布盖住激光头组件，彻底清除机器内部其他部分，以免在重放时由于产生的热量和静电加之主轴的转动，使流动的空气再度污染激光头。 ②用干净的脱脂棉球轻轻擦拭物镜表面，直到干净为止。擦拭时应注意，不要蘸任何化学试剂，以免损坏物镜的表面镀膜，更不要动作过大，损坏物镜的弹性反架。 ③激光头组件内部光学系统如果有较多的灰尘，也会影响激光头的正常工作，此时可小心拆开激光头物镜支架护罩，先用干净的棉球清洁腔体内的镜片，然后用钟表橡皮球对准光学腔体轻轻吹气清洁。清洁时动作不要过大，以免使内部的三棱镜松动。 该机经上述处理后，机器故障排除
	重放时，图像有停顿现象	经开机检查与观察，机器无其他明显故障现象，说明机芯纠错能力不强。产生此类故障的原因有：①激光头老化；②数字信号处理器CXD2500性能差；③电源供给不够。本着先易后难的原则，打开机盖，先检查电源电路，将本机接于升降压器正常的220V上，重放时同样有马赛克或停顿现象，因此排除了电源本身及波动引起的故障。再检查激光头，发现激光二极管内部老化。更换激光头二极管后，机器故障排除
	重放数小时后，机器自动停机	该故障一般为电源部分因温度升高后某元件不良所致。打开机盖，开机3小时，用手触摸电源部分的稳压集成块，发现其中一块7805的温度很高，用万用表测量其输出端电压为5V正常，待出现故障时，再测其电压，在2～3V间波动，判定为该稳压块内部接触不良。更换同一型号的集成块，并加上适当大小的散热片，在集成块与散热片之间涂上导热硅脂，装好后试机，机器故障排除

续表

机型	故障现象	故障分析与解决方法
新科 320 型 VCD	重放时无伴音	该故障一般发生在音频 D/A 转换器到音频输出电路之间。打开机盖，查主板至电源板的连线插座 XS301 的第⑯、⑰和⑱三脚，分别为 LRCK、DATA 和 BCK 信号端，用示波器在这三个脚上能观察到正常信号，说明主板是好的。再检查 D/A 转换器 PCM1710，用示波器观测 PCM1710 的①、②和③脚上的 LRCK、DATA 和 BCK 信号，均正常。进一步检查 PCM1710 的数字电源和模拟电源，在 PCM1710 的⑧、⑨、⑮、⑳和㉑五个脚上能测到 5V 左右的电压，判断 PCM1710 内部接触不良。更换 PCM1710 后，机器故障排除
	图像彩色时有时无	该故障一般发生在解码板上。打开机盖，检查解码板的电源正常，当用示波器检测 G201(G201 系 27MHz 发生器的晶体振荡器，用于 MPGE 解码所需的时钟 13.5MHz)时，发现波形不稳定，故判断 G201 内部损坏。更换晶振 G201 后，机器工作恢复正常
	重放时纠错能力差，图像马赛克现象严重	问题可能出在激光头及电源电路。打开机盖，经替换激光头及伺服板后依旧，怀疑电源电路性能不良。先用万用表测 N305 的 5V 电压正常；再查供伺服部分的 V309 发射极 8V 电压，发现当托盘进出盒时此点电压下降较为明显，而正常时此点电压下降应不超过 0.5V。顺查 C339 两端电压仅为 10.5V，比正常时 12V 电压低。仔细检查该电路 C339 及 VD314～VD317 四只整流二极管，发现其中 VD315 内部性能变差。更换 VD315 后，机器工作恢复正常
	按“POWER”键机器无任何反应	问题可能出在电源电路。打开机盖，先用万用表测电源板上 N302(7805)有无 5V 电压输出，因为 N302 为 CPU 提供 5V 工作电压。实测 N302 输入端有 12V 而输出端无电压，且 N302 表面发烫，当把负载接插头 XP302 拔掉后，N302 输出电压恢复正常。由此判断故障在其负载 CPU(CXP8220)及外围电路上。经检查 CPU 外围元件损坏，判定 CPU 芯片内部损坏。更换 CPU 芯片后，机器故障排除
	入碟后，激光头发出“叭叭”声	经开机检查与观察，激光头能径向移动，但物镜上下跳动发出“叭叭”响声，分析为电源供电不稳或聚焦伺服电路不良。用万用表测各供电电压正常，说明问题出在聚焦伺服电路部分。再测 CXD2545(93)FOK 电压波动不止，说明 CXD2545 工作不稳定。分析 CXD2545 必须有 16.9MHz 晶振，而此机的 16.9MHz 时钟由 N301(1710)供给，测 N301 ⑤、⑥脚，晶振电压也来回变化。经仔细检查发现 N301 引脚虚焊。重新补焊后，机器故障排除

续表

机型	故障现象	故障分析与解决方法
新科 320 型 VCD	显示屏无显示，且各功能键失效	问题一般出在电源及控制电路上。打开机盖，检查发现电源板上的 R347、R348 均已烧断，且发现 VD308、VD346 也已烧黑。将 R347、R348、R346、VD308 均更换后，试机故障依旧。进一步检查，用万用表测 VD308 正极电压为－22V，低于正常值－20V，再测接插件 XP301 部分引脚无电压，判断 XP301 有引脚虚焊。经检查果然如此。重新补焊后，机器故障排除
	按进出盒键，托盘不能进盒	该故障一般发生在进出盒检测电路上。打开机盖，通电对微处理器 U1 出/入盒检测电路做检查测量。当用万用表表笔接触电路板上的被测点，同时按“OPEN/CLOSE”键时，偶然可以进盒，试用笔压电路板，此时故障消失，表笔松开后故障又出现，分析故障系接触不良所致。经进一步检查发现托盘出/入盒检测开关节与电路相连接的插件 CZ07 引脚虚焊。重新补焊后，机器故障排除
	无电源，机器不工作	该故障一般发生在电源及控制电路。打开机盖，先用万用表检查供 CPU 的 5V 电源。测 N302(T7805)输入端 12V 电压正常，而输出端只有约 1V 电压，且 N302 严重发烫，故怀疑负载存在短路、漏电故障，断开 T7805 输出端后电压恢复正常。由此可判断故障在 CPU 及外围元器件上。仔细检查其外围与电源相关元件，未见异常，判定为 CPU 芯片内部不良。更换 CPU(CXD8220)芯片后，机器故障排除
	转盘及加载动作正常，但不受控制	根据现象分析，开机后转盘及加载电机可动作，说明驱动用的 8V 电源正常。无开机画面，首先应检查解码板上 ES3207、ES3210 的供电端，结果无正常的工作电源。仔细检查电源板上 V306(3.3V 调整管)c、b 极电压均正常，但 e 极无电压输出。经检测 V306 内部损坏。更换 V306 后，机器故障排除
新科 360 型超越号 VCD	屏幕上出现杂乱横条	问题一般出在电源及控制电路上。由原理可知：该机电源部分采用轻触开关。正常时插上交流电后，N303(7805)即得电供给 CPU，控制其余各组电源的通断。打开机盖，在故障出现时用万用表测 XP301 排插第④脚 CPU 电源输出端无电压，证明 CPU 控制电路正常，故障应在电源电路。重点检查供解码及视频处理部分的电源，查 N305(3.3V 电源稳压器)e、b、c 极均有电压，而不开机时该管应未加电源，接着查为 c 极 5V 供电的稳压器(四端稳压器)控制端无电压，但有输出电压，证明该稳压器内部损坏。更换四端稳压器后，机器故障排除

续表

机型	故障现象	故障分析与解决方法
新科 360 型超越号 VCD	入碟后不读盘	经开机检查与观察，激光头托架没有上升到位。用手拨动齿轮，转动灵活，并能使激光头托架上升到位，此时机器亦能正常播放。由此判断问题出在激光头位置开关至 CPU 之间，由原理可知：当关仓动作完成后，位置开关"CLOSE"闭合，CPU㊸脚为低电平，开关仓电机继续转动，通过齿轮机构使激光头托架上升，同时带动激光头位置开关移动，使位置开关"DOWN"断开、"UP"闭合，CPU㊵脚由低电平变为高电平，㊶脚由高电平变为低电平，开关仓电机停转。此后，CPU 结合位置开关"STOP"、"AD-DR"的状态，从㉖、㉗脚发出寻碟指令，控制 D111(BA6208)输出寻碟电机的驱动电压，使寻碟电机 M2 正转或反转，以完成寻碟动作，最后按使用者的操作进行读碟。而该机激光头托架没有到位，位置开关"UP"也未闭合，却能进行寻碟，说明 CPU㊶脚已得到低电平或 CPU 内部相关部分损坏。该脚外部相关元件有位置开关"UP"、电阻 R185，经查均完好，而 CPU㊶脚始终为低电平，因而判定 CPU(CXP84120)局部电路损坏。更换 CXP84120 后，机器故障排除

9. 新科 330 型 VCD

机型	故障现象	故障分析与解决方法
新科 330 型 VCD	显示屏无显示	经开机检查与分析，该机其他功能正常，说明故障一般出在显示屏及供电电路。该机显示屏阴极电源－24V 由一组独立电源提供，打开机盖，用万用表测阴极电源为 0V，检查－24 形成电路，发现限流电阻 R346 一端脱焊。重新补焊后，机器故障排除
	托盘进出盒正常，但不读盘	问题一般出在激光头相关电路。开机观察，发现托盘进出正常，激光头上升到位正常，说明 CPU 系统控制基本正常，但是碟片不转。进一步检查发现激光上升到位时激光管瞬间被点亮，但聚焦动作时有时无，且工作一会儿 BA6395AFP 发热严重，说明故障出在伺服电路。BA6395AFP 是一个 5 路 BTL 功率放大器，它负责进出托盘电机、主轴电机、聚焦及跟踪线圈的驱动。停电检测各路负载均正常。开机用万用表测其电源电压为 8V 正常，其③脚也有聚焦驱动信号输入。逐个脱开其负载进行测试，当脱开激光头连线后，该 IC 恢复正常，不再严重发热，说明聚焦及跟踪放大器有不正常，经测量有 1V 左右的直流电压(正常 STOP 状态时应为 0V)。检查发现其㉜脚电压为 3.8V，正常值为 2.5V，较正常值偏差较大。该脚为基准电压输入端，若该脚电压异常，会直接影响各负载的正常工作。由原理可知：该脚与 RF 放大器(CXA1782BQ)的㊽脚相连，仔细检查 CXA1782BQ㊽脚周围元件，发现电容 C31(0.01μF)内部短路。更换电容 C31 后，机器故障排除

续表

机型	故障现象	故障分析与解决方法
新科330型VCD	托盘出盒及选曲时，左声道有严重噪声	问题可能发生在静音控制电路。由原理可知：该机在非重放状态下，微处理器CXP50116㊱脚输出高电平静音控制信号加至开关管Q2、Q6 b极，使Q2、Q6饱和导通，导致左、右声道音频信号对地旁路，从而实现静音。打开机盖，用万用表实测该机在非重状态下，CXP50116㊱脚有高电平静音控制信号输出。经检测为开关管Q2内部开路。更换Q2后，机器故障排除
	按进出盒键，托盘不能出盒	根据现象分析，该机其他功能正常，仅不能出盒，说明微处理器及电源部分应正常，问题一般出在盒电机驱动电路或机械传动部分。打开机盖，按出盒键，观察机器无机械传动运动。用万用表测出盒电机驱动电压正常，估计问题出在机械传动部分。拆下该机底盖板，仔细检查出盒机械传动齿轮，发现一制动齿轮开裂并将托盘传动齿轮卡死。更换损坏齿轮并重新装配后，机器故障排除
	托盘进出盒速度偏慢	该故障一般发生在托盘进出盒传动机械及相关电路，且大多发生在使用日久的机型上，故障亦多为转盘齿槽严重油污，经清洗后可正常。亦有部分是因为机芯前端托盘下活动过轮错位，导致阻力增大。另外，加载电机皮带老化、为加载系统供电的滤波电容C318虚焊或开路，亦可导致该故障发生。经检查该机为滤波电容C318内部开路。更换C318后，机器故障排除
	入碟后读盘能力差	经开机检查与观察，机器入碟后读盘时间过长，主轴转速时快时慢，读出时间和曲目后，重放时图像马赛克现象严重，以致无法正常工作。从现象分析，应属主轴伺服不良。由于是数字信号处理器CXD2540④脚输出主轴伺服控制信号，故首先检查其电源电压和时钟信号。打开机盖，用万用表检查电源电压正常，当测其④脚工作电压时，电压不正常，但查该脚相关外围阻容元件均正常。由此故障范围缩小到集成块本身以及16.9344MHz时钟信号。用示波器测其㊷脚时钟信号，发现波形异常。由于16.9344MHz时钟信号来自电源板上N301(PCM1710)，故应重点检查N301。先测其电源电压，发现5V电压不稳定，有时跌至4V左右，且万用表表头指针一直左右摆动。把N301的⑧脚、㉑脚与5V电源电压断开，发现5V电源电压恢复正常，由此说明N301内部损坏。更换N301后，机器故障排除
	入碟后，机芯发出“嘟嘟”声	经开机检查与观察，机器入碟后激光头聚焦搜索和LD发光正常，放入碟片后启动正常，但旋转片刻后机芯发出“嘟嘟”的振动响声，同时看到碟片震动严重。拆出机芯，放入碟片后通电，发现“嘟嘟”声是进给电机带动激光头不断向内移，到极限位置后发出的。经仔细检查发现F光检测器引线已断。重新接好引线后，机器故障排除

续表

机型	故障现象	故障分析与解决方法
新科 330 型 VCD	入碟后，碟片不转	放入 VCD 碟片后不转，说明激光头及主导轴驱动电路均未工作。分析原因可能是因托盘开关未能闭合。进一步检查托盘限位开关，发现该开关内部已接触不良，由于此开关失灵后无法将碟已到位信息传输给微处理器，微处理器也就无法发出主导电机旋转指令，机器也就不能正常工作。更换限位开关后，机器故障排除
	入碟后，碟片只转半圈就停止	问题一般出在激光头组件。打开机盖，退出碟片，关上托盘后观察激光头发光的亮度正常。检查聚焦伺服电路未见异常，怀疑为排线接触不良。拔下激光头，清理排线后再重新对准插好，机器故障排除
	入碟后，转盘转动噪声大	问题一般出在转盘传动部位。开机观察，正常时转盘只有较轻微的齿轮传动声，而该机有较大的“喀喀”声。打开机盖，拆下转盘组件检查，发现主轴条形齿轮前端有一剥落的地方，该点在转动时始终与过轮相靠，分析噪声由此产生。修理时，如无相同齿轮更换，应急修理方法是将该齿轮拆下反装，使其损伤点不与过轮相靠，一般皆可明显降低噪声。该机经此处理后，机器故障排除
	入碟后，转盘电机不转	问题一般出在入盒到位检测及相关部位。开机观察，机器入盒到位后转盘电机应转至碟盘 1 位置，以便加载系统将光头抬升进行碟盘检测。该机入盒到位后转盘电机不转，首先怀疑入仓到位开关失效。拆下用万用表检测，发现其触点正常。再检查其与 CPU 之间的连线，亦正常。后测转盘电机电源在入仓到位的瞬间可维持 10 余秒，但转盘电机依然不转，遂怀疑转盘电机入盒到位后被卡死，拆下检测后重新装回原位，故障依旧。主板上供给的电源也正常，转盘电机又无异常，则只能怀疑从转盘电机至主板的挠性排线发生故障。将其拆下仔细检查，发现当它呈弓字形时，其红色电源线便开路。重新处理电源线后，机器功能恢复正常
	入碟后，碟片飞速旋转，按停止键时碟片不能制动	该故障一般发生在伺服控制电路。由原理可知：VCD 机的碟片由主轴电机带动旋转，而主轴电机伺服由 DSP (CXD2500)根据㉔脚输入的 RF 信号进行伺服控制。打开机盖，用示波器测 DSP 的㉔脚无 $1.2V_{p-p}$ 的 RF 信号，顺此检查发现㉔脚外接的 RF 耦合电容 C141 内部开路。更换 C141(2200pF)后，机器故障排除
	按出盒键后，屏幕无“OPEN”字样显示	问题一般出在面板控制及机芯检测电路。打开机盖，检查面板控制电路无异常。由于开机画面正常，判定解码部分亦正常，而该机的 CPU 因为置于解码芯片内，因此也可认为 CPU 基本正常，检修的重点应集中在机芯上。断电后用镊子从机芯托盘下拨动加载轮进行手动出仓，可顺利出盒。当出仓到位后插上电源开机，托盘可自动入盒，但转盘电机及加载部分皆不动作，操作出仓键仍不出盒。正常时，当托盘入盒到位后检测开关闭合，CPU 得到检测信号后使加载电机停止，然后转盘电机进行自检。而此机入盒后无任何动作，遂怀疑入盒检测开关有故障。拆下检查，发现其内部不良。更换入盒检测开关后，机器工作恢复正常

续表

机型	故障现象	故障分析与解决方法
新科 330 型 VCD	按开关键，不能开机	问题可能出在电源开关控制电路。由原理可知：该机有主、副电源，其中副电源 AC 10.5V 经整流滤波，再由 AN7805 稳压输出＋5V 电压，使 CPU 使用此电源不受开关控制。主电源 AC 13V 经整流滤波，由开关管 Q8 输出，供主板电路使用。Q8 导通与否受 CPU(CXP50116)65脚控制信号控制。根据上述分析，打开机盖，按动电源开关时，用万用表测开关机控制电路 Q7 e 极电压，有高电平变化，再测 Q7 c 极电压，始终不变。焊下 Q7 检查发现内部已损坏。更换 Q7(C1815)后，机器故障排除
	重放时，无图像、无伴音	根据现象分析，机器读盘正常，说明激光头聚焦检测、伺服驱动等电路正常，问题可能出在数字信号处理电路上。打开机盖，先用万用表测解压板供电电压＋5V 正常，测三个信号输入端的电压 LRCK、BCK 约为 2.0V，但 DATA 为 0V。该机数字信号处理器为 CXD2500Q，查外围电路元件无异常，判定数字信号处理器 CXD2500Q 内部不良。更换 CXD2500Q 芯片后，机器故障排除
	重放时，右声道无音频输出	问题一般发生在激光头组件及相关部位。打开机盖并开机观察，激光头运动正常。关机后用洁净的棉球碰触激光头物镜时，发现激光头物镜塑料件与激光头组件相连，连接部分的塑料同时起弹簧作用，使激光头和聚焦线圈悬于其中。由于播放中聚焦搜索运动，使塑料老化疲劳，失去了弹性，物镜部分在重力作用下下沉，聚焦线圈的作用不足以使物镜上移到正确位置，导致有时不能读盘。 找一只小放音机机芯上的钢质小弹簧拉直，剪取一小段，一端穿进物镜塑料件的孔中，另一端固定于物镜边上的焊点(焊好)细钢丝的弹性将物镜向上弹起，激光头即恢复正常状态。该机经此处理后，机器故障排除
	重放半小时后，伴音变小直至无声	问题一般出在信号处理及放大电路。打开机盖，在故障出现时，用万用表测 PCM1710①脚 LRCR、②脚 DATA、③脚 BCK，电压皆正常，PCM1710 第⑬脚 OUTR、⑭脚 OUTL 有正常的声音信号；顺线路查 N302(CMC4558)运放输入端第⑥、②脚，有信号输入，但输出端无信号。由此说明故障出在 N302 及外围元器件上。查 N302 各引脚电压，发现其⑤、③脚电压偏低，查其外围元件无异常，判定 N302 内部不良。更换 N302 后，机器故障排除
新科 330A 型 VCD	重放时无图无声，面板按键不起作用	经开机检查与分析，机器入碟后能正常读盘，说明 CPU、循迹、驱动电路正常，问题可能出在面板操作按键及解码电路。由原理可知：该机有两组独立的＋5V 电源，一组供 PCB 板工作(CPU＋5V)；另一组供解码板、按键板用(M＋5V)。因为解码和按键同时出现故障，估计 M＋5V 电源有问题。打开机盖，检查发现 M＋5V 电源是经整流、滤波、稳压管调整后获得。用万用表测空载时电源电压有＋15V，而开机带负载后降为 3V 左右。仔细检查该电路 V306、C318、VD313、VD314 相关元件，发现 VD313 内部损坏。更换 VD313 后，机器故障排除

10. 新科500型音响VCD

机型	故障现象	故障分析与解决方法
新科500B型VCD	机内有较大“嗡嗡”声，且功能显示微亮	由原理可知：正常情况下，该机未按下电源开关，功能指示灯应该不亮，而该机功能指示灯微亮，则说明其供电控制电路有故障。打开机盖，在未按下电源开关时，用万用表测2BG45 b、e极电压均为5V，而正常时应为0V，说明其基本外围的控制电路中有故障。分别检查2BG44、2BG42，发现2BG44内部损坏。更换2BG44后，机器故障排除
新科550A型VCD	显示屏无显示，不能正常工作	根据现象分析，该机通电后电源指示灯亮，说明电源电路工作正常，显示屏无显示，说明微处理器ICX(CXP5012)工作不正常。打开机盖，用万用表测IC2㉞脚(VDD端)电压为5V正常，测其㉜脚，发现该脚有时有复位电压。有时无此电压。经进一步仔细检查，发现IC㉜引脚有虚焊现象。重新补焊后，机器故障排除
新科500A型VCD	屏显示杂乱，不能正常开机	该故障多为CPU供电电路及4.19MHz晶振不良而引起的。打开机盖，首先用万用表测CPU+5V供电电压正常。再将4.19MHz晶振焊下测量，发现其内部严重漏电。更换4.19MHz晶振后，机器故障排除

二、万利达DVD/VCD光盘播放机故障检修

1. 万利达DAV-3600型DVD

机型	故障现象	故障分析与解决方法
万利达DAV-3600型DVD	开机无电源，不工作	该故障一般发生在电源及相关电路上。检修时，打开机盖，用万用表检测电源板，发现各组电压均无，分析故障可能出在初级回路。进一步测量关键元件U1和BG1，发现它们均对地短路。换上新的U1和BG1及3.15A的熔丝，再测量电路，工作恢复正常。值得注意的是，若熔丝烧毁，BG1一般均会同时损坏。该机经上述处理后，故障排除
	机器重放正常，但荧光屏无显示	该故障一般发生在显示屏及供电电路。检修时，打开机盖，用万用表测电源CN3插座的各脚电压，发现其栅极电压为−26V，两个AC间的电压为3V，而各自对地的电压为2.1V和−1.7V，均不正常；顺着电路往前检查，发现4.3V的稳压管已开路。更换稳压管后，栅极电压为−25.6V，AC间的电压为3.85V，对地电压为−17.75V、21.6V，一切工作恢复正常。更换稳压管后，机器故障排除
	开机无显示，也不能读盘	该故障一般发生在电源及控制电路。检修时，打开机盖，用万用表测解码板的供电电压为3.3V和5V，均正常。怀疑解码芯片U5有问题，进一步用示波器检测它的27MHz晶振频率，发现C28、C29两脚无振荡频率。更换27MHz晶振后，开机晶振频率正常。更换该晶振后，故障排除

2. 万利达 N996 型 DVD

机型	故障现象	故障分析与解决方法
万利达 N996 型 DVD	托盘进出盒速度慢	根据现象分析，托盘进出盒机械无故障，估计问题出在电源电路。打开机盖，用万用表测电源芯供电接插件 CN 模式的各种输出电压，发现 5V 电压输出仅 2.8V 左右，其他各种输出电压均正常。由于该机采用的是开关电源，根据其原理，故障应出在开关变压器次级及其整流、滤波、稳压的 5V 支路。用万用表测整流管 D6 的负端电压，仅有 4V 左右，怀疑整流二极管 D6 内部不良。更换二极管 D6 后，机器工作恢复正常
	读不出菜单，操作键不起作用	问题可能出在解压板上。由于 VCD 能够顺利播放，U5（NDV8501）出问题的可能性不大，应重点检查烧写软件 EPROM AM28F800 及 U5 外挂的 E^2PROM 93C46。一般由 AM28F800 失效引起此现象较多，故先更换 AM28F800 试机，更换后故障不变。再用示波器测试 E^2PROM 93C46 在 DVD 读片状态下各脚数据变化，与正常值相比，基本相同。由于 U4（93C46）是 E^2PROM，在实际维修中故障率较高，估计该芯片内部失效。更换芯片 93C46 后，机器故障排除
	活动图像边缘呈齿轮状	该故障一般出在视频数据解压或视频编码部分。由于这两部分是由 U5 NDV8501 来完成的，打开机盖，经用示波器检查，发现 U5（NDV8501）内部失效。更换 U5 后，机器故障排除
	无开机画面	问题可能出在解压电路。打开机盖，用万用表测开关电源输出各组电压都正常，说明问题确在解压部分。由于开机画面、字库、微码都烧写在 U16 AM28F800 软件中，屏幕能出现闪烁的“malata”字样，说明 U5（NDV8501）基本正常，估计 U16（EPROM AM28F800）内部失效。更换 U16 后，机器工作恢复正常

3. 万利达 CVD-A1/A2/A3 型超级 VCD

机型	故障现象	故障分析与解决方法
万利达 CVD-A1 型 超级 VCD	显示屏显示紊乱，机器不工作	问题可能出在 CPU 控制及相关电路。打开机盖，通电后用万用表测相关电源，发现解压板上 IC16（LM317T）严重发烫。测输入端 5V 电压正常，输出端 2V 电压仅为 0.2V，与电路参数不符，怀疑该稳压块有问题，但更换后故障依旧，说明问题在负载电路。检查 IC16 外围电路，发现 IC16 ②脚上外接的电容 C44 对地电阻为 2Ω，焊下检测，其内部已严重漏电。更换 C44 后，机器故障排除

续表

机型	故障现象	故障分析与解决方法
万利达 CVD-A1型 超级VCD	入碟后,碟片旋转缓慢、不读盘	根据现象分析,机器入碟后碟片能转,说明RF放大器、聚集检测电路及CPU均正常,估计问题出在激光阻件、伺服电路或主轴驱动电路上。打开机盖,更换一只新激光头,故障依旧,再检查驱动电路也未发现问题。于是怀疑伺服块IC3(SAA7372)或外围电路有故障。用万用表测IC3各脚对地电阻,均正常,再检测外围各元件,也无明显异常现象,从而怀疑IC3内部性能不良,或其外围元件有软故障。在更换IC3之前,先断开其供电线路(R43,2.2Ω)使主轴不再转动,再断开其RF输入线路(R57或C46),结果碟片飞转,由此表明IC3内部电流通路基本正常,而且尚能正确处理输入的RF信号,并从中获取伺服控制信号,因而其内部变值的可能性较小。考虑到小电容出故障现象较多,因此问题还在IC3外围电路,逐个代换IC3外围仅有的几只小电容,发现当用0.1μF的电容并到⑭脚的0.022μF电容上时,碟片转速明显加快,几秒后读出了数据且播放也正常,判断该电容内部失效。更换该电容后,机器故障排除
	入碟后检不出目录	该故障一般出在激光组件及相关电路。打开机盖,先用棉签清洁激光头物镜表面,效果无多大改善,因此考虑卸下激光头,清洁其内腔透镜或调整APC电位器一试。具体步骤是: ①取下机芯倒扣在台面上,可见到背部的伺服主板; ②拧下主板的三颗固定螺钉,还须用吸锡烙铁焊开两只电机的引脚,使之与电路板脱离,拔下激光头带状电缆,即可取下电路板; ③用改锥拧下激光头滑杆一端的固定螺钉,即能取下激光头。 激光头内腔的清洁方法是:用针尖轻轻挑起镜头,便可对着光看见镜头一边侧缝底部的白色棱镜反光,也可看到镜头侧壁上嵌着的淡色透镜反光,适当调整观察角度便可看到镜面上有许多灰尘颗粒,于是用细棉签蘸少许清洁液伸入其内,轻轻搅动以粘掉附着在镜面上的灰尘,反复几次直到镜面干净为止。该机经上述处理后,工作恢复正常
万利达 CVD-A2型 超级VCD	按换碟键,碟盘不转	问题可能出在碟盘控制电路。开机检查碟盘驱动电路的元器件,一切正常,怀疑问题出在伺服微处理器(OM5284)及相关元件。先检查其外围元件,用万用表测④脚外接的电阻R51(10kΩ)与二极管D04(IN4148)并联两端的电阻值时,阻值竟为0Ω,说明D04已击穿。经检查果然为D04内部短路。更换D04后,机器故障排除

续表

机型	故障现象	故障分析与解决方法
万利达 CVD-A3 型 超级 VCD	重放时,无图像	根据现象分析,机器重放时有伴音无图像,故障一般发生在解码板上的视频编码及输出电路。该机解码芯片为CL8820-P160,视频编码器为BT852KTF(U301)。由原理可知:BT852⑦脚输出一路为色度信息,㉜脚输出一路为复合视频信号,而实际两路均为复合视频信号。打开机盖,找到解码板,沿两路视频RCA插口小心逆向检查。U301⑦、㉜脚之后为L301、L304、D301、D304及R303、R304和C306～C310、C316～C320所组成的低通滤波网络(LBP),查元件均无开路、短路现象。但检查U301时,发现其表面温度明显偏高。为排除因温度异常而引发故障的可能,试用酒精棉球反复擦拭其表面,由U301⑦脚输出的一路开始有杂乱的黑条纹出现,进而出现对比度由浅到深直至较清晰的彩色图像。此时按STOP键,有背景为牡丹花图案和万利达超级VCD商标出现。㉜脚一路仅有黑色条纹至很淡的图像。考虑到温度下降时有正常的视频信号输出,试用降温法来恢复其部分功能。找一块面积比IC表面,将窄平面贴紧IC,在空隙较大的地线铜箔处用双份胶黏剂固定。开机试放数小时,图像声音完全正常。由此说明,该故障是编码器U301内部其中一路复合视频信号合成电路损坏而引发的。更换U301(BT852KTF)后,机器故障排除。如无元件可购,也可采用上述应急措施处理
	重放时,无图像、无伴音	根据现象分析,由于机器读盘、显示正常,说明激光头、聚焦和循迹无问题,判断故障可能发生在数字信号处理电路。打开机盖,查看电路板发现该机的数字信号处理电路采用的是CXD2585Q。该数字集成电路内含信号处理电路和数字伺服信号处理电路,电路特点是纠错能力特强,电路简单。由原理可知:数字锁相环(PLL)电路用于产生通道位时钟脉冲信号。CXD2585Q的52～55脚之间接有低通滤波网络,该位时钟信号用于EFM信号解调。数字信号处理电路对EFM信号进行解调,经CIRC纠错运算处理和解交织处理,再经D/A变换和串/并行处理后,产生数据(LRCK)信号、位时钟(BCK)信号、左右通道时钟(LRCK)信号、误差标志(COP2)信号,分别从66、67、65、⑭脚输出,送入解码电路进行解码处理。打开机盖,用万用表测+5V供电电压正常;再测66、67、⑭脚电压,发现66脚电压为零。进一步检查外围元件未发现异常,判定CXD2585Q内部损坏,导致无DATA数据输出。更换CXD2585Q后,机器工作恢复正常
	重放时,图声停顿,马赛克现象严重	该故障一般发生在激光头、伺服控制及解码电路。打开机盖,首先用示波器监测前置放大集成块CXA2549M⑰脚"眼图"波形,发现该波形幅度极不稳定且模糊不清,怀疑问题出在伺服环路。用万用表测伺服供电完全正常,测伺服驱动块BA6392基准电压2.5V也正常;CXA2549M⑬、⑮脚分别输出的TE、FE误差信号电平也基本正常,约2.5V。怀疑激光头有问题,试更换激光头后故障依旧。由于实践中数字信号处理器CXA2585Q损坏较多,故更换CXA2585,故障仍不变,说明问题肯定出在解码电路,单独测试电源5V电压正常,无纹波干扰,由此说明此5V纹波是由解压部分引起的。经进一步检查发现5V滤波电容C208内部失效。更换C208(100μF/16V)后,机器故障排除

4. 万利达 A26 型超级 VCD

机型	故障现象	故障分析与解决方法
万利达 A26 型超级 VCD	托盘不能出仓	该故障一般发生在进出盒机械传动部位或控制驱动电路。打开机盖，手动出盒，开机后能进盒，说明机械传动正常，问题出在托盘出盒电机控制电路。该电路由 Q8、Q9、Q10、Q11 及外围元件组成，用万用表测量该电路相关元件，发现 R141 引脚虚焊。重新补焊后，机器故障排除
	重放时无图像	问题出在解码板上。由于该机伴音正常，应重点检查 ESS3883 及其外围电路，考虑到 ESS3883 不容易损坏，故重点检测其外围电路。打开机盖，用万用表测各端点电压，无异常，怀疑元件性能不良。逐一拆下电容，当拆下 C44 时，图像出来，但条纹干扰严重，说明 C44 内部不良。更换 C44(0.1μF)后，机器故障排除
	重放时无伴音	该故障一般发生在解码板上的音频信号处理电路，重点应检查 ESS3883 及外围电路组成的音频前级电路和 KA4558 及外围元件组成的音频后级放大电路。打开机盖子，用示波器测量 ESS3883㊺、㊻、㊼、㊽脚音频输出信号正常，再检测由 KA4558 组成的音频后级放大电路。测量 C13 时，发现电压仅 2V，正常时应为 4.4V，经检测，C13 内部不良。更换 C13(0.1μF)后，机器故障排除
	屏幕暗淡有斑块，图像异常	问题一般出在解码板上，重点应由 ESS3883 输出的视频信号及其外围电路。打开机盖，用示波器测量视频 27MHz 晶振，其振荡正常。再测 ESS3883�61脚的视频信号，发现输出不正常，试更换 ESS3883 后，故障不变。再检查该脚外围部分，当用示波器测 C49 时，发现无任何信号及电压，正常时应为 2.5V。经检测 C49 内部损坏。更换 C49(0.1μF)后，机器故障排除
	入碟后显示无碟	该故障一般发生在激光头及伺服控制电路。打开机盖，先检查激光头无异常，说明问题出在伺服控制电路。该机伺服控制电路主要由 CXD3068 集成块及其外围元件组成。考虑到集成块容易损坏，所以先应检查其外围元件。当用示波器测到 C88 时发现其电压只有 1V 左右，正常应为 2V。焊下测量，发现 C88 内部严重漏电。更换 C88(0.1μF)后，机器故障排除
	首次开机无电源、无屏幕	问题一般出在电源部分，即由于电源不良导致 CPU 工作失常。首先更换＋5V 的整流管和 2200μF 滤波电解电容，发现故障不变。再检查主板，该机解压芯片为 U1(ES4118F)，此芯片内带 CPU，经检测无损坏，最后怀疑 U2(16M 的 EPROM) 存储器有问题，用替换法证实确为 U2 内部不良。更换 U2 后，机器故障排除

5．万利达 MVD-3300/5500 型 VCD

机型	故障现象	故障分析与解决方法
万利达 MVD-3300 型 VCD	放 MIDI 碟时只能选曲，不能重放其内容	该故障一般发生在 MIDI 专用频解码电路。打开机盖，检查解码芯片 C728(MIDI. SOUD)，发现其内部损坏。试更换 C728 后，机器故障排除
	入碟后，激光头不发光	问题可能出在激光头及相关电路。打开机盖，断电后，将激光头移到外侧，再通电观察，发现激光头能自动内移回位，说明伺服板上的 CPU、进给伺服电路工作正常。激光头不发光，应检查激光头发光控制电路。激光头发光时，TDA1301②脚应有 3.8V 电压。该机经用万用表实测，TDA1301②脚无激光开启控制电压输出，判定为 TDA1301 内部损坏。更换 TDA1301 后，机器故障排除
	屏幕无正常的开机画面	经开机检查与分析，开机后面板有显示，说明系统控制 CPU 正常，故障一般发生在 CL484 及其周围电路。打开机盖，用示波器检测解压芯片 CL484 96、95 脚无行、场同步脉冲输出，检查 CL484⑲、⑳脚的 40. MHz 晶振波形正常，判定为 CL484 内部不良。更换 CL484 后，机器工作恢复正常，故障排除
万利达 MVD-5500 型 VCD	屏幕为灰色，无开机画面	根据现象分析，开机后有正常显示，说明系统控制电路、解码电路工作正常，故障在视频编码电路。打开机盖，用示波器测解码板上视频编码时钟 27MHz 晶振，无振荡波形，晶振一脚为 2.4V，另一脚为 0V，经检查为 27MHz 晶振内部失效。更换 27MHz 后，机器工作恢复正常
	图像消失，屏幕变为竖向灰色条纹	问题一般发生在解码板上。由于故障出现时图像消失，屏幕变为灰色条纹时解码电路、主 CPU 均不工作。打开机盖，用示波器检查主 CPU、CL484、动态存储器都正常，判定为 MUSIC3.2 内部失效。更换 MUSIC3.2 后，机器故障排除
	图像消失，屏幕变为灰色条纹	问题一般出在解码电路。打开机盖，待故障出现时，用万用表测系统控制 CPU(U8)晶振两个引脚，一端为高电平，另一端为低电平。用示波器测解压芯片 CL484 的 40.5MHz 晶振幅度也变小，且无行同步脉冲输出，测 U6(U8 的外设只读存储器 ROM)各脚波形也不正常，经查为 U6 内部失效。更换 U6 后，机器故障排除
	开机机芯无任何动作	由原理可知：开机后转盘旋转，1 号盘位转到激光头上方，激光头托架升起，激光头发光，物镜上下升降进行聚集搜索，若 FOK、FZC 能同时产生，CPU 便判断机内有盘，激光头读盘。而该机开机后，机芯无任何动作，显示屏有显示，开机画面正常，说明解码板工作正常，问题一般出在伺服板上。打开机盖，用万用表检查伺服电源正常，但 CPU(OM5284)的 12MHz 晶振未起振。经进一步检测为该晶振内部失效。更换 12MHz 晶振后，机器故障排除
	放 MIDI 不读盘	经开机检查与分析，机器重放 VCD 正常，说明激光头、伺服电路、VCD 解码电路均正常，不能重放 MIDI，问题一般出在 MIDI 专用音频解码电路。打开机盖检查，发现该电路中的只读存储器(MIDI. ROM. VER3.1)内部损坏。更换 NIDI. ROM. VER3.1 芯片后，机器故障排除
	卡拉 OK 方式下不评分	问题应出在卡拉 OK 电路。打开机盖，用万用表检测，发现电源板下的 AUTO 端与地线短路，使该端始终为低电平(应为跳变的高电平)。该机的 AUTO 插座引脚在扬声器放大/混响电路板上。焊开短路点后，机器工作恢复正常

续表

机型	故障现象	故障分析与解决方法
万利达 MVD-5500型 VCD	重放时跳迹	问题在激光头及相关电路，一般为激光头循迹、进给伺服异常，引起激光头异常。具体原因有： ①激光头老化，造成寻迹伺服不稳定； ②键编码/显示屏驱动电路 μPD16311 不良，引起输出到主控 CPU 的指令数据异常，造成误选曲； ③进给、循迹伺服电路工作异常，如数字伺服电路 SAA7372 不良或低通滤波器电容漏电； ④主控 CPU 工作异常。 该机经检查为激光头内部不良。更换同规格激光头后，机器工作恢复正常
	重放时伴音中有噪声	问题一般出在解码板上。由原理可知：解码芯片 CL484 需要的 16.9344MHz 音频时钟来自伺服板，并从带状电缆加到 U13（HCU04），经 U13 缓冲后加到 CL484。HCU04 是六反相器，内部包括 6 个非门，共有 14 个引脚，⑭脚为电源端，⑦脚为接地端。打开机盖，用示波器测 U13⑨脚有 16.9344MHz 时钟信号输入，但 CL484 ⑪ 脚及 U11（74HC157）⑬脚无 16.9344MHz 时钟信号输入，判定为 CL484⑪脚内部对地击穿。更换解码芯片 CL484 后，机器故障排除
	重放 MIDI，只有“沙沙”的噪声	问题一般出在 MIDI 专用音频解码电路。打开机盖，用万用表测 74HC157⑭脚输入的 9.6MHz 波形，现不稳定，检查发现该脚外接电阻 R5 内部损坏。74HC157 为通用数字集成电路，采用⑭脚双列塑料封装，贴片焊接，内部包含 4 个 2 选 1 数据选择器，⑧脚接地，⑯脚接电源。由原理可知：其内部共有 4 个 2 选 1 开关，每个选择开关有两个输入脚 A、B，用于输入 2 路不同的信号，在①脚（数据选择控制电压）的控制下，选择 A、B 中的某一路输出，4 个选择开关的输出端分别为 1Y、2Y、3Y、4Y。当⑮脚选通端为高电平时，4 个 2 选 1 开关均不工作。当⑮脚为低电平 0V 时，4 个 2 选 1 开关工作，若①脚（数据选择）为 0V，则 4 个选择开关把从 A 端输入的信号从 Y 端输出。若①脚为高电平，则 4 个选择开关把从 B 端输入的信号从 Y 端输出。更换电阻 R5 后，机器故障排除
	入碟后不读盘	经开机检查与观察，通电后激光头能内移回盘，但随即又慢慢地、不停地向外侧移动，一直移动到最外侧的极限位置，激光头顶住，进给传动齿轮发出打齿声。激光头能自动回位，说明激光头限位开关、CPU 进给控制都正常，激光头到位后又异常地向外移动，故障应在进给伺服及其驱动电路上。该机进给伺服电路采用 TDA7327。打开机盖，经检查发现进给伺服回路中的独石电容 C13（104pF）内部漏电。更换电容 C13 后，机器故障排除
	读不出盘上的信息	问题一般发生在伺服电路板上。打开机盖，在机器入碟后，用示波器测 RFOK 检测电压为稀疏的脉冲，发现电容 C17 内部漏电。更换 C17 后，机器工作恢复正常
	重放 MIDI 时，屏幕上出现“ERR”字符	经开机检查与分析，机器重放 VCD 碟一切正常，说明问题出在 MIDI 专用音频解码电路。打开机盖，重点检查 MIDI解码电路用的存储器 MIDI. ROM3.1 和动态存储器 UT61256-35，采用替换法证明两集成块均已损坏。更换两集成块后，机器故障排除

6. 万利达 N10 型 VCD

机型	故障现象	故障分析与解决方法
万利达 N10 型 VCD	屏显示字符不完整	问题一般出在显示屏电路。该机采用液晶显示器，显示器的控制和驱动集成电路为 PCF8566。分析显示字符不完整的主要原因是驱动集成电路或显示屏的引脚虚焊。于是仔细检查驱动块 PCF8566 各驱动端引脚，发现第㉖、㉙脚虚焊。重新补焊后，机器字符显示恢复正常
	重放时，图像色彩浅淡且亮度较暗	根据现象分析，重放时伴音正常，问题可能发生在视频编码电路。该机视频编码集成块为 U5（CXA1645）。由原理可知：CXA1645 要求外界提供三组信号，即 R、G、B 信号、复合同步信号和色副载波信号。如果三组信号具备，说明故障在 CXA1645 本身或外围电路。打开机盖，用示波器测 U5②R、③R、③G、④B、⑦B 脚信号均正常，再测⑩脚同步信号，发现其幅值异常，电压值仅为 0.7V。检查外围电路一切正常，判定为 CXA1645 内部损坏。更换 U5（CXA1645）后，机器故障排除
	托盘不能出盒（一）	经开机检查与分析，按进出盒键有操作显示，说明系统控制处理器能发现托盘进出盒指令，但伺服驱动电路未能执行指令，因此应该检查伺服驱动电路及机械传动部分。打开机盖，检查时发现装盒电机驱动管 T101 和 T103 均已损坏。更换后试机，发现托盘进出动作缓慢，而 T101 和 T103 表面发热严重。用手轻轻推拉托盘，发现阻力较大。拆下托盘，见其四个滑动轨道上有污物阻塞。更换 T101 和 T103，并清除托盘滑轨上的污物后，机器故障排除
	托盘不能出盒（二）	根据现象分析，按出盒键时，显示屏上有"OPEN"字样，说明主电路与机芯电路联系正常，且 U105 微处理器工作正常，问题可能出在检测及驱动电路。该机 A105③、④之间接有一个仓盒到位开关，当仓盒处于进出过程的滑行阶段时，它是闭合的，当进出到位后则断开，微处理器 U105⑭脚对地开路，电平为"H"，提供控制位置信号。检查电路板无断裂痕迹，然后用示波器观察"OPEN"指示信号已送到 T101，进一步检测驱动电路元件，发现 T101 内部损坏。更换 T101 后，机器故障排除
	不能读盘与重放	开机观察，激光头物镜有正常聚集搜索和循迹动作，说明聚集与循迹伺服电路、驱动电路工作正常，问题可能出在伺服或数字信号电路。打开机盖，检查伺服电路，用示波器测数字伺服电路 U104（TDA1301）第⑲脚无 16MHz 时钟信号，该信号来自数字处理器 U101（SAA7345），再测 U101 第⑰脚时钟信号发现该脚脱焊。由于 U104 无 16MHz 时钟信号，无法正常进行内部信号处理，其㉒脚与㉓脚发现错误聚集循迹信号，导致机器不能重放。重新补焊后，机器工作恢复正常
	激光头发出异常响声	该故障一般发生在伺服驱动电路。开机检查，发现激光聚集物镜下来回摆动不停。打开机盖，用示波器检测 SAA7345⑰脚 16MHz 信号波为（2±0.1）$V_{p\text{-}p}$，U104⑲脚为（2.8±0.1）$V_{p\text{-}p}$。再检查 U104 输出的脉宽信号，均有正常输出。进一步测量驱动块 U108 引脚电压，发现其偏置电压太低，查偏置电阻 R151、R152，发现 R152 内部不良。更换 R152 后，机器恢复正常工作

7. 万利达 N28 型 VCD

机型	故障现象	故障分析与解决方法
万利达 N28 型 VCD	入碟后不读盘	该故障一般发生在激光头组件及相关电路。打开机盖，在无碟状态下开机观察激光头，发现物镜能上、下移动，说明聚集、驱动控制电路正常，放入碟片，发现能转动，判断问题出在聚集检测电路。查聚集检测电信号，其信号由 U103(TDA1302)第⑨脚经 C103、R105 到 U101(SAA7345)第⑧脚，波形正常幅值为(1.5±0.2)V_{p-p}。当用示波器检测至 U101 第⑧脚时，发现 RF 幅值极小。用万用表测量其第⑧、⑦脚直流电压，发现第⑧脚为 1.75V，第⑦脚为 4.2V 不正常。判断为 C103 漏电造成。当 C103 漏电后，RF 信号中的直流电平串入，使第⑧脚电位升高。更换电容 C103 后，机器故障排除
	入碟后有时不读盘(一)	该故障一般发生在激光头及相关电路。开机观察机器，入碟后碟片转动，且聚集、激光输出等也基本正常，分析故障可能在伺服电路。打开机盖，用万用表检查 TDA1301 第④脚电压偏低，正常应为 0.6V 左右。查外围元件，发现电容 C128 内部漏电。更换 C128 后，机器故障排除
	入碟后有时不读盘(二)	该故障一般发生在激光头及相关电路。开机观察，发现激光头往外移动，用示波器观察波形发现数字信号修理器 SAA7345 的④脚幅波偏低，再测④脚对地电阻很小。挑开④脚，阻值恢复正常，查其走线，发现印板电路受潮漏电。用无水酒精清洁电路印板后，机器故障排除
	入碟后，屏显示“CDDA”字样(一)	问题一般出在数字信号处理及解码电路。开机观察，机器读盘正常，说明电源、激光头工作正常。打开机盖，开机后用万用表测数字信号及处理器 U101(SAA7345)的⑲、⑳、㉑脚的反向电阻值，发现⑲脚电阻无穷大，⑳、㉑脚为 300Ω 左右，判断 SAA7345 内部不良。更换 U101(SAA7345)后，机器故障排除
	入碟后，屏显示“CDDA”字样(二)	问题一般发生在解码电路，因为 VCD-CD-DA 格式转换是在解码芯片 CL484 内部完成的。从数字解调电路送来的数据(CD-DATA)、位时钟(CD-BCK)、左右声道时钟(CD-LROK)和误码检测(CD-C2P0)信号从 CL484CD 接口输入 CL484。在其内部，微码自动检测输入数据流的格式并控制电子开关实行相应转换。当输入数据流为 CDDA 格式时，电子开关被设置在 CDDA 位置，这时信号不经 MPEG 解压，由音频接口直接输出；当输入数据流为 VCD 格式时，电子开关接通 MPEG 解压电路，在微码控制下进行解压处理。根据以上分析，打开机盖，先用示波器测 CL484⑩③、⑩④、⑩⑤、⑩⑥脚数字信号，其波形和幅度正常。拔下连接器 CN2，用万用表 R×10 挡试上述各脚对地正向电阻，其值均为 180Ω 正常。再用示波器观察 ROM 各脚瞬间时波形，发现④脚波形异常。关机测 ROM④脚与 CL484㊿⑧脚之间电路不通，仔细观察发现 CL484 引脚有虚焊现象。重新补焊后，机器工作恢复正常

续表

机型	故障现象	故障分析与解决方法
万利达 N28 型 VCD	入碟后不读盘(一)	问题可能出在激光头及相关电路。开机观察激光无径向动作,物镜无聚集动作,主轴电机不转动。打开机盖,用万用表测 U107、U108 驱动块的⑤脚电源电压为 0V,测 R158、R159 连接焊点的电压为 0V,测 C10 两端电压正常,判定 L1782CV 三端稳压块损坏。更换后试机,发现光头径向传动部分、循迹线圈、聚集线圈工作正常,但主轴电机飞转,进一步检查数字信号处理器。用示波器观察数字信号处理器 SAA7345 的⑦、⑧⑨脚均为 2.6V 左右,属于正常。将 U107(TDA7073A)的②脚断开,用万用表测其⑬、⑯脚电压始终为 12V(正常时约为 6.2V)。由此判定驱动块 U107 内部损坏。更换 U107 后,机器工作恢复正常
	入碟后不读盘(二)	问题一般发生在伺服控制电路。打开机盖,先用示波器测微处理器的复位端及第⑦脚的激光检测电路正常,测 TDA7073 的⑨脚、⑫脚及⑬脚为 0V 也正常,再测 TDA1301②脚并同时按下 SW1 键,屏幕有显示,而 TDA1301②脚一直无激光头打开电压输出,由此判定 TDA1301 内部不良。更换 TDA1301 后,机器工作恢复正常
	入碟后,碟片转速失控	该故障一般发生在主轴驱动数字信号处理电路。打开机盖,先用示波器观察数字信号处理器 SAA7345⑦、⑧⑨脚均为 2.5V 左右,属正常范围。再断开 TDA7073②脚,检测其⑬、⑯脚均为 6V,说明数字信号处理电路工作正常,原因可能在主导轴电机伺服信号输出电路上。进一步仔细检查,发现外接积分电容 C149 内部击穿。更换电容 C149 后,机器工作恢复正常
	无开机画面,屏幕为黑色条纹	该故障一般发生在解码板上。打开机盖,先用示波器测 27.0MHz、12.0MHz、40.5MHz 晶振是否振荡,进一步检测发现解压芯片 CL484 的 40.5MHz 晶振异常,振荡波幅仅为 $1V_{p\text{-}p}$ 幅度,正常振荡幅度应为 $2V_{p\text{-}p}$ 左右,由此判定晶振内部失效。更换 40.5MHz 晶振后,机器故障排除
	托盘不能出盒(一)	问题一般发生在托盘机构传动及驱动电路。打开机盖通电观察,发现电机未转动。经仔细检查,驱动电机完好,说明故障在电机驱动电路中。用万用表测电机驱动集成块各引脚电压,基本正常。再进一步检查发现托盘滑行到位开关损坏,不能导通,从而造成托盘无法伸出。更换到位开关后,机器故障排除

续表

机型	故障现象	故障分析与解决方法
万利达 N28 型 VCD	托盘不能出盒(二)	根据现象分析,有操作显示,说明解压电路和伺服电路CPU接口通信正常,托盘出盒控制信号传输电路也无问题,问题可能出在托盘进出盒控制电路。由原理可知:在仓盒进入到位状态,仓盒检测开关接点是断开的,CPU(OM5234)根据这一信息停止输出仓盒出入控制指令。如果仓盒检测电路出现开关接触不良、连接器松脱、连接线断裂等,CPU(OM5234)会错误地判定为仓盒已经处在到位状态。此时,即使有仓盒出入指令输入,其⑪脚也不能输出控制仓盒电机转动的信号。根据上述分析,打开机盖,按动OPEN键,用万用表测OM5234DSA总线脚有触发,再测⑪脚有低电平瞬间输出,并且仓盒随着低电平的出现而滑动,随着低电平的消失而停止,所以可判定出盒控制信息传输电路正常,仓盒电机及驱动电路也基本正常。检查仓盒检测开关,发现其内部接触不良。更换仓盒检测开关后,机器故障排除
	显示屏无显示,不能重放	问题一般发生在解码板上。打开机盖,用万用表测解码板上5V和3.2V电压均正常,再用示波器观察各复位时钟信号也正常,继续检查视频编码U3(SAA71850)59、60脚,发现59脚为低电平,但测U1(CPU)⑩脚为高电平,判断U1至U3复位信号断路,经进一步检查发现U1⑩脚脱焊。重新补焊后,机器恢复正常
	显示屏显示时间正常,但不读盘	打开机盖,观察光束,感到极不明显,只看到一个较大的光圈,中间稍亮一点。仔细观察,发现光圈里有许多小水点,估计是因激光头受潮结露引起。拆下激光头,并将整个激光头组件放在台灯下(物镜向上)照射2～3小时后再装上,机器故障排除
	重放时,图像无彩色	问题一般在解码板上。由于机器重放有图像,解码芯片应工作正常,重点检查视频D/A转换电路。打开机盖,先用示波器和万用表检测D/A转换器BT852⑰～㉔脚有输入信号,再检查端子的切换电压一切正常,检查外围元器件也无异常,说明D/A转换器BT852内部不良。更换BT852后,图像彩色恢复正常
	重放时,屏显示异常	问题一般出在VCD解压电路。打开机盖,先将面板设置于PAL状态,通电观察屏幕,显示“DTSC”,估计是解码芯片U2初始化没有成功。再用示波器测电源复位时钟正常,测U1至U2接口线正常,由于U2初始化没成功,判断问题出在U2至U4、U5的低端信号电路上。经仔细检查发现U5③、④脚脱焊。重新补焊后,机器故障排除
	重放时,无图像、无伴音(一)	根据现象分析,该机屏显示及读盘均正常,说明微处理器、伺服电路基本正常,问题一般出在解压板电路上。打开机盖,用示波器检查数字信号处理器SAA7372输出的BCK、LR、CK、DATA的信号,发现其中DATA信号不正常,电压高达5V,正常时应为2.2V。进一步检查SAA7372外围电路,发现R39有一引脚与5V电压线路碰触短路。拨开碰触点后,机器工作恢复正常

续表

机型	故障现象	故障分析与解决方法
万利达 N28 型 VCD	重放时,无图像、无伴音(二)	该故障一般发生在解码板及供电电路上。打开机盖,先检查解压板 5V 和 3.3V 供电。该机的 3.3V 电压由 V2(BD136)和 V1(2SC945)组成简单的线性稳压器提供。用万用表测 V2 发射极,有 5V 电压,但集成电极、基极为 0V。进一步检查取样放大管,发现 V1 的 b、e 极已短路。更换 V1(2SC945)后,机器故障排除
	重放时,无图像、无伴音(三)	该故障一般发生在 VCD 解压电路。开机观察,机器入碟后主轴电机始终都能正常旋转,说明 CPU 及主机芯各电路均正常,问题出在 VCD 解压电路。打开机盖,用万用表先测解压芯片 CL484㉓脚的+5V 供电电压,无异常,再查其⑩脚的复位电压也正常。解压板上的晶振故障较高,怀疑 CL484⑲、⑳脚之间所接 40.5MHz 晶振不良,但将其更换后故障依旧,说明故障不是晶振损坏引起。再进一步检查 CL484⑫脚的+3.3V 供电电压,仅为 0.78V,顺着该电路往前查,发现控制管 Q1 内部损坏。更换 Q1 后,机器工作恢复正常
	重放时,图像有方块及白条干扰	经开机检查与观察,有开机画面,显示正常,重放时图像上有方块状干扰,从表面上看一般为机器纠错能力不强,但该机伴音一直正常,说明不是纠错能力问题,估计问题出在视频编码电路。打开机盖,检查解码板上的有关元件,发现 U5(DRAM)内部失效。更换 U5(DRAM)后,机器故障排除
	重放数分钟后,图像消失	问题一般出在解码板上,且大多数为 CL484 解码芯片以后的电路异常,应重点检查视频编码电路及外部存储器。经细心检查发现存储器 U5(DRAM)内部不良。更换 U5 后,机器故障排除
	重放时,图像色彩不稳定	问题一般出在解码板上。由原理可知:重放时图像彩色不稳定,主要是由彩色副度载波的频率偏差引起,彩色副载波由解码板上集成块 U6 内的两个非门和晶振荡电路产生。彩色副载波送到 U5(CXA1645)⑥脚,⑨脚外接一个亮度信号波电容,⑩脚也是一个同步波电容,这些元件的异常,会产生图像暗淡、对比度不足和色彩不稳等故障。打开机盖,用万用表仔细检查,发现 U5 外围电路 C7 内部漏电。更换 C7 后,机器故障排除
	重放时,屏幕上无字符显示	该故障一般发生在字符发生器电路。字符发生器 U18(6453)第⑧、⑨脚无振荡波形,检查 LC 回路完好,判定为 U18 内部不良。更换 U18(6453)后,屏幕有字符出现,机器故障排除
	重放时,射频无信号输出	该故障一般发生在射频调制器。打开机盖,用万用表测射频调制器 KA2984⑨脚 5V,工作电压偏低。该电压是由 12V 稳压而来。再用万用表测输入电压 12V 正常,判断故障在 5V 输入端。用 1k 挡测 5V 滤波电容 C13,发现 C13 内部短路。更换 C13 后,机器故障排除

续表

机型	故障现象	故障分析与解决方法
万利达N28型VCD	重放时，伴音中有干扰声	根据现象分析，导致噪声的产生有两种情况：一种是"KARAOKE"状态下有噪声，而在"NOR"状态下正常；另一种是在两种状态下都有噪声。第一种情况多为随机存储器8UPD41484不良造成；第二种情况则多因U6数字音频信号处理器的外围或模拟放大部分出问题造成。经开机检查，该机两种状态下都有噪声出现，说明为第二种情况。打开机盖，检查各级工作正常，发现后级混合的话筒信号处理失真，正常情况下MIC信号先由U6㉑脚进入，再由㊹脚输出其处理后的信号，当输入端和输出端电压不一致的时候，采样信号异常，内部转换器产生噪声信号输出。用万用表测量㊹、㊶脚电压，发现㊹脚输出端子电压为1.4V，明显偏低。检测U6外围元件，发现电容C8内部漏电。更换C8后，机器故障排除
	唱卡拉OK时，无回声效果	问题一般发生在卡拉OK信号处理电路，原因大多为卡拉OK芯片YSS216损坏或工作异常。由原理可知，当不使用OK功能时，音频信号直接通过YSS216，因声音正常，推断YSS216是正常的，仅是OK功能没有工作而已。YSS216正常工作必须具备有电源、时钟，测16.934MHz信号正常。打开机盖，用万用表测YSS216供电电压，发现接近0V。仔细检查其供电电路，发现供电稳压块7805表面发热严重，测其输入8V正常，输出为0V，判定其内部损坏。更换稳压块7805后，机器故障排除。
	唱卡拉OK时，按"ECHO"键有噪声出现	问题一般出在卡拉OK电路。该机卡拉OK电路主要由卡拉OK处理芯片YSS216和随机存储器(D41464)组成，其中任何一个集成块出问题都可能造成此现象。打开机盖，用万用表先测D41464工作时各脚电压值，发现⑮脚电压不正常，初步判定D41464与YSS216通信线路不正常。用万用表测D41464⑮脚与YSS216⑲脚，呈现开路状态，经检查发现YSS216⑲脚呈现开路状态，YSS216⑲脚虚焊。重新补焊后，机器工作恢复正常
	经常自动出入盒	问题可能出在进出盒控制键及相关控制电路。开机观察，该机在各种状态下都有自动进出盒现象，入盒后播放一会儿又出盒。由于机器播放时正常，只是会自动进出盒，说明进出盒控制键有时存在漏电，此键漏电至一定程度相当于进行了操作，故机器执行进出盒操作。将出入盒按键拆下，故障不再出现，说明此键的确存在漏电故障。更换该按键后，机器故障排除
	频繁出现声、图停顿及马赛克现象	问题可能出在激光头及主轴伺服电路。打开机盖，清洁激光头物镜后，故障依旧。再用激光功率表测得激光功率为0.32mW正常；用手拨动径向电机，带动激光头到末端无任何阻碍转动，观察发现电机盖被撬得变形，使得机盖转动时与激光头支架有一处摩擦，故障原因可能由此引起：因主轴做CLV(恒定线速度)运动，激光头在碟内圈时，主轴转速较快，转矩大于阻力，读盘便正常，但越往后转速越慢，电机盖托着碟片每转到有阻碍处便减速一下，导致激光头读盘不稳定。更换或修复电机后，机器故障排除

续表

机型	故障现象	故障分析与解决方法
万利达 N28 型 VCD	不能读盘与重放(一)	问题一般出在激光头及相关电路。打开机盖,先取下伺服板,将各开关短接,通电,用万用表测各点电压及波形,未见异常。再拆下激光头组件,发现灰尘太多,将其清洁后,试机光盘能转动,但屏幕显示异常。由于该机已使用半年,可能因环境恶劣使激光头太脏或长期处于疲劳状态以致老化。调大激光头工作电流后试机,能正常读盘,也能正常工作,但工作十几分钟后死机,由此判断激光头内部严重老化。更换新激光头后,机器工作恢复正常
	不能读盘与重放(二)	问题一般出在伺服控制电路。开机观察,发现激光头物镜能上下正常聚集,但碟片转速不稳。因主轴电机转动受解码电路控制,当解码电路得到 RF 信号后,应解调出正常信息才能控制主轴电机正常旋转,因此判断故障一般出在 U103 至 U101 之间。用示波器检测 RF 信号,当测量至 SAA7435⑦脚时,发现幅值比正常值小,而测其⑧、⑨脚电压正常。经检查发现⑦脚接地电容 C104 内部不良。更换 C104 后,机器工作恢复正常
	屏显示"DISC",机器不工作	问题可能出在微处理控制电路。打开机盖,用万用表测机器在开机瞬间微处理器 U12 和解压芯片 U1 复位复位信号电平变化正常,U12 外围 X2 有振荡信号波形,而时钟振荡器 U7 无输出波形,判定 U7 不良。在 VCD 机中,解压芯片对 U7 的振荡信号要求较高,当重放时 U7 振荡幅度的变化或频率漂移,都可能发生死机现象。该故障为时钟振荡器 U7 内部损坏。更换 U7 后,机器故障排除
	不能重放	开机观察,屏幕有蓝底和厂标字幕,判断故障出在解码板上,且大多为芯片 U2 和 CD 接口和识别微码出错。打开机盖,用示波器查 U2⑩③、⑩④、⑩⑤、⑩⑥脚,发现⑩④和⑩⑤脚电压幅度偏低,断电后测其对地阻值比正常值小,检查电路外围元件一切正常,判定为 U2 内部损坏。更换 U2 后,机器恢复正常工作
	激光头抖动不止,不读盘	问题可能出在伺服驱动或数字信号处理电路。由原理可知:U104(TDA1301)㉒、㉓脚分别控制循迹聚焦伺服,㉔脚是滑动伺服控制脚,而 U104 所用的 16MHz 时钟是由数字信号处理电路 U101(SAA7345)提供,该时钟信号如果没有或频率不正常,U104 将无法工作。根据上述分析,打开机盖,先用示波器检测 SAA7345⑰脚 16MHz 时钟信号,只有高电平,而⑬、⑭脚也无振荡波形,经仔细检查发现晶振 X101 内部失效。更换 X101 后,机器工作恢复正常

续表

机型	故障现象	故障分析与解决方法
万利达 N28 型 VCD	重放 10 秒后，出现异常现象	开机观察，机器冷态开机能正常播放 10～12 秒，说明激光头及聚焦循迹伺服系统基本正常，不能继续播放的原因可能为激光头径向进给伺服系统有问题，即激光头始终处在内限位开关处，能播放 10～12 秒是靠循迹线圈的径向微动来完成的。首先用万用表 R×1 挡给进给电机加电，发现进给电机带动激光头运转灵活。试将激光头移至最外沿，送电后激光头能正常回位，说明进给电机及驱动 IC 是正常的。查 SAA7372㉘脚到进给驱动块 R15、C21、C16 等相关元件，发现电容 C21 内部不良。更换 C21 后，机器故障排除
	入碟后，屏显示"NO DISC"，不读盘	问题可能发生在激光头及相关电路。开机观察，机器入碟后，用万用表测微处理器 OM5284②脚，发现主轴转，OM5284②脚 ROK 输入有高电平变化，说明激光头以及检测电路基本正常，故障应在 RF 到 DSP 数字信号处理电路上。再测 RF 放大输出块 TDA1300⑨脚电压为 1.5V 正常，测 SAA7372⑭、⑮、⑰、⑱脚电压，发现⑮脚异常，正常时为 2.4V。分析从 TDA1300⑨脚输出的 RF 信号经 R57 电阻、C46 电容耦合到 DAP、解码、伺服集成块 SAA7372。检查耦合元器件，发现 R57 引脚脱焊。重新补焊后，机器故障排除
	入碟后，显示屏显示错乱	经开机检查与分析，机器入碟后显示紊乱及不读盘与系统控制电路、操作显示电路及电源均有关。本着先易后难的原则，打开机盖，先检查电源电路，发现电源整流滤波板上 2C8 电解电容炸裂短路，将短路电容拆下，开机后一切功能正常。查电容 2C8 为耐压 25V 的滤波电容，提供显示用的－27V 电压，由于电容炸裂而使两极短路，致使－27V 电压短路而引起紊乱，导致机器不工作。更换 2C8（22μF/50V）后，机器故障排除
万利达 N28B 型 VCD	入碟后，碟片高速反转	问题可能出在伺服控制电路。打开机盖，用万用表测伺服板上 J6 插座的供电电压，＋5V、＋12V 正常。再开机观察，未装碟片时主轴不转，激光头有检索动作且发现激光，说明激光头工作基本正常，分析故障原因可能是 IC3（SAA7372）的㉝、㉞脚外围元件及51～54、57脚与 IC2 的对应脚连线及元件，经查无断路及变值故障；再查 IC3 的③～⑤、⑦～⑨、⑮脚与 IC 的对应脚连线及电阻、电容，也无问题。考虑到 IC3 对主轴转速的控制是由其时钟频率与输入的 RF 信号通过内部的鉴频器共同比较实现的，那么是否因 IC1 的⑨脚到 IC3 的⑮脚的 RF 信号畸变所致。经仔细检查相关元件 R57、C46，发现独石电容 C46 内部不良。更换 C46 后，机器故障排除
	入碟后，碟片不转（一）	开机观察，激光头有激光发出，强度较弱，用一只同型号激光头换入试机，工作正常，由此排除线路板损坏的可能性，应重点检查激光头。将激光头放在亮光下观察，发现物镜及棱镜并无异常，小心地将激光头尾部接收板拆下（此步骤需小心进行，其尾板通过一层硅胶和支架相连，切勿将附在尾板或支架上的胶层碰掉，否则很难复原），检查发现激光器上有不少污物。试用镜头纸将污物擦去，再将尾板装回支架，轻压尾板使其和胶层之间无空隙，再在尾板与胶层上涂一点胶，装回试机后，机器故障排除

续表

机型	故障现象	故障分析与解决方法
万利达 N28B型 VCD	入碟后，碟片不转(二)	经开机检查与观察，激光头聚集搜索动作正常，也有激光发出，估计是由于CPU未收到FOK信号引起。分析FOK信号的正常送达涉及的范围较宽，本着先易后难的原则，决定先替换激光头，但换后故障不变。在检修中无意侧放机器，发现竟能正常读碟和播放，以为是接线有接触不良现象，但重新将所有插线压紧后，故障依旧。于是考虑检查主轴电机，将机器平放，用万用表R×1Ω挡测主轴电机不转，万用表读数无穷大，但侧放时测主轴电机则旋转正常，说明主轴电机内部性能不良。更换主轴电机后，机器恢复正常
	显示屏不亮，机芯无任何动作	问题可能出在电源及解码电路。打开机盖，用万用表测解压芯片CL680+3.3V供电脚对地电阻为0Ω，说明CL680已经损坏。更换解码芯片CL680后，开机一切正常。用万用表测CL680芯片供电脚实际电压为+2.97V和+4.58V。为了使CL680能长时间可靠工作，试加大+3.3V供电降压限流电阻的阻值，使供电电压适当降低一点。原机使用的电阻为1.5Ω，现更换为3Ω，电压由原来的2.97V降至2.55V。实践证明此电阻也不宜太大，否则供电电压太低会使画面出现横条干扰。CL680芯片+5V供电脚有一只100Ω降压电阻，现更换为120Ω，电压由原来的4.58V降至3.70V。更换完毕开机，图、声正常，无显示不良现象，纠错能力亦较强。该机经上述处理后，故障不再出现
	按面板键和遥控键均无效	根据用户反映该故障因换碟时推拉盘造成，分析原因可能出在驱动电路。打开机盖，通电后，用万用表测机芯控制微处理器IC501第㊸脚电压为直流5V，判定托盘到检测开关未闭合。关机用手拨动程序齿轮，在程序齿轮上部月齿的带动下顺畅地将托盘退出，取出托盘，拆下程序齿轮，发现下部的托盘关闭检测柱已断，无法碰压检测开关KS1。用同型号程序齿轮替换后，装上托盘，手动程序齿轮，将托盘送到位，再开机，观察激光头有聚集搜索动作，聚焦访问结束后，激光头自动复位，激光二极管即停止发射激光，视频显示无碟。此时按出盒键托盘无动作，但视频有相应的功能按键显示。试放入一张VCD碟到机芯托盘上，装上持片器，连续按“OPEN/CLOSE”键两次，光盘开始转动，并读出曲止时间。按播放键能正常播放，按出盒键时播放停止，但加载电机不转。检测电机到CN401④、⑤脚之间的连线正常，且无短路现象，按出盒键时，用万用表测IC501第㊱脚有高电平输出卸载控制信号，同时测驱动电路中供电二极管D401负端为4.75V偏低，正常应为5V，分析为驱动管短路或供电不良所致。测D401正端电压为5V正常，用数字万用表在路检测驱动管Q401、Q402、Q403、Q404，发现Q403内部损坏。更换Q403后，机器故障排除

续表

机型	故障现象	故障分析与解决方法
万利达 N28P 型 VCD	无蓝屏，面板显示屏无显示	根据现象分析，开机无显示，故障原因一般有电源不正常、整机不复位、50MHz 时钟不振荡等。打开机盖，用万用表检查＋5V、＋8V、＋12V 电压均正常；50MHz 振荡也正常；但测复位电压不正常，该机正常时开机为 0V，然后跳变并稳定在＋5V，而此机复位电压只有 3V。分析可能复位电路或集成块内部有故障。经仔细检查发现电容 C43 内部漏电。更换电容 C43 后，机器故障排除

8. 万利达 N30 型 VCD 播放机故障检修

机型	故障现象	故障分析与解决方法
万利达 N30 型 VCD	入碟后，碟片高速正转	问题一般可能出在数字信号处理电路。由原理可知：当机内有碟片时，激光头中的光敏管将光盘反射回来的信号进行光电转换，送 U4(TDA1302T)放大，U4⑩脚输出的 RF 信号经 ROK 形成电路后使微处理器 U7(OM5234)⑦脚保持低电平，U7 通过数据线输出串行指令给 DSP 电路 U6(SAA7345GP)，U6㉒、㉓脚输出主轴旋转指令，通过 U2(TDA7073A)驱动主轴旋转，此时 U4⑨脚输出的 RF 信号送到 U6⑧脚，进入内部 CLV 伺服电路，PLL 电路从 RF 信号送驱动电路，锁定的光盘线速度保持在 1.3m/s。根据上述分析，打开机盖，经检查 U2①脚有 4.2V 方波脉冲，驱动主轴飞转，断开 U6㉓脚输出后主轴停转，显示无碟，说明 U2 以后的电路正常，查 U6㊹脚电源为 5V 正常，⑨脚比较器共模输入为 2.5V 正常。因该机有开机画面显示，说明 X1(33.8688M)晶振无问题，至此判定 DSP 芯片 U6 内 CLV 伺服电路不良。更换 U6(SAA7345GP)后，机器故障排除
	重放一段时间后自动返回	该故障可能为 CPU(P87C52)U1⑨脚复位信号不稳定引起。打开机盖，用示波器观察复位信号并未发现异常。拆下电解电容 C1，检查发现电容内部断路，由于该电容失效造成重放时再次复位，使激光头自动返回，重新从头开始播放。更换 C1(10μF/50V)后，机器工作恢复正常
	重放时无伴音	问题一般出在解码板上的音频信号处理电路。打开机盖，先查音频 D/A 转换器 PCM1715。用示波器测量①、②、③、⑤各脚信号，发现⑤脚无 16.9MHz 时钟输入，测音频信号处理芯片 YSS216 的⑬脚输入信号正常，YSS216 的其他相关信号也正常，判定 YSS216 内部损坏。更换芯片 YSS216 后，机器伴音恢复正常
	显示屏无任何显示	该故障一般发生在解码板上的视频编码电路。打开机盖并开机，用示波器测 40.5MHz、27MHz、27MHz 时钟电路都有振荡；再测 CPU 的㉝～㊴脚，发现㊲脚偶尔出现 3V 左右的电压，其余全为低电平，正常情况下这 7 只脚的电平是一致的，怀疑电阻 R1 变值，用万用表 R×1kΩ 挡测试，把红表笔接 CPU㊵脚，黑表笔依次接 CPU㉝～㊴脚，发现㊵脚与㊲脚几乎短路，用 R×10 挡测得阻值为 25Ω，卸下 R1，测 CPU 引脚间阻值依旧，判定 CPU 局部损坏。更换 CPU 后，机器工作恢复正常

9. 万利达 S223 型 VCD

机型	故障现象	故障分析与解决方法
万利达 S223 型 VCD	入碟后不读盘	经开机检查与观察，机器入碟后碟片不转，激光头在做聚集动作时无激光射出。打开机盖，用万用表检查激光二极管正向电阻为 16kΩ，反向电阻为∞，正常，说明故障在激光二极管驱动电路。由原理可知：机芯、激光头完成复位动作后，CPU(ST29C020)发现指令，伺服电路 IC2(OT1206-724)㊵脚输出 5V 高电平，送入 IC1(AN8803NSB)③脚，此时②脚为低电平，Q1 导通，+5V 电压经 R3、Q1 e-c 加至激光二极管，使其发出激光。根据上述分析，打开机盖，用万用表在聚集动作时测 IC2㊵脚电压为 5V，IC1③脚为 5V，②脚为 3.5V，Q1 基极为 3.5V 正常，但集成电极无电压输出，正常时应有 1.8V 左右电压输出。经检测发现 Q1 内部开路。更换 Q1(8550)后，机器故障排除
	按进盒键，托盘不能进盒	经开机检查与观察，托盘进出盒部分无机械故障，分析故障一般出在托盘进出盒控制电路。由原理可知：托盘加载电机由 IC4(ES3883)控制，正反运转分别由㊴、㊵脚输出的指令控制。托盘进盒控制是：IC4 接收到"CLOSE"操作信号后，其㊵脚输出托盘进盒的高电平指令，送到 Q3 基极，Q3 导通，并使 Q4 正偏而导通，㊴脚输出低电平，Q2 与 Q4 同时截止，+5V 电压→Q4→加载电机→Q3→地，加载电机顺时针转动，通过托盘进出传动机构驱动托盘向机内移动。当移至重放位置时，托盘进出检测开关 K2 闭合，给㊳脚送入低电平信号，中断㊵脚高电平，加载电机停转。根据上述分析，打开机盖，在托盘伸出机外状态下反复按进出盒键，用万用表测 CN①、②脚间电压为 0V，正常应为 4V 左右，测 Q3 基极电压为 0V，正常为 0.7V，检查四只驱动三极管正常。测 IC4㊵脚输出为 0V 低电平，正常应为 4.2V 高电平，说明故障原因是由于 IC4 未发出进盒指令。检查托盘进出检测开关 K1、K2 正常，测 IC4㊳脚电压始终为 0V，正常时托盘在机外时电压应为 4.2V，只有托盘进盒到位时才为 0V。分析原因可能是㊳脚与+5V 间的上拉电阻 R169 开路，经检测 R169 果然内部断路。更换 R169(4.7kΩ)后，机器故障排除

续表

机型	故障现象	故障分析与解决方法
万利达 S223 型 VCD	不能播放 VCD	经开机观察与检查,激光头组件复位正常,但物镜无上下聚集动作,说明问题出在聚集引入系统。当机器通电后,仓盒被送入机内,同时激光头组件向主轴方向移动,碰压限位开关。IC4(ES3883F)㊼脚检测到该低电平后,将聚集访问与 LD ON 指令送到伺服电路 IC2(OT1206-724N4E),由伺服逻辑控制电路产生锯齿波访问信号,经输出控制电路处理成 PWM 信号从 IC2㉘脚输出,经低通电路后送入 IC5(AN878OSB)⑥脚,其驱动电流从 IC5⑪、⑫脚输出,送入聚集线圈,驱动物镜上下移动,对 LD 发射出的激光进行焦距调整,引入聚集。根据上述分析,打开机盖,用万用表 R×1 挡测插座 CZ1①④脚间电阻为 9Ω,且物镜动作,说明聚集线圈及软排线良好。反复通电后测 IC5⑪、⑫脚间电压为 0V,正常应在 0～0.2V 间变化,说明 IC5 无聚集电压输出。测 IC5⑧、㉑、㉒脚有正常的 7.8V 工作电压,但⑥脚电压为 2.5V 不变化,正常时应在 2.5～2.4V 间变化,测 IC2㉘脚电压在 2.6～2.5V 间变化,说明 IC2㉘脚有聚集访问信号输出。分析可能是 IC2㉘脚至 IC5⑥脚间的通道存在开路。经进一步检查相关元件,发现电阻 R2 内部开路。更换 R2 后,机器工作恢复正常

10. 万利达其他型号光盘播放机

机型	故障现象	故障分析与解决方法
万利达 58MP 型 VCD	重放时无伴音	该故障一般发生在音频 D/A 转换及放大输出电路。由原理可知:该机用 AV1489 作音视频 D/A 转换,输出的音频信号经 4558 放大后送至音视频输出端,4558 由双 12V 供电。打开机盖,用万用表测双 12V,发现－12V 端电压为 0V,将电源输出插件拔下,－12V 电压恢复正常。将 4558 负压供电脚④脚用镊子撬起,通电测－12V 电压正常,说明是 4558 内部损坏,更换后,声、图俱佳。但盖上外壳,装上螺钉后,故障重现,故怀疑机内电路板或走线有接触不良或虚焊现象。再开盖检查,却未发现异常情况,又重新装机观察,发现当上紧后面板螺钉时,后面板会向外倾斜。经仔细观察后发现,当后面板向外倾斜时,因为在后面板上的音视频输出端子同时也向下压低,与主板上的－12V 走线相碰,输出插口的外壳金属是接地的,所以导致－12V 对地电压短路,使 4558 无负压而无音频输出。在输出端子上垫上一层绝缘纸后,机器故障排除
万利达 VCD-M209 型 VCD	有时不读盘,能读盘时出现无规律自动停止现象	该故障产生原因有:①激光头不良;②激光头排线插座接触不良或有断路现象;③电路板上相关插座接触不良。检修时,打开机盖,观察激光头物镜上有一层灰尘,用棉球洗净,关机后,故障不变。试换新激光头,开机后碟片仍不转。取出碟片后再开机观察,发现光头物镜有激光,但无聚焦信号输出。检查聚集回路,发现激光头排线折断一根。更换激光头排线后,机器故障排除

续表

机型	故障现象	故障分析与解决方法
万利达 AB-130Y 型超级 VCD	托盘不能出盒	问题一般发生在进出盒电机及驱动电路。打开机盖，用万用表检测电机两端的电阻为无穷大。打开机壳检查，发现电机内碳刷已完全损坏。由于同型号或同功能、同电压、同体积的电机市场难觅，考虑到收录机芯中含有近似功能的电机，能否代替 VCD 机的进出盒电机呢？经认真对比分析，要实现替换，必须符合以下要求：①两种电机的外形尺寸必须相近，才能安装在原电机位置；②代用电机的工作电压应在 5V 左右。由于 VCD 机的进出盒电机无稳速电路驱动，电源电压为＋5V 或－5V，以进行正转或反转，而收录机的电机均由稳速电路驱动，只能朝一个方向运转。 选择一只外形尺寸相当、工作电压为＋12V 的收录机电机组件，去除其中的稳速电路后，试装在原进出盒电机处，接通电源试机，按进出仓键，结果进出盒动作运行恢复正常，机器故障排除
万利达 MP-2000 型光碟播放机	不能停止，也不能选曲	经开机检查与观察，怀疑是由 CPU 因供电不足而导致系统未完全复位造成，但更换新电池后故障不变。因有时候能正常操作，估计可能是 CPU 引脚有虚焊。打开门盖，将电路板和机芯取出，找到 CPU(IC2)，用放大镜仔细观察，未见其引脚有虚焊，但发现有两处印板铜箔线路的绿阻焊层浮起，铜箔已经氧化锈蚀，估计线路开路。仔细检查 LCD 支架处两处已氧化的线路，其中有一条线路确已开路，从而导致 REW 至 STOP 四个按钮均无作用。重新补焊或连线后，机器故障排除

三、厦新 DVD/VCD 光盘播放机故障检修

1. 厦新 8058/8156 型 DVD

机型	故障现象	故障分析与解决方法
厦新 8058 型 DVD	显示屏无显示，机器不工作	该故障一般发生在开关电源及控制电路。检修时，打开机盖，用万用表测稳压控制集成块 UC3842⑦脚电压只有 6.5V，⑧脚为 0V，怀疑对地正反向电阻只有 300Ω 左右，与正常时电阻 145kΩ 相差较大。再分别查 R106、C112 元件，发现电源 C112 内部损坏。更换 C112 后，机器工作恢复正常
厦新 8156 型 DVD	指示灯及显示屏均不亮(一)	该故障一般发生在电源电路。打开机盖，在给电源加电后用万用表测场效应管 VP1 源极电压时，发现表头指针出现瞬间正向跳动，随即返回零刻度处。表头指针跳动说明开关电源已经起振，随即回零则是负载出现过流或短路，CPU③脚内的 OCP 保护电路起控，强制 OSC 停振、VP1 截止，实测过流保护。检查过流检测电阻 RP12 为标称值 1Ω，逐一测量 A＋5V、D＋5V、±12V 和＋12V 四路负载在路电阻，发现 D＋5V 负载电阻只有几欧，断开 JP3 第⑥脚接插头，再测仍只有几欧。仔细检查整流滤波电路 DP6、CP24、CP19、CP20、CP38 等相关元件，发现滤波电容 CP25 内部击穿。更换 CP25 后，机器工作恢复正常

续表

机型	故障现象	故障分析与解决方法
厦新 8156 型 DVD	指示灯和显示屏均不亮(二)	问题一般出在电源电路。打开机盖,检查熔断器 FP1 已熔断,整流滤波元件良好,用万用表测场效应 VP1 漏-源极击穿。脱开 VP1 的 D⑤～③脚直流电阻值正常。由原理分析,VP1 损坏的原因有:电源脉宽调制电路失控;开关管过流保护电路失控;开关管过压保护电路失控;OSC 振荡 UP1 工作异常。断开 VP1 栅极电阻 RP6,在 UP1 第⑦脚加上＋12V直流电源,用示波器观察 UP1⑥脚 PWM 脉冲波形正常;又在 RP17 与 RP15 公共端加上 5.0V 可调直流电压,在示波器上看到 UP1⑥脚的 PWM 脉冲宽度随电压升高变窄、随电压降低增宽;在 RP11 上加 0.7V 电压,观察 UP1④脚 OSC 停振,⑥脚无 PWM 脉冲调制信号波形出现。进一步检查开关管流涌电压限制保护电路中的 DP1、CP7、RP2 等相关元件,发现 CP7 内部损坏。更换 CP7 和场效应管后,机器工作恢复正常
	指示灯和显示屏均不亮(三)	问题一般发生在电源及解码电路。打开机盖,先脱开 RP9,在 CPU 正端加上＋12V 电压时,CP14 上仍无锯齿波荡信号,检查 CP14 和 VP2,良好,由此判断 UP1 内部 OSC 失效。更换 OSC 振荡器后,机器故障排除

2. 厦新 SVD678/687 型超级 VCD

机型	故障现象	故障分析与解决方法
厦新 SVD678A 型 VCD	开机后,按任何键均无反应,也无显示屏显示	该故障可能发生在开关机控制及解码板电路。检修时,打开机盖,通电后用万用表测 8V 和 5V 供电电压均正常。再检查解码板,在测量视频编码芯片过程中,发现视频解码芯片 ES3883 严重发热,而此时该芯片的工作电压还不到 1V,说明电路存在严重的短路故障。断电后仔细检查 ES3883 的外围电路。未发现有元件击穿短路现象,判定为 ES3883 视频解压缩芯片内部损坏。更换 ES3883 芯片后,机器故障排除
厦新 SVD678H 型超级 VCD	待机指示灯亮,按任何键均无反应	问题可能发生在解码板及供电电路。检修时,打开机盖,用万用表检查发现给解码板供电的－5V 电压已经变成－15V,测量 ICP(79L05)已损坏。但更换三端稳压器后故障不变,测量电源已正常,进一步检查发现解码板已损坏。分析故障原因是该机使用的三端稳压器 79L05 功率过小,如果市电电压略有波动,极易损坏解码板。因此应将三端稳压器 79L05 更换为功率略大的 7905。更换三端稳压器 79L05 后,机器故障排除

续表

机型	故障现象	故障分析与解决方法
厦新 687 型超级 VCD	开机无任何反应，不能工作	问题可能出在电源及控制电路。由原理可知：机器待机时，按下电源开关后指示灯应熄灭，随后可听到继电器"嗒"的一声吸合，主电源随即接通工作。打开机盖，用万用表测插座 JP01 的①脚，待机＋5V 电压正常，按下电源开关，检测主 CPU 发出的电源通断指令（即测插座 JP01④脚）有高低变化（由＋2.5V 变为 0V）。而测 Q01 的 b 极无电压变化，查 R05、R03、R04 元件均正常，经检测为三极管 Q02 内部短路。更换 Q02 后，机器工作恢复正常
	无开机画面，重放时无图无声	该故障一般发生在供电电路、超级 VCD 解压板、CPU 等处。打开机盖，用万用表测主板上的＋5V 电压、＋12V、－12V电压，发现 CN05 插头②脚 12V 电压正常，③脚－12V 电压为 0V。进一步检查电源板，发现稳压块 ICP4（7912）输出为 0V，输入②脚电压正常，判断 ICP4（7912）内部不良。更换稳压块 ICP（7912）后，机器故障排除
	显示屏亮度变暗，字符显示笔画混乱	根据现象分析，机器操作及重放正常，说明主电源基本正常，问题一般出在显示屏及供电电路上。打开机盖，用万用表测插座 JP03 的②脚，－22V 电压偏低为－19V，手摸 DZ1、IC02 有发热现象，估计为负载过重引起，经仔细检查 DZ2 内部击穿。更换 DZ2 后，机器显示恢复正常

3. 厦新 759/769 型超级 VCD

机型	故障现象	故障分析与解决方法
厦新 759 型 VCD	入碟后屏显示"DISC"，不工作	该故障一般发生在激光头及相关电路。开机观察，激光头有正常激光发出，也有聚焦循迹动作。打开机盖，待碟片入盒后用万用表测量 FOK 形成块 OM5284②脚，无跳变的低电平。正常时碟转动的瞬间应有高低电平变化，FOK 无电平变化，说明 QS01、QS02、QS03 所组成的高频信号放大、聚幅度放大、包络检波以及开关管等组成的分立件 FOK 检测电路有故障或激光头老化。先用新激光头替换试播，故障不变，再重点检查 FOK 检测电路，发现 DS02 内部损坏。更换 DS02 后，机器故障排除
	字符显示混乱，托盘、激光头组件无任何动作	问题可能出在解码及控制电路。打开机盖，先检查解码板上的工作电压。用万用表测＋5V 电压正常，而 3.3V 电压只有 1.5V，用手摸解码板上芯片无温热感，拔下 3.3V 电源插头，再测插头电压仍为 1.5V，经检查初步认定解码板无短路故障，3.3V 电压过低应检查电源供电部分。该 3.3V 电压是由 PQ03 稳压后提供的，测量 PQ03 集电极电压约 10V，但其发射极电压为 1.5V，测基极电压不到 1V。查基极电路元件，发现 CP10 内部短路。解码芯片 CL680 必须要有＋5V 和 3.3V 的电压才能使整个解码板电路正常工作，任何一路供电电压不正常均会造成解码板电路工作失常。更换 CP10 后，机器工作恢复正常

续表

机型	故障现象	故障分析与解决方法
厦新 769 型 VCD	机器入碟后不转	经开机观察，机器入碟后，激光头能正常复位，物镜也有激光射出，激光头聚焦动作正常，但碟片不转。分析问题可能出在伺服检测及控制电路，可按下列步骤进行检查：检修时，打开机盖，用万用表测 IC⑬、⑯脚有无 5.2 电压，如有电压，则无上升电压变化，应检查激光头物镜是否脏污或损坏，如电压变化正常，再测 SAA7372㉝、㉞脚有无 2.6V 电压，如无电压，应查 ICS3 是否不良，如电压正常，测 ICS4⑥、⑦脚有无 2.5V 电压，如有电压，应检查 ICS4 及周围元件是否不良。排除上述故障后，放入碟片转动，但不读盘，应继续检测 TDA1300⑩脚有无 1.3～1.9V 的电压变化，副控 CPU(0M5284)②脚有无 5.4V 到 0V 电压变化，如不正常，应检查 QS06～QS08 是否不良。该机经检查为 QS06 内部损坏。更换 QS06 后，机器故障排除

4. 厦新 768/777 型超级 VCD

机型	故障现象	故障分析与解决方法
厦新 768 型 VCD	入碟后读盘能力差	该故障一般有以下原因引起：①激光头物镜脏污、划伤或激光二极管老化；②主轴电机不正常；③聚焦、循迹电路损坏；④伺服电路坏。打开机盖，先用万用表 R×1 挡测量主轴电机两端，发现电机运转平稳、正常，判定不是电机故障；再用一节 1.5V 电池驱动激光头组件径向电机，使激光头组件移至最外端，然后通电开机，发现激光头组件能自动由外向内移动，到达零位后激光头能自动伸缩并有聚焦搜索动作，判断 CPU、聚焦电路及伺服电路正常；再在不装入碟片的情况下，观察激光头镜头表面干净且无划伤，但激光束似乎偏弱，判定为激光功率电位器失调。重新细调激光功率电位器后，机器故障排除
	入碟后碟片不转	问题一般发生在激光头及主轴驱动电路。开机检查，激光头一切正常，说明故障出在主轴驱动电路。由原理可知：该机的主轴电机驱动电路由驱动块 ICS4(TDA7073A)及外围元器件构成，其中⑬和⑯脚为主轴驱动电路驱动电压输出端，②脚为主轴控制电压输入端。当整机正常工作时，数字信号处理芯片 IC53(SAA7372)㉝脚输出主轴驱动电压至 ICS②脚，经内部放大后从⑯脚和⑬脚输出，从而驱动主轴电机旋转。根据以上分析，首先用万用表检测以上几个引脚的工作电压，结果发现 IC94⑯脚的焊点无电压，而其引脚却有电压，经检查发现该脚脱焊。重新补焊后，机器工作恢复正常

续表

机型	故障现象	故障分析与解决方法
	入碟后显示“DISC”，不工作	问题可能出在激光头及相关电路。开机观察，机器入碟后主轴电机不转，但激光头有聚焦循迹动作，也有激光发出。分析主轴不转故障一般为激光头 RF 信号放大、检测、DSP、驱动、电源等部分。打开机盖，首先用万用表测 ROK 信号输入 ON5284②脚为高电平属正常，试用一正常激光头替换，故障依旧，再用万用表直流电压挡测 RF 信号放大集成块 TDA1300 各脚电压，发现部分脚误差较大，其中①～⑤、⑲～㉔脚均有直流电压（正常应测不出），判定为 TDA1300 内部损坏。更换 TDA1300 后，机器故障排除
	入碟后不读盘，屏显示“NO DISC”	该故障一般发生在激光头及相关电路。打开机盖，检查激光头物镜表面无污物，激光头运动及发光也正常，通过空载试机发现，由于聚焦、循迹线圈引线弹簧变形，使其光头物镜面倾斜。将一塑料盖置于物镜与底板间作为物镜上限高度，然后在磁铁与物镜之间插入一稍厚的塑料纸（如胶卷底片），在另一边插入一铜片进行矫正，使前后空隙移到相等位置，若弹性引线歪了，可以用烙铁焊下，使其复原后再焊上。最后拔出两边插片，使歪斜的物镜恢复到原位置，机器故障排除
厦新 768 型 VCD	入碟后，显示“NO DISC”，整机不能工作	问题一般出在激光头及相关电路。由于该机采用飞利浦 L12.1 激光头机芯，激光头属全息照相式结构，其激光发射与接收均在同一光电腔内，在组件背面基板上还安装了自动功率控制电路，由于它的纠错性能好而得到广泛的应用，但是激光头的故障率却较高。其主要原因：一是由激光头组件的特性而决定，二是由 RFOK 电路而决定。以往检修此类故障时，均采用更换整个激光头来修复。由于激光头价格昂贵，如能进行修复，则可节省一笔开支，因此，可细心地对激光头进行修复。具体步骤为：先将激光头组件从机芯架上取下，然后用小刀片插入激光二极管与激光头塑料体粘合的间隙里，两边轮流轻轻撬，将激光二极管取出。这时仔细观察激光二极管、光电腔内壁以及全息照相镜片的清洁情况，发现全息照相镜片表面有层雾蒙蒙的污物，由此断定本机故障的根本原因是该污物造成，影响了经碟片反射回来的激光束的正常反射，以致光敏器件不能接收到正常光照，导致故障发生。 用小棉球浸少量无水酒精轻轻擦拭镜片表面，接着用干棉球擦，可重复几次，直至镜片表面清洁，再用修手表的吹气球吹去镜片及激光头其他部件的细小杂质，最后照原位置装上激光二极管，用热塑胶将其固定，重新装机后，机器故障排除

机型	故障现象	故障分析与解决方法
厦新768型VCD	重放时无图像,无伴音	根据现象,机器重放时有正常显示,说明微处理器控制电路、伺服电路、数字信号处理电路工作正常。根据图声解码互锁原理,判断故障出在解码电路。打开机盖,先用万用表测量解码芯片CL680工作电压,其㉛脚、⑩等脚+5V电压正常,而其⑱、㉒、㊾等脚+3.2V电压为0V。该3.2V电压是由电源桥式整流器整流成的10V电压经由三极管QP03、稳压管DZP1等构成的串联型稳压器提供的。测量QP03集电极电压为正常10V,但其基极和发射极电压均为0V。检查该电路QP03、DP06、DZP1等相关元件,发现DP06内部损坏。更换DP06后,机器故障排除
	工作30分钟后,图像与伴音均消失	问题一般出在电源及解码电路,且大多为机内有元件热稳定性变差或者虚焊引起。打开机盖,试放20分钟后用手摸主板上的集成块CL680、CPU、电源调整管等,升温均属正常范围,用万用表测+5V、+10V、+3.3V、14V、−14V电压正常。怀疑CL680有虚焊,重焊一遍后试机故障依旧。再用万用表长时间监测3.3V电压,发现故障出现时该电压下降为2.2V左右,判断为供解压板用的3.3V电源不良。拆下电源板仔细检查,发现CP11贴片电容内部漏电。更换CP11后,机器故障排除
	激光头发出抖动声,不能工作	该故障可能发生在激光头及进给伺服控制电路。开机观察,激光头进给电机不停地转动,带动锯条往内移动而发声。首先检查进给电机限位开关,正常,再用万用表测驱动输出ICS4(TDA7073)和⑬、⑯脚电压,正常状态下静止时⑬、⑯脚为3.6V、5V左右,而实测⑬脚6.2V,⑯脚为3.6V,说明伺服控制不良。TDA7073内部包含有两个独立的BTL功率驱动器,⑨、⑫与⑬、⑯脚为驱动输出,①、②与⑥、⑦脚为输入控制,其中①、⑦脚为基准电压,②、⑥脚为数字伺服误差电压。正常时进给电机应没有电流流过,当刚开机或选曲时在数字伺服的控制下才有误差电压,怀疑误差输入信号不良。检查进给误差输出积分电容CS21,发现内部严重漏电。更换CS21后,机器故障排除
	按进出盒键,托盘不能伸出	该故障一般发生在托盘进出盒机械及驱动控制电路。开机检查,托盘机械传动机构正常,说明问题在托盘进出盒控制电路。由原理可知:按动"OPEN/CLOSE"键,机芯控制处理ICS2通过数据线接收到ICC2发出的"CLOSE"指令后,⑤脚输出高电平,送至QS15和QS16两管基极使其同时导通,QS10和QS13截止,QS11和QS12导通,+5V电压通过QS12→JS03③脚→电机(+)端→电机(−)端→JS03④脚→QS11至地,使加载电机转动,经传动机构驱动托盘进入机内;当ICS2接收到"OPEN"操作指令后,其⑦脚输出高电平,送至QS09基极,QS09、QS10、QS13同时导通。则+5V电压通过QS10→HS03④脚→电机(−)端→电机(+)端→JS03③脚→QS13至地,加载电机反转,通过传动机构将托盘从机内推出。当托盘移动到位后,托盘位置检测开关KS断开,QS16导通,从②脚将托盘到位检测信息送入ICS2,使⑤与⑦脚输出低电平,加载电机停转。该机托盘不能自动进出,因此应首先检查托盘位置检测开关KS和QS16。经检查果然为KS簧片变形。由于托盘位置检测开关内部簧片变形,KS始终处于断开状态,使ICS2的⑤脚与⑦脚始终输出低电平,加载电机因无电流而始终停转,导致托盘不能伸出。更换位置检测开关后,机器工作恢复正常

机型	故障现象	故障分析与解决方法
厦新768型VCD	机内发出"叭叭"响声	经开机检查与观察，激光头复位正常，机内发出的"叭叭"声是由激光头物镜碰撞碟片造成，说明聚焦引入系统有故障。由原理可知：该系统包括聚焦调节机构、聚焦驱动电路、聚焦引入控制电路。由于聚焦引入控制信号与激光头组件复位控制信号均是由以OM5284和SAA7372为核心组成的机芯控制电路处理形成，从激光头组件复位正常这一动作推断，SAA7372能够输出聚焦引入控制信号。打开机盖，检查聚焦调节机构，关闭电源，用万用表R×1Ω挡测连接器JS01②、③脚聚焦线圈正、反向直流电阻正常，且在测量时物镜有正常的上、下升降动作，这说明聚焦调节机构良好。检查聚焦驱动电路，测量TDA7073供电端⑤脚电压偏低且波动较大，挑开供电限流电阻RS22，其电源端电压为稳定的10V正常，说明电源供电电路正常，怀疑是TDA7073不良。TDA7073为BTL运放器，正常时，若正相输入端所加电压等于负相输入端所加电压，由于正、反相输出端电压处于平衡状态，输出电流为零。根据运放器这一特点，挑开滤波电阻RS16，切断往⑥脚的聚焦控制信号，再将⑦脚的参考电压引入⑥脚，然后加电测量输出端⑬、⑯脚之间电压，结果表针有较大摆动，聚焦线圈也带动物镜上下跳动，这说明在TDA7073正、反相端输入等电位的条件下，其输出端仍有电流输出，由此判定TDA7073内部损坏。更换TDA7073后，机器工作恢复正常
	开机无屏显，机器死机	该故障一般发生在电源及系统控制电路。打开机盖，用万用表测JP01插座各组电压正常。断电拔下各排插丝插头，测ESS3880(3.3V)电压端对地电阻值，正测C22两端为105kΩ，反测为无穷大，与正常值相同。测量ESS3883的5V电源端对地电阻为2.1kΩ，反测2.2kΩ，与正常值相同。如阻值低于或高于正常值，都可能是ESS3883出故障。该机经进一步检查发现ESS3883外接27MHz晶振内部不良。更换27MHz晶振后，机器故障排除
厦新768H型VCD	入碟后，主轴反向飞转	根据现象分析，机器入碟后屏显示"000000"，说明聚焦正常(若聚焦不正常，显示"NO DISC")，碟片飞转，为主轴伺服不良引起。主轴伺服电路控制信号由CDX254JQ的㊱脚输出CMPP，经R827、C15R到BA6392㉔脚进入比较器的负端，控制信号通过基准电压0.5VCC、C2.5的㉓脚相比较后从BA6392的㉖脚和㉗脚分别输出SP+和SP-，驱动主导轴电机工作。打开机盖，检查该电路发现CDX254JQ㉔脚和㉖脚连焊短路，造成开机后比较器负端变为低电位，比较器输出正电位，使SP-电位高于SP+，电位差变为负电压，驱动主轴电机反转。挑开短路点后，机器故障排除
	入碟后，显示"NO DISC"，不读盘	该故障一般发生在激光头及相关电路。打开机盖，放入碟片进仓后，碟片旋转正常，但显示始终为"NO DISC"。取出碟片，查看激光头镜面较清洁，无污物，再进行空仓出进盒观察，激光头有上、下聚焦搜索动作，但无红色激光束射出，说明激光二极管损坏或无工作电压。经检查激光头有接通控制电压输入，故判定激光二极管内部损坏。更换激光二极管或激光头后，机器工作恢复正常

续表

机型	故障现象	故障分析与解决方法
厦新777型超级VCD	开机后机器死机	问题一般发生在解码板及控制电路上。打开机盖，检查解压板相关芯片U12、U13、U5供电正常，12MHz晶体起振也正常。由原理可知：27MHz时钟是通过ICAV1428⑥脚输出给解码芯片ZR36215，如果ZR36125得不到27MHz时钟脉冲就无法工作。再用示波器观察AV1428⑥脚果然无27MHz时钟输出，判定是AV1428内部不良。更换AV1428后，机器工作恢复正常
	重放时无伴音(一)	该故障一般发生在解压芯片CL680之后的D/A转换模拟信号处理电路。打开机盖，用万用表检查D/A电路无异常，检查该机模拟信号电路，测模拟信号处理集成块NE5532各脚电压均正常，再查静噪电路，发现OR09 b极电压有高低变化，正常时应都为高电平。拆下OR09检查，发现该管内部损坏。更换OR09后，伴音恢复正常，机器故障排除
	重放时无伴音(二)	该故障在解压之后的音频信号处理电路。打开机盖，检查发现无－14V电压，查－14V电压调整管QP32，发现e极和b极均有正常的电压，进一步检测QP(D1862)，发现其内部已开路。更换QP32后，伴音恢复正常，机器故障排除
	重放时无图像、无伴音(一)	该故障一般发生在解码电路。打开机盖，用万用表测解压板供电＋5V电压正常，测解码芯片CL680⑱、㉒、㊾脚无电压，而正常时都应为3.3V。顺电路检查，发现＋3.3V是由电源板上＋10V经OP12调整稳压后获得的。用万用表测OP12的c极电压为＋10V，而b、e极均为0V，经检查为OP12内部损坏。更换OP12(2SD1913)后，机器故障排除
	重放时无图像、无伴音(二)	根据现象分析，其他功能正常，说明该机控制电路、数字信号及伺服电路均正常，故障一般出在解压电路。打开机盖，用万用表测解压板上主芯片CL680的供电电压，(61)、(109)等引脚所需的＋5V电压正常，但⑱、㉒、㊾等引脚所需的＋3.3V电压为0V。由原理可知：解压板所需的＋3.3V电压是由＋10V电压经三极管OP12调整降压后获得的，经仔细检查发现与OP12的b极相连的二极管DP07内部断路。更换DP07后，机器故障排除
	重放15分钟后，画面停止	问题可能出在电源及伺服控制电路，且大多为元器件热稳定性变差所致。由于故障显示“无碟”，因此重点检查伺服电路CXD3008及CXA2549。打开机盖，当机器正常工作时，用电烙铁靠近CXD3008及CXA2549时故障未出现，而当靠近16.934晶振时，故障立即出现，由此判定为该晶体内部不良。更换16.934晶振后，机器故障排除
	读盘时，碟片飞转	该故障一般发生在主轴伺服电路。打开机盖，应重点检测伺服电路中CXD3008㊽脚ASY0、㊾脚ASY1非对称校正输入、输出电阻及电容，CXD3008(57)脚BIAS非对称电路偏置电流输入的外接电阻RS29及电容CS28是否正常。该机经用万用表测CXD3008㊾脚外接电容CS23电压为1.8V，而正常值为2.43V，经检查为CS23内部漏电。更换CS23后，机器故障排除

续表

机型	故障现象	故障分析与解决方法
厦新777型超级VCD	入碟后不读盘，不能工作	问题可能出在激光头及供电电路。开机观察，激光头径向移动正常，但物镜无激光发出，主轴也不转。该机采用飞利浦机芯，解码芯片为CL680，激光头组件的供电是由TDA1300T RF放大电路提供的。打开机盖，先检查电源电路无异常，用万用表测量TDA1300T的⑱脚（电源）正常，而输出激光二极管工作电压的⑯脚却只有0.2～0.3V，显然激光头不能发光，再继续检查TDA1300T的第⑦脚，它接受机芯的控制信号，使⑯脚受令而输出激光管的工作电压。用示波器观察⑦脚，在碟片加载后电平有变化，由此判定为TDA1300T内部不良。更换TDA1300T后，机器工作恢复正常

5. 厦新其他型号VCD

机型	故障现象	故障分析与解决方法
厦新J7001H型VCD	入碟后，不能读取TOC目录	该故障一般发生在激光头及相关电路。开机观察，发现激光头聚焦搜索时，聚焦线圈升降动作缓慢无力，上、下运动的幅度也很小。分析出现这种情况应有两种可能：一是聚焦驱动功率降低，使聚焦线圈运动无力；二是聚焦线圈本身有短路现象。首先替换整个激光头组件，故障现象不变，说明聚焦线圈没有问题，问题可能出在聚焦驱动电路。用万用表测TDA的＋9V工作电压正常，检查聚焦信号输出端与基准电压之间的阻容元件也没有问题，判定为TDA7073内部驱动管性能变差。更换聚焦驱动放大块TDA7073后，机器故障排除

四、长虹DVD/VCD光盘播放机故障检修

1. 长虹S100型超级VCD

机型	故障现象	故障分析与解决方法
长虹S100型超级VCD	入碟后碟片不转	经开机检查与分析，该故障应检查16芯扁平线（XS805）是否断裂、是否接触不良，使伺服电路无供电；如果正常，再检查进出仓检测开关SW803是否已经可靠闭合，N803⑳是否已经可靠接地。该机经检查为进出盒检测开关SW803未能闭合，导致主轴电机不转。更换SW803后，机器工作恢复正常
	入碟后不读盘	该故障首先应检查CD伺服与主控CPU之间通信的DSA总线DSA-RST、DSA-DATA、DSA-STB及DSA-ACK是否正常，然后检查CD伺服与CVD-1之间的I^2C总线CD-DATA、CD-LRCK及CD-RCK是否正常。该机经检查为CD伺服数字信号处理芯片CD-RCK输出引脚虚焊所致。重新补焊该引脚后，机器故障排除

续表

机型	故障现象	故障分析与解决方法
长虹 S100 型超级 VCD	重放时,无伴音	问题可能出在音频信号及卡拉 OK 电路。可按下述顺序进行检修:用遥控器或本机键打开卡拉 OK 电路,从 P401、P402 插入传声器,调节音量,检查有无传声器信号输出。若有传声器信号输出,则说明卡拉 OK 处理电路 N401、音频输出电路正常,故障在 U13 与接插件 DS3 及与音频输出电路之间的传输导线中。若无传声器信号输出,则应检查静音电路、音频输出电路及卡拉 OK 处理电路 N401。该机经检查为卡拉 OK 信号处理电路 N401(M65839)内部损坏。更换 N401 后,机器工作恢复正常
	重放时,图像、伴音均不正常	经开机检查与分析,该现象主要是因为解压芯片 CVD-1 与 BT852 之间的数据总线不正常所致。经查该机为数据总线 VD7~VD0 中有某些接触不良。重新处理后,机器故障排除
	显示屏显示异常,面板控制键失效	该故障一般发生在面板操作显示电路中,主要检查面板控制总线 VFD-CE、VFD-CLK 及 VFD-DATA 是否有连线断线等现象。该机经检查为面板控制总线 VFD-CE 连线断路。重新连接面板控制总线后,机器故障排除

2. 长虹 VD3000 型 VCD

机型	故障现象	故障分析与解决方法
长虹 VD3000 型 VCD	入碟后不读盘(一)	问题可能出在激光头及相关电路中。开机观察,激光头物镜有聚焦动作,但无激光发出。打开机盖,用万用表测 XS800⑥脚有 4.7V(LD=ON)驱动电压,怀疑故障出在激光发射电路。由于该机使用不到一个月,激光管老化的可能性不大,先查激光头电路板,发现 LD=ON/OFF 时,Q1 的 c 极始终为 4.7V,b 为 4.6V,显然 Q1 处于截止状态。分析导致 Q1 截止的原因只有 Q2 截止,而 Q2 又受控于 Q3,其过程为:VR 减小→Q3 V_b↑→Q3 V_c↓→Q2 V_b↓→Q2 V_e↓→Q1 V_b↓→Q1 V_e↑→LD 光增强→PD 等效电阻减速小→Q3 V_b↓,其控制过程使 LD 激光发射恒定。在路测 Q1、Q2、Q3 基本正常,测 Q3 V_e 为 4.7V,V_b 为 4.4V,而 V_c 为 4.6V,异常,断开 Q3、Q2 的 b 极仍为 4.6V,说明 C2 异常。焊下 C2,测其阻值为 1.4kΩ,已严重漏电。更换 C2 后,再微调 VR,使 RF 信号幅度为 1.4V_{p-p}左右,机器故障排除
	入碟后不读盘(二)	该故障一般发生在激光头及相关电路。开机观察,机器入碟后激光头聚焦搜索时,无激光射出。由原理可知:正常工作时,光电二极管激光信号转换后从 N101(CXD1821BQ)的㉞脚输入,经内部电流/电压转换放大和比较后,从其㉝脚输出与激光强度成正比的电压,并加到三极管 V102 的基极,改变三极管 V102 集电极与发射极之间的阻值,使流过激光二极管的电流随激光强弱而自动变化,以达到控制激光二极管输出恒定光功率的目的。激光二极管的工作电压由 V104、V102 提供,开机后 N106⑯脚输出一低电平,使 V104 饱和导通,V104 集电极输出+5V 电压加到 V102 发射极,使 V102 导通,激光二极管便发出激光。根据以上分析,打开机盖,用万用表测量 N106⑯脚电压,在聚焦搜索时为 0V,正常,测 V104 工作电压,集电极电压为 1.8V,而正常时 V104 基极电压为 4.2V,集电极电压为 4.9V,发射极电压为 5V。经检测为 V104 内部断路。更换 V104 后,机器工作恢复正常

续表

机型	故障现象	故障分析与解决方法
长虹 VD3000 型 VCD	入碟后不读盘(三)	开机观察,激光头物镜干净无污并有激光射出,激光头物镜也有上下聚焦搜索,但碟片不转,分析问题可能出在激光头发射电路。再进一步检查发现激光头激光束与正常机比较明显太弱,经调试激光头电位器后效果不佳,判定为激光二极管老化。更换一只新激光头后,机器故障排除
	入碟后不读盘(四)	经开机检查与观察,机器入碟后激光头无左右寻碟动作,判定为循迹伺服电路故障。打开机盖,用万用表测循迹线圈间电阻正常,检查线路也无接触不良现象,测驱动块至循迹线圈两脚无控制电压,输出脚也无控制信号电压。换用示波器检查 CXA782Q 的⑬脚(TAO 端),无循迹误差信号波形,判定为循迹控制部分故障。经仔细检查循迹驱动外围电路 VR101、VR115 等相关元件,发现 VR115 内部不良。更换 VR115 后,机器故障排除
	入碟后不读盘(五)	问题可能出在激光头及主轴伺服驱动电路。开机观察,发现机器入碟后主轴电机不转。打开机盖,用万用表测 N101㉕脚输出的高电平 FOK 信号正常。由原理可知:在 FOK 信号正常时,激光头读取碟片上的信息,首先拾取帧同步信号,送至主轴伺服电路 N102 的㉔脚,经叠加电路、同步保护电路、定时发生器 1,将帧同步信号转换成 7.35kHz 帧频进行频率和相位比较后,从 N102④脚输出误差信号,经 R145、R146、C19 低通滤波器滤波后,再经 R144 加到 N103 的④脚,驱动主轴电机旋转。当 N106 输入从 N101㉕脚输出的高电平 FOK 信号时,N106 的⑭脚输出高电平,启动主轴电机转动。根据上述分析,再用万用表测 N103 的工作电压及 N106⑭脚的高电平均正常,进一步检查其外围元件发现 R120 内部不良。更换 R120 后,机器故障排除
	入碟后不读盘(六)	经开机检查与观察,激光头发射及聚焦搜索动作正常,估计激光头问题不大。放入碟片,主轴能正常旋转,但长时间转动后不读取曲目数和总时间,判断为循迹伺服电路不良。检查循迹伺服电路多种方法;可在不通电的情况下观察和测量循迹伺服环路各连线、插座、电位器以及循迹线圈是否正常,也可以在通电的情况下检测循迹伺服关键点电压和波形。该机经仔细检查发现循迹线圈两脚呈开路状态,原因为线圈接头脱焊。重新补焊后,机器故障排除
	放入 CD、VCD 碟片均不读盘	经开机检查与观察,激光头无径向动作和聚焦动作,激光头发射正常,判定故障出在循迹伺服电路,估计为无循迹控制信号所致。该机循迹伺服信号的形成由 N101 的㊷脚 TEO 端输出。经 R115 和 VR101(TAGIN)返回 N101 的㊹脚 TEI 端,经集成块内部循迹伺服相位补偿电路进行相位补偿反相放大后,从⑬脚 TAO 端输出循迹伺服控制信号,然后送往后续电路控制循迹线圈。检修时,打开机盖,先将机器处于重放状态,用示波器测 N101 的⑬脚 TAO 端,无循迹伺服控制信号波形,再测 N101 的㊷脚有 TEO 信号输出。当测 VR101 动触片时发现信号波形消失,经检测为 VR101 内部接触不良。更换 VR101 后,机器故障排除

续表

机型	故障现象	故障分析与解决方法
长虹 VD3000 型 VCD	入碟后，不读盘与重放	问题可能出在激光头及相关电路。开机观察，激光头无聚焦搜索动作，也不能径向移动，估计为激光头聚焦或驱动电路不良。取下 XS101，用万用表测聚焦线圈，已断路，仔细检查，发现为线圈引脚脱焊。重新补焊后，机器故障排除
	入碟数秒后显示无碟	问题一般出在激光头及相关电路。开机观察，激光头能正常复位，也能进行上下三次聚焦搜索动作，但始终无红色激光发出，激光头⑦脚也没有 2V 左右的激光管工作电压，判定故障出在激光驱动电路。由原理可知：机器正常工作时 CPU CH52001⑯脚输出一低电平，使 V104 导通，5V 的工作电压加到 V102 的发射极，V102 导通后，从集电极输出电流驱动激光管 LD 发光。正常时 V102 发射极为 4.5V，基极为 4V，集电极为 2V。打开机盖，故障出现时用万用表测 V104 发射极 5V 正常，集电极 4.5V 也正常，再测 V102 发射极，无 4.5V 电压。进一步检查发现 V102 发射极限流电阻 R102(10Ω)开路。更换 R102(10Ω)后，机器故障排除
	入碟后碟片不转(一)	问题一般发生在激光头及主轴驱动和伺服电路。由原理可知：当聚焦 OK 信号正常时，激光头便读取碟片上的信息，将拾取的帧同步信号送到主导轴伺服块 N013㉔脚，该信号在数字信号处理 N102 内部，经叠加电路、同步处理，便转换成频率为 7.35kHz 的帧同步信号，加至恒线速度处理器，与定时发生器发生频率为 7.35kHz 的标准信号进行频率和相位比较，再由数字信号处理器 N102④脚输出误差信号，经由 R145、R146、C119 构成的低通滤波后，便通过 R144 加至 N103④脚，控制主导轴电机的旋转速度。此机主导轴电机的启动是由 N106 来控制的，当 N101㉕脚输出高电平聚焦 OK 信号时 N106⑭脚便输出高电平，经 R120、VD113 加至 N103④，启动主导轴电机旋转。根据上述分析，应重点检测 N103 有无驱动电压输出。打开机盖，用万用表实测 N103①、②脚，无驱动电压输出，经检查外围电路无异常，说明 N103 内部损坏。更换 N103 后，机器故障排除
	入碟后碟片不转(二)	问题一般出在激光头及相关电路，且大多为激光二极管供电电路不良或激光二极管老化所致。打开机盖，检查电路无异常现象，用万用表测 N106⑯脚的电压正常。测 XS102①脚 RF 信号只有 $0.7V_{p-p}$ 左右(正常时为 $0.8V_{p-p}$～$1.2V_{p-p}$)，接着检查 V102 集电极上电压，也正常，故怀疑激光头组件的激光功率下降。测激光二极管的正向电阻值为 87kΩ 左右，而正常值应为 20～36kΩ，说明激光二极管内部已严重老化。更换激光头组件后，机器工作恢复正常
	入碟后碟片不转(三)	该故障一般发生在激光头或主轴电机伺服驱动电路。为判断故障部位，首先在不放入碟片的情况下通电开机，观察激光头有上下移动的聚焦动作，说明聚焦伺服电路正常，判断故障出在主轴电机伺服驱动电路。该机主轴电机伺服驱动电路由 N102(CXD2500BQ)、N106(CH52001)部分引脚和 N103 已输出＋2.6V 和＋5V 电压，N103①和②脚之间也有 1.5V 主轴电机电压输出，但测主轴电机两端都无此电压，估计 N103①脚和②脚至主轴电机之间的连线有开路点。仔细检查这部分连线，发现接插件 XS103 有一脚脱焊。重新补焊后，机器故障排除

续表

机型	故障现象	故障分析与解决方法
长虹 VD3000 型 VCD	入碟后碟片不转(四)	问题可能发生在激光头或主轴电机及驱动电路。打开机盖,首先用万用表测量 N103 的工作电压正常,测其④脚无启动控制信号。但 N106⑭脚有高电平输出,检查其外围元件,发现 R120 内部开路。更换 R120 后,机器工作恢复正常
	入碟后碟片不转,激光头组件往外移动	问题一般发生在激光头及伺服控制电路。由原理得知:当激光头物镜开始聚焦搜索时,N102(CX2500BQ)的④脚输出主轴伺服控制信号,经 R145、R144 输入到驱动电路 N103(BA6196)的④脚,由该驱动信号控制主轴电机正常转动,为此应重点检查主轴伺服控制信号是否送入 N103。测 N102 的输出端,有驱动电压输出,再用示波器测 N103④脚驱动信号输入端,无驱动控制信号。仔细检查其外围相关元件,发现电阻 R144 内部断路。更换 R144 后,机器工作恢复正常
	放入 VCD 碟片后不能读出目录	经开机检查与分析,主轴电机不转,判断故障可能出在主轴电机驱动电路。由原理可知:当激光头完成聚焦动作时,前置放大器 N101(CXD1782BQ)的㉕脚输出高电平的 FOK 信号给数字信号处理器 N102(CXD2500BQ)的①脚,N102 再通过㊾脚将 SENS 信号(内含 FOK 信号)传递给微处理器 N106(CH52011)的㊻脚。微处理器接收到 ROK 信号后,N106 的⑭脚输出高电平信号至主轴驱动电路 N103(BA6196FP)的④脚,启动主轴电机。根据上述分析,打开机盖,先用万用表直流 10V 挡测 N102 的①脚,在聚焦动作完成后有跳变的+5V 电压,由此判断激光头和前置放大器 N101 正常。测 N106 的⑭脚,亦有正常的高电平+5V,测主轴驱动电路 N103 的④脚,驱动电压始终为零。检查 N106 的⑭脚之间的有关元件 R120、VD113,发现二极管 VD113 内部开路。更换 VD113 后,机器故障排除
	开机无任何反应	问题一般出在电源电路。开机检查,发现电源板上 F501 已熔断,R516 烧焦,说明 V501 过载。检查 V501 及外围元件,发现 V501、VD512 也已击穿,分析原因为该机电源的取样调整电路不良。进一步检查取样调整电路中各元件,发现 N502 内发光二极管损坏。更换所有损坏元件后,机器工作恢复正常
	开机无任何反应,显示屏也不亮(一)	问题可能出在电源电路。打开机盖,发现电源保险熔断器已熔断,V501、N501 等元器件已损坏。再用万用表测电源次级(11V 电压)对地电阻,只有 100Ω,判断三端稳压器 N100 内部损坏。更换 V501、N501 和 N100 后,机器工作恢复正常
	开机无任何反应,显示屏也不亮(二)	问题一般出在电源电路。打开机盖,检查电源电路,发现 R516、V501、R507、VD512、KA3842 有烧焦痕迹。将烧焦元件替换后,再开机,故障排除。出现大量烧坏元件的故障现象很可能是电流敏感电路出故障所致。例如,当 R507 开路,电流敏感检测电路失控,⑥脚输出的斜升电压不能下降,使 V501 因导通时间延长而损坏,同时 KA3842⑥脚内部放大导通能力增强,因电流过大而损坏。更换所有损坏元件后,机器工作恢复正常

续表

机型	故障现象	故障分析与解决方法
长虹 VD3000 型 VCD	开机无任何反应，显示屏也不亮(三)	故障一般发生在电源电路。打开机盖，取下电源组件。该电路是以 KA3842 集成块调控、场效应管为功率管的开关电源。观察熔断器未熔断，判断该电源无短路故障。用万用表测开关管 V501 完好，加电测 XS501 无电源电压输出，C505 两端有 310V 电压，N501⑦脚有电压，⑥脚电压为 0V，断电并放掉 C505 上的电压，用数字万用表的二极管测试挡测电源部分各二极管和三极管，当测到 VD512 时，蜂鸣器响且表显示为 0.03V。焊下 VD512 检测，已短路。更换 VD512，机器工作恢复正常
	显示屏无"OFF"字样，机器不工作	该故障一般发生在电源电路。打开机盖，用万用表检测电源板电源输出接口"XS501"，无任何电源电压输出，拆开电源屏蔽盒，见开关振荡块 KA3842B 及场效应开关管都有不同程度的破裂。由于该机采用开关电源，主电压＋5V、＋12V、－30V 由开关变压器直接提供，还有两组－19V 是由 N504(NE555)和 VD503、VD505、T503 逆变而成，最后从 XS501 接口向主板整机供电。仔细检查这部分电路完好无损，故障只是开关管的振荡块 KA3842 损坏，使开关变压器无电压输出。更换振荡块 KA3842 及开关管后，机器故障排除
	各功能键均无效	问题一般发生在电源电路。打开机盖，先检查 XS501 ⑥～⑨脚电压，发现其⑥脚电压只有 6.7V，正常应为＋11V，说明＋11V 电压形成电路有故障。检查＋11V 电压形成电路中 C511、C512、C525、V507、VD507 等相关元件，发现 C511 内部不良。更换 C511 后，机器工作恢复正常
	除环绕、OK 功能有效外，其余功能均失效	开机观察，机器入碟后主轴电机有时高速旋转，有时载片盘不停地转动，有时激光头组件架上下移动，分析可能为部分电路存在接触不良故障。从该机原理图可知，CH52010 的主要功能是控制前面板 VFD 显示、键扫输入数据处理和 OSD 显示控制。由原理可知：开机时按 POWER 键后，CH52010 的㊷脚输出低电平，通过六反相器 N207，一方面使 N106 复位，另一方面使受控 5V 电源和受控 11V 电源打开，而诸如盘仓进出、碟片架的旋转、快慢放、寻曲、暂停等控制信息，是通过 CH52010 的通信线输入到 CH52011，再通过该块去控制伺服系统和数字处理部分，因此有可能是 CH52010 和 CH52011 外围元件存在接触不良。打开机盖，仔细检查上述两块 CPU 周围元件，发现有些元件脚局部焊锡脱离。CH52011 集成块双排脚有一边仅微露出焊板面，判定两集成块有脱焊点。重新对两块集成块仔细补焊后，机器故障排除
	除进出盒键有效外，其他功能键均失效	问题可能出在电源电路。按 POWER 电源开关，电源打不开，始终处于待机状态，机板各功能键均不起作用。打开机盖，用万用表检查电源电路，测 XS501⑨脚上的非受控电压＋5V、②脚的－28V 电压，③脚、④脚的 AC 电压(3.7V)均正常，但⑦脚的受控＋5V 和⑥脚的受控＋11V 电压均无。在操作电源开关的同时，测 XS501⑨脚始终为低电平，无开机控制高电平，说明系统控制电路有故障。检查系统控制电路，测反相器 N207④脚无高电平输出，将③脚和④脚短路时，电源能启动，判定为反相器 N207 内部不良。更换 N207 后，机器故障排除

续表

机型	故障现象	故障分析与解决方法
长虹 VD3000 型 VCD	重放时无图像(一)	该故障一般发生在解压芯片 CL484 之后的视频编码及 D/A 转换电路。该机视频编码和 D/A 转换电路采用 SAA7185。由 CL484 输入 8 位分时传输的 R、G、B 数字信号,在 SAA7185 内首先被处理成同时传输的 R、G、B 信号,经数字编码、D/A 转换后,从㉝脚输出视频信号。视频信号经 R719、C304 耦合,再经 V301～V303 激励放大后,分别由 VIDEO1、VIDEO2 输出两组视频信号。为了区别故障是在 SAA7185 本身还是其后面的部分,打开机盖,先从 SAA7185 的㉝脚注入干扰脉冲,观察屏幕上有斜纹干扰图像,由此判断故障在 SAA7185 本身及外围电路。用万用表测 SAA7185 供电脚电压+5V 正常。仔细检查发现 27MHz 晶振内部失效。更换 27MHz 晶振后,机器故障排除
	重放时无图像(二)	根据现象分析,机器重放时有伴音,说明伺服电路、数字信号处理电路、解压电路的芯片 CL484 均正常,问题可能在视频编码及 D/A 转换电路。该机视频编码和 D/A 转换电路采用 SAA7185。由 CL484 输入的 8bit 分时传输的数字 R、G、B 信号,再经数字编码、D/A 转换后,从㉝脚输出视频信号(CVBS),视频信号经 R719、C304 耦合,再经 V301～V303 激励放大后,分别由 VIDE01、VIDE02 输出两组视频信号。打开机盖,用示波器检查 SAA7185 相关引脚波形异常,查外围电路无元件损坏,由此判定该芯片内部不良。更换芯片 SAA7185 后,机器故障排除
	重放时无图像(三)	经开机检查与分析,机器重放 VCD 有声音,说明机芯及伺服处理电路均正常,故障一般在 VCD 解压电路,而解压电路上易损坏的元件主要是 G701(40.5MHz 晶振以及外接电容)。打开机盖,用万用表检查外围元件异常,判断为晶振 G701 内部失效。更换 G701 晶振后,机器故障排除
	重放时无伴音(一)	该故障一般在音频信号 D/A 转换及静音电路。打开机盖,先将卡拉 OK 打开,用麦克风演唱看是否有声,结果仍然无声;再检查静音电路(V205、V203～V201)没有起控;用感应信号注入 N203(SM5875)的⑫脚有声,将解压板 XS703 上的信号直接引入 N203 的对应脚(拔下 XP703)有声,说明故障在 N205(YSS216B)及其外围电路。用万用表测 N205 电源电压正常,但㉛脚电压为 0V,正常应为 2.1V。进一步检查发现电容 C205(3.3μF)内部漏电。更换电容 C205 后,机器工作恢复正常
	重放时无伴音(二)	该故障一般发生在解码板上的音频 D/A 转换电路中。打开机盖,用万用表测音频 D/A 转换器 TCSM58758BM⑦、⑨、⑰脚电压为+5V,⑮脚电压为 0V,而正常⑮脚电压为+4.7V左右,测 N201、N202 第⑧脚,电压也为 0V,音频 N203、N201、N202 第⑧脚及 N203 第⑮脚供电电压均为+11V。检查电源经 V206、C1846、VD212、R221、C210 组成的+4.7V 串联稳压电路,发现 VD212 内部开路。更换 VD212 后,机器故障排除

续表

机型	故障现象	故障分析与解决方法
长虹 VD3000 型 VCD	重放时无伴音(三)	问题一般出在音频 D/A 转换电路。打开机盖,用万用表测音频信号 D/A 转换电路 N203⑦(数字电源)、⑨、⑰脚(左声道模拟电源)+5V 电压正常,⑮脚(右声道模拟电源)为 0V(正常时为 4.75V)。测音频信号放大器 N201⑧脚/音频信号放大器 N202⑧脚供电电压也为 0V。该电源由+11V 经 V206、C1846、VD212、R221 和 C210 组成的串联稳压电路,送到 N201⑧、N202⑧和 N203⑮脚,经检查发现三极管 V206 内部损坏。更换 V206 后,机器工作恢复正常
	重放时无图像、无伴音(一)	根据现象分析,机器重放时 CD 正常,说明激光头组件、伺服系统等基本正常,问题一般出在 VCD 解码电路。打开机盖,用万用表测解压芯片 CL484 的+5V、+3.3V 及复位端电压均正常,测⑲、⑳脚 40.5MHz 晶振端电压,⑲脚电压为 0.2V,正常应为 1.4V,⑳脚电压为 1.4V,正常,查⑲脚外接电容 C709,发现其内部已严重漏电。更换 C709 后,机器工作恢复正常
	重放时无图像、无伴音(二)	根据现象分析,该机重放 CD 正常,说明机芯及伺服电路均正常,故障一般出在解码电路以及视音频数模转换电路。打开机盖,先检查解压码电路易损件以及外接电容无故障,再用万用表测解压芯片 CL484⑲脚外围元件,发现电容 C710 内部严重漏电。更换 C710 后,机器故障排除
	重放时无图像、无伴音(三)	该故障一般发生在 VCD 解压板电路。打开机器,用示波器测解压芯片 CL484㊺脚,无同步及脉冲信号输出,说明 CL484 未工作。进一步检查各脚工作电流输入均正常,但发现⑲脚无 40.5MHz 时钟信号,经检测果然为晶振 G702 内部失效。更换 G702 后,机器故障排除
	重放时无图像、无伴音(四)	打开机盖,在故障出现时,用万用表测连接数字信号处理集成电路 CXD2500BQ 与音、视频解压电路 CL484 的接插件 XP702③脚(DATA)、④脚(BCLD)、⑤脚(LRCK)上的电压均为 2.45V,基本正常。由此说明,由 CXD2500BQ 组成的数字信号处理电路工作基本正常,故障可能出在音、视频解压电路中。对于 CL484 解压电路,主要应查其⑬脚上的 5V 供电电压、⑫脚上的 3.3V 辅助供电电压、⑩脚上的复位电压(开机时为 0V,正常工作时为 5V),以及⑲、⑳脚上的 40.5MHz 的振荡信号是否正常。在故障出现时,用万用表对上述各关键点的电压进行检查,结果发现 CL484⑫脚上的电压又恢复至约 3.3V,此时,图像的声音均正常。由此说明,故障是因⑫脚电压下降引起的。对 CL484⑫脚外接的元件进行检查,未发现有明显的损坏现象,检查 V701 管也无问题,由此怀疑+3.3V 滤波电容 C701 或 C702 电容不良。经对这两只电容进行检查,发现 C702 内部严重漏电。更换 C702 后,机器故障排除
	重放时画面跳动	问题一般发生在解码板的视频信号处理电路。打开机盖,开机播放 VCD 碟片一段时间,用手摸 SAA7185 略发热。用烧热的电烙铁逐个烘烤 SAA7185 周围元件。发现烘烤 C721 时故障出现,判定电容 C721 内部稳定性不良。更换 C721(0.1μF)后,机器故障排除

续表

机型	故障现象	故障分析与解决方法
长虹 VD3000型VCD	重放时，图像有跳轨、停滞现象	问题一般出在激光循迹电路。开机观察，用碟片重放时3～4分钟后就开始无规律性跳轨，按快进FF1、FF2基本正常，但按快进FF3时，不但不正向跳越(跳轩)，反而向相反方向(内圈)跳越，直至回到最内圈。播放过程中，停顿严重。打开机盖，正常播放时，用万用表测N101的㊲脚电压为1.4V(正常值为2.4V左右)，㊵脚电压为0.3V(正常值为2.3V)，㊷脚电压为1.7V(正常值为2.5V)，显然该故障是因循迹增益、循迹平衡、聚焦偏置调乱所致。重新调整循迹、聚焦电位器后，机器故障排除
	唱卡拉OK时，无歌声也无伴奏声	问题一般发生在卡拉OK信号电路。打开机盖，先分别从N203⑫、⑭脚注入干扰信号，喇叭中均有干扰声发出，说明N201、N202、静音电路均正常。拔下CP703接插件，将XS703②～④脚输出的信号直接加到N203⑥、⑤、⑧脚，结果有伴唱曲声发出，说明问题出在N205及其外围电路中，查N205①、㉖、㊾脚5V电压正常，查㊹脚也有正常的复位信号，且②～④脚控制信号也正常，判定为N205内部不良。更换N205后，机器故障排除
	工作30分钟后，自动停机保护	问题一般为电源或主轴伺服电路中有元件热稳定变差所致。打开机盖，先对电源进行检查，均没有发现问题，故而怀疑主轴伺服电路有故障，重点检查这部分电路。用万用表测量N102至N103(BA6196FP)之间线路中的电压和有关元件，也没有发现故障所在。测量N103的各脚电压，发现故障出现时其输出端无驱动电压。对其外围元件进行检查均无异常，但发现驱动块N103工作后升温很快，因此判断N103内部不良。更换N103后，机器故障排除
	按进出盒键，托盘不能全部伸出仓外	问题一般发生在托盘传动机构及驱动电路上。打开机盖，按出仓键，电机旋转，但传动带打滑。仔细观察出仓传动机构，发现齿轮错位，托盘出仓到一定位置卡死。重新拆卸传动机构正确安装后，机器故障排除
	入碟后，激光头发出“咔咔”声，不读盘	该故障一般发生在激光头组件及相关电路。开机观察，发现“咔咔”为激光头径向电机不停转动所致。由原理可知：机器通电后，先进行自检程序，其中一程序是对光头零轨进行检测。径向电机不能停转，可能是N106㊺脚电平为4.9V(到位时应为0V)。再检查到位开关正常，上拉电阻R183也正常。当检查到接插件XS103时，发现⑤脚插座到机芯的连接线已断开。重新连线后，机器工作恢复正常
	开机后，无VFD显示	该故障一般发生在显示屏及供电电路。开机观察，机器插上电源插头时，显示屏无闪烁“OFF”字样，说明故障出在显示屏、连接线及电源供电电路上。由原理可知：VFD显示正常，电源的－28V电压、AC3.7V×2电压正常。打开机盖，用万用表测量无AC3.7V交流电压，测N504各脚电压，发现③脚电压只有0.5V，正常时为2.2V，判断N504内部不良。更换N504(NE555)后，机器显示恢复正常

续表

机型	故障现象	故障分析与解决方法
长虹 VD3000 型 VCD	激光头组件上、下移动不止	问题一般出在碟盘检测电路及机构中，且大多为机芯上的到位开关或接插件 XS105 有故障所致。由原理可知：当到位检测开关检测托盘已到位时，N106 的㉟脚上到位开关和㊱脚下到位开关检测端应为低电平。当到位检测开关检测托盘到位而又不能到位时，转动机构便带动机芯连续上下移动。由上述分析后怀疑到位开关内部不良，经检查果然如此。更换到位开关后，机器故障排除
	托盘不转动，不能自检	问题一般出在主轴电机或其驱动电路或传动机构。打开机盖，先检查主轴电机及传动机构，均正常。接着检查接插件 XS106，也无接触不良故障，用万用表测时主轴电机驱动电路 N105(TA84095)的②脚＋5V 电压也正常。继续检查其⑥、⑧脚电压为 2.1V 左右，而正常值应为 8V。查其外围 R154、R153、R155、V107、R156、R157 等相关元件，发现电阻 R153 内部不良。更换 R153 后，机器故障排除

3. 长虹 VD6000 型 VCD

机型	故障现象	故障分析与解决方法
长虹 VD6000 型 VCD	显示屏无显示	根据现象分析，其他功能正常，问题仅限于显示器及供电电路。由于该机采用 VFD 荧光显示器，它正常工作应具备三个条件：① VFD 本身完好，不能有破损；②有－28V 与 AC3.5V 电压；③显示驱动电路正常。本着从易到难的原则，打开机盖，用万用表先测量有关电压，一切均正常；再检查接插件 XP502，无松动，说明显示屏本身损坏。更换显示屏后，机器恢复正常
	唱卡拉 OK，无声	该故障一般发生在卡拉 OK 信号处理及供电电路上。打开机盖，首先检查 N903、N904 的电源电压，均正常；N901、N902 的工作电压也正常，再用示波器逐一检查加到 N904 ⑤脚的时钟信号和④脚的数据信号，发现 N904④脚电压始终不变，说明数据信号未加上。经进一步仔细检查，发现 XS901 插座虚焊。重新补焊后，机器故障排除
	不能进行卡拉 OK 自动助唱	故障一般发生在卡拉 OK 信号处理电路。由原理可知：话筒信号经运放 4558 放大后，从其①脚输出，其中一路信号经 R194 和 VD903 送到系统控制微处理器。当话筒信号幅度太小时，微处理器便发出指令，将助唱电路接通；反之，当话筒信号幅度达到规定值时，微处理器发出指令，使助唱电路自动关闭。打开机盖，先用万用表测微处理器 78014DFP 自动助唱电平检测信号输入端⑱脚电压，当话筒信号强弱时都保持不变，说明微处理器未能得到来自运放 4558 的检测信号。经仔细检查，发现信号传输电阻 R914 引脚虚焊。重新补焊后，机器故障排除

续表

机型	故障现象	故障分析与解决方法
长虹 VD6000 型 VCD	插上电源后，不能开机	问题一般发生在电源开关机控制电路。由原理可知：当机器由待机状态进入开机状态时，N804⑭脚由高电平变成低电平，使 V401、V505、V504 导通，BA9700 工作。若不能开机，说明故障可能出在这些元器件上。打开机盖，用万用表测 V401 集电极电压为 0V，测 BA9700 工作电压，正常，但其余引脚电压异常，判定 BA9700 内部损坏。更换 BA9700 后，机器工作恢复正常
	重放时，无图像、无伴音(一)	该故障一般发生在 VCD 解码电路上。打开机盖，用万用表先测解码集成块 N801 的电源电压，测得解码板上 V801 (BA033)输出电压为 3.3V，正常。再检测 XS501 的＋8V 和－8V 电压，发现无＋8V 电压，该＋8V 电压由 N502 稳压输出，测 N502 的③脚为 0V，测 N502 输入端①脚也为 0V；测 V504 发射极为 10V，基极为 0V，集电极为 0V，明显为 V504 内部损坏。更换 V504 后，机器工作恢复正常
	重放时，无图像、无伴音(二)	问题一般发生在 VCD 解码板电路上。打开机盖，用万用表测解码芯片 CL680 的(61)脚＋5V 正常，而㊶脚只有 1.2V (正常值 3.3V)。检查两只降压二极管，其中一只反向漏电严重。更换后，㊶脚 3.3V，基本正常。(60)脚复位端电压正常，(105)脚时钟信号端电压 1.48V 左右，正常，但仍无图、无声。工作一段时间后，用手摸各元件无明显升温。再用手轻压各集成块引脚，当按压 CL680(113)～(119)脚这边的引脚时，图像、声音出现，说明 CL680 引脚有虚焊点。重新补焊后，机器工作恢复正常
	重放时，图像有严重的马赛克现象	该故障一般出在激光头组件及相关电路上。开机观察，激光头物镜无污物，用示波器检测 CX-A1782㉛脚的 RF 信号，发现其幅度约为 $0.7V_{p-p}$，正常时应在 $0.8～1.2V_{p-p}$之间，激光头发射功率太微弱。通过加大激光二极管功率来解决。重新细调激光调整电位器后，机器故障排除

4. 长虹 VD8000 型 VCD

机型	故障现象	故障分析与解决方法
长虹 VD8000 型 VCD	不能正常开机	该故障一般发生在电源控制电路。打开机盖，按重放键，用万用表测 V102 b 极电压为正常 0V，c 极电压为正常 5V。再测 N104②脚电压，正常，④脚电压为 0V，判断 N104 内部不良。更换 N104 后，机器工作恢复正常
	唱卡拉 OK 无声音	问题一般出在卡拉 OK 及供电电路。打开机盖，用万用表测 N401⑬脚电压，有正常的 4.5V 高电平，再测 N401⑮脚电压为 0V，说明 9V 供电未加上。经仔细检查其供电电路，发现电阻 R426 一端虚焊。重新焊接后，机器故障排除

续表

机型	故障现象	故障分析与解决方法
长虹 VD8000 型 VCD	重放时无图像	根据现象分析，机器入碟后读盘及屏幕显示正常，说明电源、伺服系统、光头组件等基本正常，故障一般出在视频转换(D/A)的视频编码放大等部分。由原理可知：解压芯片 D302(CL484)㊱～㊾脚输出的视频数据流，传输到视频编码芯片 D303(SAA7185)⑨～⑯脚输入，在其内部完成编码、D/A 转换，从㊾脚输出复合的视频信号，经 V501 放大后，分成两路传送至视频输出孔。打开机盖，观察 D303⑨～⑯脚之间的引脚无虚焊现象，小心按压 D303 表面，发现偶尔有图像晃动，说明 D303 引脚仍有虚焊点。重新补焊后，机器工作恢复正常
	重放时，图像杂乱无序	问题可能出在 VCD 解码电路或视频编码电路。打开机盖，用示波器监测 D303㊵、㊶脚外接 27MHz 晶振(G2)振荡信号，发现其波形极不稳定，抖动大，判定为晶振 G2 内部不良。仔细检查发现 G2 引脚虚焊。重新补焊后，机器故障排除
	放入碟片后，旋转失控	该故障一般发生在主轴伺服驱动或数字信号处理电路。打开机盖，用万用表测 N207⑦、⑧、⑨脚电压，均为正常的 2.5V。断开 N204②脚，测其⑬、⑯脚电压均为正常的 5.5V，说明故障发生在主轴伺服误差信号处理电路。经进一步检查，发现 N204 外接积分电容 C244 内部严重漏电。更换 C244 后，机器故障排除
	入碟后，显示“NO DISC”，不能读取 TOC	问题一般发生在激光头及相关电路。开机观察，托盘进出、旋转正常，但激光头无聚焦动作，LD 有激光，估计问题在聚焦控制电路。打开机盖，拆下机芯下面的伺服板，开机后用万用表测 N205⑤脚，发现无 9V 电压，再检查其供电电路，发现限流电阻 R228 内部开路。更换 R228 后，机器工作恢复正常

5. 长虹 VD9000 型 VCD

机型	故障现象	故障分析与解决方法
长虹 VD9000 型 VCD	入碟后不读盘	经开机检查与分析，激光头无聚焦动作，预测问题出在聚焦控制电路。聚焦控制执行元件是聚焦线圈，其工作过程是聚焦放大器 N201(CXA1821M)输出的误码差信号 FE 从第⑮脚输出，经 R231、R267 送到 N204 第②脚，由其内部的 A/D 变换器转换成数字信号，送到 PWM 电路产生聚焦 PWM 信号，从第⑫、⑭脚输出，分别送到 N202 第④、⑤脚，经放大与电平转换后为聚焦线圈提供校正电流，驱动激光头物镜做垂直微动，以抵消信息纹迹的垂直抖动量，达到激光束聚焦点准确跟踪碟片信息纹迹的目的。根据上述分析，打开机盖，用万用表测 N204 第⑫、⑭脚对地电压正常，说明聚焦激励输出正常，测 N202 的④、⑤脚及①、②脚电压也均正常。怀疑接插件 X201 接触不良，经检查果然如此。拔下 X201 重新压插后，机器故障排除

续表

机型	故障现象	故障分析与解决方法
长虹 VD9000 型 VCD	入碟后,有时不读盘	该故障一般为机内电路或元件接触不良所致。开机观察,激光头有正常的聚焦访问动作,但激光头物镜上的灰尘较多,用无水酒精棉球清洁后,放入 VCD 碟片试放,再微调电阻,循迹搜索、选曲均恢复正常,但仍无图像和伴音。拆下机芯检查,发现主板的 X201 插座松脱。重新压紧插座后,机器工作恢复正常
	入碟后,显示"NO DISC",不读盘(一)	该故障一般发生在激光头及相关电路上。开机观察,机器入碟后激光头有动作,但无激光射出,判断故障出在碟片检测或激光二极管控制电路。打开机盖,重新操作碟片送进过程,并同时用万用表测 V03 发射极电压,发现此脚电压 1.5V,正常,但 D204㊾脚为 0V,检测不到有碟片送进信号。再进一步仔细检查碟架上的光电检测二极管,发现该二极管内部失效。更换光电检测二极管后,机器故障排除
	入碟后,显示"NO DISC",不读盘(二)	经开机检测,主轴电机不转,分析原因可能在主轴电机及驱动电路。引起主轴电机不工作的原因有:主轴电机本身损坏,驱动块 BA6297 无驱动电压输出及 CXD2586 内的 CLV 伺服处理器不良等。打开机盖,用示波器检查 CXD2586 内 CLV 伺服处理器输出的 CLV 信号正常;检查驱动块 BA6297 正常,由此判断为主轴电机内部不良。更换主轴电机后,机器工作恢复正常
	重放时,无图像,无伴音(一)	根据现象分析,机器读盘及显示均正常,说明 VCD 解码电路有故障。解码电路造成该故障的原因很多。如 DRAM/ROM 接口电路正常,接着检查 27MHz 时钟信号。用示波器检测 CL680 的⑯脚时钟信号,发现该脚无 27MHz 时钟信号波形,再测 N206⑥脚,也无 27MHz 时钟信号。测 N206⑤脚,16.9MHz 信号波形也异常,判断 N206(U48C20-08G)内部损坏。更换 N206 后,机器工作恢复正常
	重放时,无图像、无伴音(二)	该故障一般发生在 VCD 解码电路上。打开机盖,用万用表测解码板上的 5V 供电正常,但解码芯片 D201 的⑱、㉒、㊾等脚无电压(正常时均为+3.3V)。仔细查找供电电路,发现+3.3V 电压是由电源板上的+5V 电压经三端稳压器 N102(BQ033T)稳压后获得的。检查 N102 的①脚 5V 电压正常,而③脚电压却为 0.9V 左右。进一步检查 N102 输出端的外接元件,发现滤波电容 C112 内部严重漏电。更换 C112(47μF/10V)后,机器故障排除
	重放时,无图像、无伴音(三)	问题可能出在 VCD 解码电路。打开机盖,用万用表测解码板供电稳压块 N202 的输出电压为 0V,正常应为 5V,测输入电压正常,说明稳压块 N202 内部损坏。更换 N202 后,机器工作恢复正常
	重放时,无图像、无伴音(四)	问题一般出在 VCD 解码板上。打开机盖,先用万用表测解压芯片 CL680 各供电脚电压,均正常,时钟信号及 DRAM/ROM 接口电路也未发现问题。用手按压解码芯片时发现,有时屏幕出现图像,但很快消失,故怀疑解码电路 CL680 引脚有虚焊点。重新将 CL680 引脚补焊一遍后,机器故障排除

续表

机型	故障现象	故障分析与解决方法
长虹 VD9000 型 VCD	重放时,伴音时断时续,图像有马赛克方块干扰	根据现象分析,机器能重放,说明激光头组件及伺服电路均无问题,故障可能出在 VCD 解码电路。由原理可知:当播放 VCD 碟片时,串行数据信号经 CD 接口电路处理后挂到 CL680 内的 I^2C 总线上,分别送到 MPEG-1 视频解码器和音频解码器。由于图像、声音同时不正常,故怀疑 CL680 及外接元件有问题。打开机盖,先对其外接电路元件仔细检查,均无故障,判断解码芯片 D201(CL680)内部损坏。更换 D201(CL680)后,机器故障排除

五、松下 DVD/VCD 光盘播放机故障检修

1. 松下 A100 型 DVD

机型	故障现象	故障分析与解决方法
松下 A100 型 DVD	无法进行重放	该故障一般发生在电源电路上。因该机属于宽电源设计,市电在 110～240V 范围内,机器均能正常工作,此现象说明稳压调整控制电路工作异常。打开机盖,检查电源电路,先用调压器将市电降到 175V,通电开机,测稳压器 C1151⑤脚仅为 11.3V,而其③脚为 0V,且 IC1121、IC1111 电压输出也为 0V。由原理获知:该机稳压调整控制电路主要由 Q1101、Q1102、D1101、Q1031 构成,其中 Q1101 用于电平检测,Q1101 和 D1101 用于基准电压形成,光电耦合器 Q1031 用于电压调整。分别检查稳压调整控制电路所有元件,发现 Q1101 内部性能不良。更换 Q1101 后,机器工作恢复正常
	待机指示灯不亮,无屏显示(一)	问题一般出在电源电路上。打开机盖,检查发现熔断器 F1001 熔断,脱开电感 LB1001。更换 F1001 后通电,F1001 又被熔断。再脱开桥堆 D1001 的接点,更换 F1001,F1001 不再熔断,说明问题一定出在整流波电路。经仔细检查滤波电容 C1011 和桥堆 D1001,发现滤波电容 C1011 内部不良。更换 C1011 后,机器故障排除
	待机指示灯不亮,无屏显示(二)	该故障一般发生在电源电路上。打开机盖,检查熔断器 F001 良好,开机后用万用表测电源厚膜块 IC1011 的①、②脚电压,分别为 300V、0V,而正常工作时为 260V、0.24V,说明开关电源电路停振。再用示波器测 IC1011⑤脚启动脉冲,发现其幅度仅为 $2V_{p\text{-}p}$,分析为启动电路有故障。进一步检查启动电阻 R1021、R1022,发现启动电阻 R1021 内部开路。更换 R1021 后,机器故障排除

续表

机型	故障现象	故障分析与解决方法
松下 A100 型 DVD	显示屏无显示，各功能键均失效	该故障一般发生在电源及相关电路。打开机盖，检查发现电源集成块（STR6559）旁有一瓷片电容（120pF/1kV）有烧焦的痕迹，用新电容替换后，通电开机，故障排除。检查中发现集成电路STR6559较热，该集成电路有一散热器安装孔，但未装散热片。自己动手给集成块加上一散热片后，试开机运行数小时，机器一切正常，分析该机电容损坏的原因是由于STR6559长期处于发热状态，致使旁边的电容（120pF/21kV）加速老化，耐压值下降，最后被击穿，造成了上述故障。更换瓷片电容，并给电源厚膜块加装散热板后，机器故障排除

2．松下 A300/300MU 型 DVD

机型	故障现象	故障分析与解决方法
松下 A300 型 DVD	重放时，画面停顿或停机	问题可能出在DVD主轴伺服控制电路。开机观察，机器重放CD、VCD正常，说明机芯伺服系统和中央控制系统正常。由于DVD光盘数据的记录密度要比CD光盘大得多，因此对激光头聚焦、循迹和主轴伺服控制的精度要求也高得多。由该机伺服系统原理可知：DVD/CD的循迹误差信号TE形成，要经过IC5001内外对应开关电路选通。如果重放DVD碟片，TE信号通道错切在CD位置，或者IC5001⑦～⑧脚外围某一组开关失效，就可能出现CD能播、DVD不能播或者播放不正常的故障现象。由原理可知：DVD/CD的主轴和速度伺服信号EC（也称主轴能量控制）电路是彼此独立的。其中CD/VCD主轴速度伺服CLV信号在CD-DSP电路IC7501内产生，DVD主轴速度伺服SPD信号在读取频道电路IC7001内产生。DVD/CD主轴相应伺服信号通道是公共的，都由主轴电机内3个定子线圈嵌放3只霍尔IC检测，检出转子位置信号通过主轴伺服驱动电路IC2071内的逻辑矩阵和相位比较器处理，得到主轴相位伺服FG信号。FG信号分别与SPD信号和CLV信号在IC2001内SERVO DSP电路进行数字伺服处理，产生DVD或CD主轴伺服控制信号。后续IC2071内的主轴伺服控制信号推动及功率放大电路也是公共的。因此即使出差错，也只可能在IC2001㊹脚的IC7001电路。根据上述分析，打开机盖，先依次按下本机“STOP”、“PLAY”、“OPEN/CLOSE”键，VFD屏幕显示自检结果“H02”，这是主轴出错代码。重点检查IC7001内外的SPD信号形成电路。用频率计测得IC7001④脚视频时钟率为27.0MHz，按“PLAY”键，监视IC7001㉖脚PLLCLK、㉗脚PLL SDA数字信号波形正常，再测“PLAY”和“STOP”两种状态下IC7001各相关引脚电压不正常，检查其外围相关元件无异常，判定为IC7001内部不良。更换IC7001后，机器故障排除

续表

机型	故障现象	故障分析与解决方法
松下 A300 型 DVD	重放时,出现周期性图、声停顿现象	该故障一般发生在激光头进给伺服控制电路上。打开机盖,开机仔细观察重放过程中各机械传动装置的运转情况,发现在图、声停顿瞬间,进给电机通过机构带动做径向平移的激光头随之产生一个细微的反向抖动。从进给伺服控制原理可知:在重放过程中,进给电机带动激光头物镜从内圈向外圈平移时,激光头组件在滑行轨道上的运动即循迹粗调要绝对平衡稳定,任何方位的微抖,都会使循迹伺服细调工作失去作用,导致激光头束偏离轨迹中心而令读出数据出错。进给电机的驱动控制电流由进给伺服环路提供,因此判定问题出在进给电机或进给伺服控制环路。更换进给电机,故障不变。由于循迹伺服正常,进给伺服控制信号取自循迹误差信号低频分量,因此 IC5001 以及 IC2001 不会有问题,重点应查伺服控制驱动器 IC2051。用示波器检查 IC2051⑳脚 PWM 波形正常,而⑤、⑥脚在画面停顿时正常波形峰值上叠加一反向尖脉冲;再测⑳、⑤、⑥脚电压,发现⑳脚电压正常,⑤、⑥脚电压为 4.8V、5.7V,异常,判定为伺服驱动芯片 IC2051 内部不良。更换 IC2051 后,机器工作恢复正常
	入碟后不读盘,有时托盘不能出盒	该故障可能发生在激光头及相关控制电路上。开机观察激光头发现无上下搜索动作,装入碟片后主轴不转。关机后,试用手将激光头推向轨道外沿,开机后激光头不能回位。分析原因在伺服控制电路,经进一步检查发现伺服板上 J317 插线与并排的电阻 R332 一端靠近短路。重新处理后,机器故障排除
	入碟后,不读盘,VFD 屏显示“NO DISC”	该故障一般发生在激光头入主轴伺服电路上。开机观察,激光头物镜中有红色光点,物镜上下聚焦搜索后碟片启动,但随后停下来,据此判断故障出在主轴伺服及聚焦伺服环路。依序按“STOP”、“PLAY”、“OPEN/CLOSE”键,屏显示故障自检结果为“U51”,代码表明故障在聚焦伺服环。分析原理可知,影响聚焦伺服控制环工作的部位有:激光头组件内的光敏接收器(A1～A4);IC2001㊿脚至激光头插件 FP2001 第⑤脚的聚焦增益控制电路;IC5001⑨脚与 IC2001 ⑲脚之间的聚焦伺服误差 FE 信号形成、传输通道;IC2001 ⑱脚与 IC5001⑦脚之间的聚焦平衡控制电路。打开机盖,经仔细检查,发现 IC5001⑨脚虚焊。重新补焊后,机器故障排除
	入碟后,机内发出有节奏的“喀喀”响声	该故障一般发生在激光头组件及相关电路。开机观察,机器入碟后激光头物镜快速径向移到碟片中内导入区零轨,但此时进给电机仍在转个不停。啮合齿轮相互摩擦错位,发出“喀喀”打齿声,观察激光头物镜中心无激光发射,物镜无上下搜索聚焦动作。由原理可知,激光二极管点亮、激光头物镜上下搜索聚焦的两个条件是:托盘入仓到位、由托盘到位检测开关 IN-SW 确认;激光头位于光盘中心导入区零轨,由激光头到位检测开关 ST-SW 确认。该机第一个条件成立,激光头才会移动,但激光头的回中后进给电机不停下来,一定是激光头的回中到位信息未能传送到 IC2001 ㉜脚内。在激光头回中后人为地将 IC2001㉜脚短路,进给电机立即停止转动,激光头物镜内射出红光,物镜开始上下聚焦搜索,由此说明故障出在 ST-SW 开关或信号传送通道。经进一步检查发现 ST-SW 限位开关内部不良。更换 ST-SW 开关后,机器故障排除

续表

机型	故障现象	故障分析与解决方法
松下 A300 型 DVD	对各类碟片均不读盘，屏显示“NO DISC”	该故障一般发生在激光头及相关电路。开机观察，DVD激光头向主轴方向靠拢，物镜也有抬起的聚焦搜索动作，但无红色激光射出，判断DVD激光头或激光驱动电路异常。由原理可知：该机激光驱动主要由Q5001等电路完成。通电后用万用表检查Q5001的各脚电压，发现c极电压极低（仅为0.48V），经检测Q5001果然损坏。更换Q5001后，给机器通电，托盘进入时，激光头在进行聚焦搜索的同时，已有红色的激光射出，遂将机芯上的盖装回去，放入DVD或VCD片进行播放操作，发现碟片进去几秒后，屏显示仍旧为“NO DISC”，仍旧不读盘，判定Q5001的损坏已导致激光头的损坏。更换DVD激光头（型号为VEK0430）后，机器故障排除
松下 A300MU 型 DVD	所有功能键均不起作用	该故障一般发生在电源及控制电路，且大多为＋5V、＋3.3V、±9V电压未能送往相应电路。应检查该处理器IC6501（MN18246TN2E）及控制电路。打开机盖，用万用表测控制三极管QR6501 b极电压为0V正常，测其c极电压为0.2V，正常应为2.5V。进一步检查R6502和QR6501，发现QR6501内部击穿。由于QR6501损坏，无法供给音频处理电路±9V和图声解码电路3.3V、5V工作电压，致使该故障发生。更换QR6501后，机器工作恢复正常
	功能键不起作用，机器不工作	该故障一般发生在电源开关机控制电路上。由原理可知，“POWER”键功能失效可能是下面三种原因造成：一是微处理器IC6501⑤脚ON/OFF控制电路异常；二是五端稳压块IC1121组成的＋5V电路有问题，使数字芯片不能得到正常供电，无法进入正常的工作状态；三是受控电源未能开启供电。根据上述分析，打开机盖，在ON状态用万用表先测量IC6501⑤脚电压，为0.1V左右，而正常电压应为5V。再测QR6501集电极电压为0.22V左右，正常应为2.7V，因此重点检查R6502、Q6501、QR6501、C6503等元件，发现电容C6503内部严重漏电。更换C6503后，机器工作恢复正常
	重放时经常死机	问题一般出在电源电路上。打开机盖，待故障出现，用万用表测电源板上插座P21101、P21102、P21103，各脚均无电压。检测IC1011各脚电压，发现IC1011①脚有正常的300V电压，而⑤脚电压为0V。由该机电源电路原理可知，电源启动时，滤波后的300V电压经启动电阻R1021、R1022降压后加到⑤脚上，机器正常工作后⑤脚转为17V供电，由此判断为启动电路有元件接触不良或是热稳定性较差。断电后拆下电源板，用放大镜仔细观察R1021、R1022各引脚与印板间的焊点，发现R1022内部开路。更换R1022后，机器故障排除
	重放过程中，有时退回碟片起始位置重新开始	该故障一般发生在激光头及伺服驱动电路。开机检查，激光头及机械传动部位均无异常，说明问题出在伺服驱动电路。打开机盖，用万用表测驱动块IC2051（AN8812K）和循迹、聚焦端⑰、⑱脚，发现⑱脚电压为0.8V左右，正常电压应为2.6V。进一步检查外围元件，发现电容C2055（1200pF）内部不良。更换电容C2055后，机器工作恢复正常

续表

机型	故障现象	故障分析与解决方法
松下 A300MU 型 DVD	中置声道无声音	问题一般出在音频信号处理电路。打开机盖，检查中声道插孔 J8004 的接触电阻和插孔外围电路中的电阻、电容均正常。由原理可知：该机中置信号的形成是由音频解码器 IC4001（MN67730MH）的㊽脚、㊾脚、㊺脚输出的数字音频信号，经 IC4211（PCM1710）D/A 转换后，从其⑯脚输出，再经接插件 P2401 的⑤脚、㉖脚加至 IC4221②脚进行放大处理后从插孔输出。用示波器观察 P24101⑤脚有正常的音频信号波形，IC4221（NJM4580M）的②、①脚的波形也正常。但当测量其⑥、⑦脚的波形时，发现两脚的波形异常。仔细检查 IC4221 的⑥、⑦脚的外围元件，发现电容 C4243 内部失效。更换 C4243 后，机器故障排除
	入碟后不读盘，无法进入重放状态	该故障一般发生在激光头及主轴驱动电路。开机观察，激光头聚焦、循迹动作均正常，激光头也有激光发出，但主轴电机不转。主轴电机不转的原因很多，主要在其驱动电路、主轴电机以及电源电路供电不良。另外，也可能是激光头组件或其附属电路有问题。但从初步检查的结果来看，激光头组件有故障的可能性不大，应重点检查电源电路、主轴驱动电路及电机本身。先用万用表检查电源输出端各组电压，均正常，由此说明故障出在主轴驱动电路及主轴电机。该机的 DVD 碟片和 CD/VCD 碟片主轴伺服控制信号是由各自单独的电路完成。检修时，先用万用表测主轴驱动电路 IC2071（AN8482SP）的①、㉕、㉖脚电压，仅为 2.1V 左右，正常电压应为 9.3V，测②脚为 2.5V，电压正常，说明 IC2071⑫脚以前的电路均正常，重点应检查驱动电路和主轴电机。测驱动块 IC2071⑲、⑳、㉑脚的＋12V 供电和⑬脚的＋5V 供电正常。由于上面测量的 IC2071①、㉕、㉖脚电压为 2.1V 左右，并且其⑫脚的控制电压正常，说明故障就在驱动集成块 IC2071 和主轴电机范围内。该机的主轴电机采用的是直接驱动式无刷电机，要检查电机之前，还要检测主轴电机的霍尔元件集成电路供电是否正常及霍尔元件是否有问题。经检查这两处均正常，即说明故障在驱动块自身及外接元件和主轴电机，检查主轴电机及 IC2071 的外接元件均无问题，判断主轴驱动集成块 IC2071 内部损坏。更换 IC2071（AN8482SB）后，机器工作恢复正常

3. 松下 800/880/890CMC 型 DVD

机型	故障现象	故障分析与解决方法
松下 800CMC 型 DVD	重放时无图像	该故障一般发生在解码芯片 IC3001 之后的视频通道中。打开机盖，用示波器测 IC3001(206)脚亮度信号 Y 和(201)脚色度信号 C 均正常，再测连接解码板与主板的连接器 JP4202⑳、⑱脚的信号也正常，说明解码板正常。由分析可知：主板视频驱动电路 IC3531(AN3581S)将 Y 和 C 信号进一步放大的同时还生成一路复合视频信号。用示波器检查 IC3531③、⑪脚(视频信号输入)信号，均正常，再检查 IC3531⑲脚(Y)、⑭脚(C)信号也正常，测 IC3531⑯脚输出的复合视频信号波形幅值为 0.4V_{p-p}，正常时为 2.2V_{p-p}，判定为 IC3531 内部损坏。更换 IC3531 后，机器工作恢复正常
	面板无任何显示，不工作	该故障一般发生在电源及负载电路。打开机盖，用万用表测 300V 直流电压正常，测 IC1011⑤脚工作电压为 3V，正常值为 17V，说明 IC1011 启动电压或工作电压回路有故障。断电后检查启动电阻 R1021、R1022，均正常，测 IC1011⑤脚的工作电压回路，即 T1011⑦～⑧脚、R1023、R1021 也正常。由于该电压不仅是 IC1011 的工作电压，也是光耦合器 Q1031 的工作电压，所以如果该路负载有故障，该电压便会下降。进一步检查发现 Q1031 内部损坏。更换 Q1031 后，机器工作恢复正常
	入碟后不读盘，屏显示"NO DISC"	问题可能出在激光头及相关电路。开机观察，不放入碟片时，即前面板显示"Welcom to DVD World"时激光头径向移动，上下聚焦均正常，也有激光束发出，同时主轴旋转一下。按 OPEN/CLOSE 键，能够正常出入盘，说明主 CPU 和副 CPU 工作正常。重点应检查激光头、前置放大电路和伺服控制电路。该机的激光头内由 8 个二极管集成光量检测器，由 4 个二极管检测的光量信号之和称为 AS1，由 8 个二极管检测的光量信号之和称为 AS2。由原理可知：激光头检测的信号经前置放大电路 IC5201 处理后，从 IC5201(87)脚输出 AS2 信号，送到伺服控制电路 IC2001㉑脚，将 AS2 信号和其内置的固定常量信号相比较，若 AS2 信号大于该常量信号，则判定有盘。因此检修时应着重检查 AS2 信号，检查该信号的幅值和清晰度。引起 AS2 信号异常的主要部分是激光头和前置放大电路。经仔细检查为激光头内部静电击穿。更换激光头后，机器工作恢复正常，故障排除
松下 880CMC 型 DVD	面板显示"F893"，机器不工作	根据现象分析，开机后显示"F893"，查阅检修信息表得知，F893 与 IC6302 有关，说明问题出在 IC6302 及相关电路。打开机盖，用示波器测 IC6302 地址脚波形均正常，但所有数据均无形，仅有 3V 直流电压。该现象主要是储存的程序出现小错误，可利用重新写程序的方法修复或用一只已写入程序的 IC6302 更换

续表

机型	故障现象	故障分析与解决方法
松下 880CMC 型 DVD	无开机画面，屏幕呈灰色	问题一般发生在DVD解码电路。开机观察，显示屏及按键均正常，说明IC6001、IC6201、IC2001、IC6303均正常。DVD开机画面程序存储在IC6302(4MB ROM)内。IC6302通过数据和地址线与IC6201、IC7001、IC3001。打开机盖，用示波器测IC3001㉑、㉖脚输出的模拟视频信号不正常，测该IC工作条件均正常。测IC3001外接RAM IC3051。IC3001地址波形正常，但无数据信号，判定为IC3051内部不良。更换IC3051后，机器故障排除
	开机后呈现黑白开机画面	问题一般出在DVD解码电路。开机观察，屏幕为黑白DVD画面，正常时屏幕上应出现蓝色DVD开机画面，当显示屏出现“Welcome to DVD World”时显示“NO DISC”，此时按下“POWER”键托盘能出仓，但再按下“CLOSE”键无动作，若机内有盘，开机后可出现正常声音，但仍是黑白画面。打开机盖，用示波器及万用表测IC6201 3.3V工作电压、复位电压和晶振信号均正常，测IC6201⑦、⑫、⑥、⑧脚均无波形，只有直流电压，判断IC6303内部损坏。更换IC6303后，机器工作恢复正常
	面板显示“WELCOME”，不能工作(一)	问题一般出在电源控制及解电路。打开机盖，用万用表测电源板上光耦合器PS3201⑬、⑮脚有3.3V电压，正常，测⑪脚+5V电压仅为4.2V，测电源板连接器PS1101⑤脚+5V、⑪脚+5V电压均为4.2V，其他各路电压均正常，说明光耦合器正常，问题出在+5V电压供电支路或该路负载上。再检测电源板+5V电压，发现较正常值低，测Q1111(S)电压为5.2V，(G)电压为4.5V，判定为Q1111内部损坏。更换Q1111后，机器故障排除
	面板显示“WELCOME”，不能工作(二)	该故障一般发生在电源控制及解码电路上。打开机盖，用万用表测电源板+5V、+3.3V输出电压均正常，测各IC复位电压、工作电压、晶振信号均正常，测各IC通信脚，发现IC6201⑦、⑫脚只有3V直流电压但无波形，正常时该电压应有波形。IC6201⑦、⑫脚和IC303⑥、⑤脚，IC2001㊱、㊲脚进行通信，其中任何一只IC不良，均会出现该故障。IC6303是E^2PROM，其内部储存了一些初期设定信息、区域码信息。由于IC6303故障率较高，故用替换法检测，发现IC6303内部不良。更换IC6303后，机器工作恢复正常
	重放时无伴音(一)	问题一般出在音频电路上。打开机盖，用示波器测IC3001⑱、⑱、⑰脚信号及A MUTE信号均已送到解码板与主板连接器PS4201④、①、③、㉑脚，再检查主板的音频通道。测IC4201⑬、⑯脚有正常波形，测IC4306①、⑦脚无信号输出，测IC4306②、⑥脚有信号输入，说明IC4306未工作或其本身有故障。经进一步检测，IC4306⑧脚为+8.4V，正常；④脚为0V，正常值为-8.4V。顺电路检查，发现熔断电阻PR4911内部开路。更换PR4911后，机器故障排除，伴音恢复正常

续表

机型	故障现象	故障分析与解决方法
松下 880CMC 型 DVD	重放时无伴音(二)	问题一般发生在解码芯片 IC3001 之后的音频处理通道中。打开机盖,用示波器测 IC3001 数据及时钟信号已送至主板,再检查 IC4201 以后的通路及 A MUTE 信号。A MUTE 信号从 CPU(IC6201)③脚输出,经 LB4008 送到 PS4201㉑脚,用万用表测 PS4201㉑脚电压为 0V,正常时为 3V,测 IC6201③脚有 3V 电压输出,说明 IC6201 正常。断电后测 LB4008,发现其内部已开路。更换 LB4008 后,机器故障排除,伴音恢复正常
松下 890CMC 型 DVD	按“POWER”键不转换,始终处于“Stangby”状态	问题一般出在系统控制电路。打开机盖,按“POWER”键,用万用表测 IC6001㉔脚,发现有 5～0V 的瞬间变化信号。测 IC6001⑲脚电压,发现无论是否按“POWER”键,一直为 5V,因而判定为 IC6001 内部损坏。更换 IC6001 后,机器工作恢复正常

4. 松下 333L 型 VCD

机型	故障现象	故障分析与解决方法
松下 333L 型 VCD	重放时,无图、声输出,屏幕始终为蓝色背景	问题一般发生在数字信号处理电路或解码电路中。打开机盖,用万用表测主板接插件 CN608、BCLK、LRCK 端电压,均为 2.5V,正常。再测量 DATA 端对地电阻,发生其阻值为 0Ω,说明 DATA 端外围电路有问题或是 IC401(DS9211B)内部击穿。检查 IC401⑯脚(DATA 端)外围电路,未发现异常,判断 IC401 内部损坏。更换 IC401(DS9211B)后,机器工作恢复正常
	重放时,屏幕显示计数突然停止,所有操作失效	该故障一般为系统控制电路工作失常所致。打开机盖,用万用表测微处理器 IC601(KS56C820-69A)时,关键引脚电压均正常,再测 IC601㊼、㊽两脚之间并接的晶振 X601,发现图像有变化,估计 X601 有问题。焊下检查发现 X601 内部失效。更换晶振 X601 后,机器故障排除

5. 松下 3DK770 型 VCD

机型	故障现象	故障分析与解决方法
松下 3DK770 型 VCD	重放时,出现无规律功能错乱	问题可能出在面板控制电路及相关按键上。检修时,先假设是系统控制失常所致。但经分析,若是系统控制失常,不会造成两种功能的交替变化且出错无规律性,故障发生的最大可能是面板“D2”碟位和“6”号选曲键存在无规律间歇漏电所致。将“D2”和“6”号键焊离线路后,故障现象彻底消失,说明故障确系这两个按键漏电引起。更换两按键后,机器故障排除

续表

机型	故障现象	故障分析与解决方法
松下3DK770型VCD	面板及遥控器操作均失效	问题一般发生在面板控制及接收电路中。开机检查并更换红外接收头，故障依旧，说明与接收头无关，再焊下接收头输出到CD主板的连线，通电试机，发现面板与手机遥控在屏幕上显示，机上显示屏无变化，接上所焊线后屏幕又无显示，怀疑CD板上系统控制CPU(KS56C820-69A)的遥控输入端有短路现象。测CPU的⑯脚对地电阻为12Ω，正常时应为3.5Ω左右，判断为CPU内部短路。更换CPU后，机器工作恢复正常
	面板控制键失效，遥控器也不起作用	问题一般发生在面板控制及遥控接收电路中。该机遥控电路和面板控制电路共用一只红外接收头。按下面板控制键，红外线编码信号从PT2222⑦脚输出，经三极管倒相放大后驱动红外发射管。接收头就安置在发射管旁边，经面板接收窗上的紫红色反射片反射来的红外信号被接收头接收，并被送至解压板进行处理。该机遥控器和面板按键均不起作用，怀疑故障是因红外接收头损坏造成的。打开机盖，用万用表测红外接收头①、②脚电压分别为4.85V、2.3V。正常时②脚电压应接近①脚电压，故怀疑接收头内部存在故障。拔下与解压板相接的插排，测解压板上对应脚电压均为4.85V，红外接收头内部确已损坏。更换同规格红外接收头后，机器故障排除
	入碟后不读盘，屏显示“NO DISC”	该故障一般发生在激光头组件及相关电路上。开机观察，机器入碟后激光头有激光束射出，有聚焦搜索动作。试放入碟片，光头物镜上下聚焦三次后，机器自动换盘，三碟检测完毕，激光头落下，主轴不转，屏显示“NO DISC”。由上述现象判断，机器微处理器和伺服控制电路正常，故障一般由激光头老化或RF信号放大电路有故障引起。本着先易后难的原则，首先检查激光头组件。用万用表R×1k挡测量激光头二极管LD的正向阻值为90kΩ，说明激光管确已老化。更换同规格激光头后，机器故障排除

6. 松下K10型VCD

机型	故障现象	故障分析与解决方法
松下K10型VCD	所有功能键均失效	问题一般发生在CPU控制电路。该机CPU为K56C820-69A，当有关电路工作不正常时具有锁键盘功能。打开机盖，先检查进出盒驱动电路，用万用表测Q904、Q903的c极电压为8V，b极接CPU的㉚、㉛脚，当按下“OPEN/CLOSE”键时均为0.8V。进出盒控制电压，采用人工分别给两个三极管加一高电平，托盘进出正常，说明驱动电路正常。再查键盘控制输入，该机键盘由HT6621进行编码，以串行形式传送到解压板，然后再到CPU⑯脚，按下键时，屏幕相应有显示，说明编码正常。再用万用表测CPU的⑯脚有相应的电压变化，判定控制信号已到达CPU，进一步查找发现，CPU外围所接4MHz晶振内部不良。更换4MHz晶振后，机器工作恢复正常

续表

机型	故障现象	故障分析与解决方法
松下 K10 型 VCD	入碟后摩擦声很大，旋转几转后自停	问题可能出在碟盘机构。打开机盖，仔细观察碟片旋转，摩擦声是由碟片与托盘产生的，当用手将托盘上托时，摩擦声消失，由此判定碟片与托盘间隙太小，是减震垫老化、高度降低所致。因减震垫在市场上难以购到，只要分别在此垫下各放一个适当厚度的金属垫圈即可。加装金属垫圈后，机器故障排除

7. 松下 SL-VM510 型 VCD

机型	故障现象	故障分析与解决方法
松下 SL-VM510 型 VCD	开机后无反应，显示屏不亮	该故障一般发生在电源或电源控制电路。打开机盖，检查熔断器完好，用万用表测电源变压器三组绕组上的交流电压分别为 3.2V、8.1V、11.4V，正常。检测受控的输出电压 8.1V、7.7V、5V 及 AC3.2V 均为 0V，说明故障发生在电源控制电路。由原理获知：电源控制信号由 IC401㉒脚发出，正常工作时输出 4.6V 高电平，此电压加到 Q23 的 b 极，控制 Q24、Q25 导通，从而控制 8.1V、7.7V、5V、AC3.2V 电压均导通。经进一步检查发现 Q24 内部开路。更换 Q24 后，机器故障排除
	入碟后显示屏显示“E-E”，不读盘	问题可能出在激光头及相关电路。开机观察，托盘进出盒机构动作及激光头物镜上下聚焦均一切正常。但仔细观察激光头物镜，发现激光头无红色激光束射出。造成激光头不发光的原因有：激光管损坏；激光管控制信号电路有故障；或激光管没有供电电压。先用万用表测 IC702㊵脚输出的 LD ON 信号约为 5V，正常；再测 IC701④脚输出的 LD 控制信号约为 3.8V，也正常。测 Q701 的 c 极电压为 0V，正常时应为 2.3V，据此判断 Q701 内部不良。焊下 Q701，用万用表检测，果然其内部开路。更换 Q701 后，机器故障排除
	不能自动换碟	问题一般出在碟片传感器或碟片电机控制电路。打开机盖，先用万用表测电机驱动集成块 IC501③脚与⑩脚间的电压为 0V，说明碟片电机无供电。再测 IC501⑤、⑥脚都为低电平 0V，说明系统微处理器 IC401 没有输出碟片控制信号。再测 IC401㉙为高电平，说明碟片传感器 D551 没有导通，测其供电正常，发光管也发光，判定为传感器 D551 内部不良。更换 D551(CL380)后，机器故障排除

8. 松下 SL-VS300 型 VCD

机型	故障现象	故障分析与解决方法
松下 SL-VS300 型 VCD	入碟后，激光头不动作	问题可能出在激光头驱动电路中。开机观察，机器入碟后激光头无动作，打开机盖，发现激光头在最外边，再次开机，激光头也不向里移动。经观察，发现 S701 为闭合状态，正常时激光头在最外边时，S701 应为弹开状态，说明限位开关 S701 内部损坏。更换 S701 后，机器故障排除

续表

机型	故障现象	故障分析与解决方法
松下 SL-VS300 型 VCD	入碟后，碟片转速时快时慢	该故障一般发生在激光头或数字信号处理电路中。开机观察，激光头动作及发光未见异常。再检查数字信号处理电路，用示波器测 IC702㉝脚(TE)及㊹脚(ARF)均正常，测 IC702⑮脚(SUBQ)无信号，且对地短路，由此判定 IC702 内部损坏。更换 IC702 后，机器故障排除
	入碟后，屏显示"NO DISC"，不读盘	问题可能出在激光头及数字信号处理电路。开机观察，激光头动作正常，物镜在聚焦时不发光。用万用表测 IC702㊵脚电压只有 0～5V 的变化，测 IC701⑬脚电压由 1.8V 变为 3V(正常值为由 1.8V 变到 2.5V)，测 IC701⑤脚，发现一直为 4.5V，不能变到 4.1V，从而使激光头不发光。测 IC702㊵脚与 IC701⑬脚间的电阻 R751 正常，怀疑 IC701 内部不良。但更换 IC701 后，故障不变，测与 R751 相连的 R750 电阻值也正常，测 IC702㊶脚电压为 1.8V，正常值为 0V。经进一步检测为 IC702 内部不良。更换 IC702 后，机器故障排除
	入碟后，面板显示"NO DISC"，不工作	该故障一般发生在激光头或主轴电机驱动电路。开机观察，激光头有移动声，但碟片不转。取下机芯盖板，观察激光头动作及发光均正常。测 IC703㊳脚(RF DET)、㉜脚(FE)电压，均正常；测 IC703 工作电压正常。测 IC703⑰、⑱脚有 2～4V 波形。由此说明主轴电机或托盘有故障。先用手转动一下托盘，发现其转动不畅，经检查，托盘高度失调。主轴托盘的正确高度为(1.5±0.15)mm。经仔细校正后，让托盘转动，然后再逐渐改变其高度，直至正常为止。该机经此处理后，机器故障排除
	重放时无伴音	该故障一般发生在音频信号处理及静音电路。打开机盖，用万用表测伺服板 CN702㉘、㉚脚 RCH、LCH 声音波形，均正常，测 IC801⑦、①脚(L-R)放大输出声音波形，也正常，但发现声音波形，经 R813、R814 后消失，而 R813、R814 电阻值正常，且不对地短路，判断问题出在静音电路。再检查静音电路。用万用表测 Q801 b 极、Q804 b 极为 0.7V，均正常；测 Q804 b 极为 3.6V，说明 CPU 工作正常。测 Q804 c 极为 3.6V(当 Q804 b 极为 3.6V 时，其 c 极应为 0V)，使 Q803 导通，即 Q803 c 极也为 3.6V，分别经 D801、R815 和 D802、R816 使 Q801 b 极和 Q802 b 极为 0.7V，Q802 导通，将音频信号对地导通，使机器静音。经检测为 Q804 内部损坏。更换 Q804 后，机器伴音恢复正常
	重放时，无图像、无伴音	问题一般发生在数字信号处理及解码电路。打开机盖，用示波器检查数字信号处理器，测 IC702 工作条件正常，测 IC702㊹"眼图"清晰。测 IC702①、②、③脚波形，发现①、②脚波形幅度为 2.5V，且波形相同(正常时，①、②脚均为 5V，且波形不相同)。进一步检查，发现与①、②脚相连的 L703 与 TP45 连在一起，使①、②脚短路。挑开短路点，机器工作恢复正常

续表

机型	故障现象	故障分析与解决方法
松下 SL-VS300 型 VCD	重放时，有停顿现象	问题一般出在激光头及相关电路。打开机盖仔细观察，激光头及进给电机各齿轮均正常。再用示波器和万用表测 IC702、IC701、IC703 各脚电压及波形，发现 IC702⑬脚为 1.7V，正常时为 5V 方波。仔细检查该线路，发现与 IC702⑬、⑭脚相连的测试点 TP8、TP7 线路焊点相碰短路。焊开短路点后，机器工作恢复正常
	开机无任何反应，无屏显示	问题一般出在电源电路。打开机盖，用万用表测电源变压器 PT11 一次绕组输出的交流电压为 0V，测一次绕组输入的 AC220V 正常。拆下该变压器测一次绕组电阻，发现③-④脚绕组电阻为∞，正常值为 0Ω，说明其内部的熔断器已熔断。在③、④脚间外接一个熔断器后，机器故障排除
	显示屏显示“F26”，不工作	该故障可能发生在数字信号处理电路中。打开机盖，用万用表测数字信号处理器 IC702④、㊿、(60)脚工作电压为 0V，正常值为 5V。取下机芯，测 IC702④、㊿、(60)脚对地电阻为几十欧，正常值为 2.7kΩ 左右。检查 IC702 外围元件未见异常，判定 IC702 内部损坏。更换 IC702 后，器工作恢复正常
	托盘不能进出盒	该故障一般发生在托盘进出盒传动机构及驱动电路。打开机盖，经检查该机传动部位正常。用万用表测托盘电机驱动电路 IC790 的工作电压只有 0.5V，正常值为 7.6V。测 IC11①脚电压，发现只有 1.4V，正常值为 8.3V。测 Q13、Q14 b-c 极电压正常，用手摸 CPU 及解码板均烫手，测解码板①脚对地电阻为 1.1kΩ，正常值为 8.9kΩ，判定为驱动块 IC790 内部损坏。更换 IC790 后，机器工作恢复正常

9. 松下其他型号 VCD

机型	故障现象	故障分析与解决方法
松下 SL-VS501 型 VCD	重放时无图像	该故障一般发生在解码板上的图像编码电路。开机检查，果然为视频编码块 BH7326F 损坏。由于该芯片价格昂贵且不易购买，可以用价廉易购的 CXA1645M 作替换。经查资料得知两者的引脚功能完全一致，但是对比两者的实际应用电路却发现：采用 CXA1645M 的电路中，其⑨、⑬、⑭、⑱脚对地均外接有元件，而采用 BH7236F 的电路较简洁，其⑨、⑬、⑭、⑱脚均为空脚，其他脚接法与 CXA1645M 完全相同。于是在新替换上的 CXA1645M⑬、⑭脚的印板上直接焊上相应元件。⑱脚为彩色色调调整脚，当制式为 NTSC 制时，对地接入 20kΩ 电阻；为 PAL 制时，对地接入 16kΩ 左右电阻。这两种不同阻值电阻的接入，是靠 Q1、Q28 组成的电子控制电路来实现的，在这里为方便焊接，省去了控制电路，只在⑱脚对地间焊上一只 18kΩ 左右电阻即可。该机经此替换后，机器故障排除

续表

机型	故障现象	故障分析与解决方法
松下 LX-K750EN 型 VCD	重放时左声道无声	根据现象分析,电源电路、激光头及机构系统应该无问题,问题一般出在左声道电路。打开机盖,用示波器测IC102B的⑦脚,无音频信号输出波形。测IC101⑫脚,输出左声道波形正常,再检查IC102B⑤脚,无输入音频信号波形,说明故障在IC101⑫脚与IC102⑤脚之间的电路元件中。检查其相关元件,发现C116及R106均已损坏。更换C116和R106后,机器故障排除
松下 LX-V860 型 VCD	面板操作键均不起作用,不能关机	问题可能出在微处理器控制或其供电电路上。打开机盖,观察激光头无自检动作,显示屏上始终显示时间信息,说明微处理器工作异常。先检查电源供电电路。该机共有±14V、±5V及－20V几组电源输出,而＋5V电源分别由3片相同型号的可控5端稳压集成电路输出3组＋5V电压供给不同单元电路。用万用表检测发现IC003输出＋5V电压只有2.45V,断开IC003③、④脚至PJ21001⑩脚间的跳线,电压仍未改变,判定IC003有故障。经进一步检测发现IC003内部损坏。更换IC003后,机器故障排除
松下 SA. AK60 型 VCD	入碟后不读盘	经开机检查与观察,激光头不亮且无径向移动,也无聚焦动作,屏显示"NO DISC"。分析托盘进出盒均正常,但激光头无径向位移,无法使限位开关闭合,故不会有聚焦动作。为观察机芯传动过程,将整个CD部分拆下(不要拆下连接排线),呈水平状态用手托住,然后通电,这时千万不要将机芯倒置,以免齿轮错位。按一下换碟键,使激光头处于搜索状态,测进给电机两端有较高电压,但电机不转。拆下电机,用1.5V电池试验,电机运转正常,说明问题出在传动部分。经进一步检查发现,托盘传动齿轮表面磨损严重。更换或用小刀将各齿轮修整光洁后装机,机器故障排除
松下 SL-VC910X 型 VCD	入碟后不读盘	问题一般出在激光头及主轴电机或其驱动电路。开机观察,发现机器入碟后碟片转几圈后即停下,有时碟片不能转动。故障发生时仔细观察,发现激光头物镜的聚焦及循迹动作均正常,激光发射也正常,初步断定故障部位在主导轴电机及其驱动电路。拆下激光头组件后,用万用表R×1Ω挡检查主导电机阻值,发现在90至∞之间变化,且主导电机也时转时不转,判定为主导轴电机内部损坏。更换同规格主轴电机后,机器故障排除

六、索尼 DVD/VCD 光盘播放机故障检修

1. 索尼 605GX 型 VCD

机型	故障现象	故障分析与解决方法
索尼 605GX 型 VCD	机内发出较响的摩擦噪声,不读盘	问题可能出在托盘进出盒传动机构。打开机盖,开机观察,发现噪声来源于出盘电机驱动的白色齿轮与主传动黑色大齿轮之间。通电后出盘电机带动白色齿轮转个不停,但黑色大齿轮并未转动,导致不能加载到位,说明两者之间或啮合不良,或存有齿牙损坏。将托盘、压碟支架及滑块槽驱动杆等拆下后取出大齿轮,发现其下层齿牙有几个均已被磨平。更换齿轮后,机器故障排除

续表

机型	故障现象	故障分析与解决方法
索尼 605GX 型 VCD	开机无任何反应，听不到电源控制继电器吸合声	该故障一般发生在电源及控制电路。该机的三组主电源受控于 RY401～RY403 三只继电器。机器开机后，一组 AC13V 电源经 D401、D402 整流、R401、C401 滤波后，由 IC401(7812)稳压后输出＋12V 电压送至 RY401～RY403 继电器线圈；同时 IC501 的⑭脚输出开启高电平，使 Q401、Q402 导通，RY401～RY403 吸合，送出整机所需各组电源。打开机盖，用万用表测 IC401③脚有＋12V 电压输出，IC501⑭脚亦有＋4.8V 的开启电平，但 Q401 e 极一直为低电平。经进一步检查发现 Q401 内部损坏。更换 Q401 后，机器故障排除

2. 索尼 CDP-M72/M97 型 VCD

机型	故障现象	故障分析与解决方法
索尼 CDP-M72 型 VCD	显示屏正常，但不读盘	问题一般出在激光头及相关电路中。开机观察，发现激光头物镜只能左、右循迹运动，而不能做上下聚焦动作，因此怀疑聚焦圈开路。断电后，将激光头上的 CN102 插头拔下，用万用表测聚焦线圈阻值正常，且物镜也能做上下聚焦运动，说明聚焦线圈无问题，故障可能出在聚焦控制及聚焦驱动电路中。此机聚焦驱动电路由 IC102(LA1632M)及外围元件构成。插上 CN1102 插头，通电后用万用表测 IC102㉘脚(聚焦电压输出端)无 3V 电压，但测其㉒、㉓脚电压均为 6.9V 正常，且测其㉖脚(聚焦控制信号输入端)电压也正常，由此判断为 IC102 内部不良。更换 IC102(LA1632M)后，机器故障排除
索尼 CDP-M97 型 VCD	插上电源后，不能正常开机	问题可能出在电源及控制电路。打开机盖，先用万用表测受控 13V 和 5V 电压，发现在按下“POWER”键后，该电压无输出。由原理可知：机器正常时，按下“POWER”键，系统控制微处理器 IC701(CXP89153-KWA)得电工作，Q803 导通，也使 Q714、Q713 导通，输出 13V 和 5V 电压。发生故障时，用一短线将 Q803 c、e 极短接，结果整机工作正常，再测 IC701 的㊻脚电压为 4.2V，而正常应在按下“POWER”键后由 4.5V 降至 0.1V，由此判定为 IC701 内部不良。更换 IC701 后，机器工作恢复正常
	进出盒机构失控，托盘不能到位	经开机检查与观察，托盘进盒后，未能正常到位，此时只有“吱吱”电机转动声音。观察托盘座左、右导轨无断裂，找到托盘组件左侧的卡爪，使之离开托盘基座导轨，再将盘组件的限位卡爪从白色驱动的两齿之间分离开，这时就能将碟片挡板的销子从挡板凸轮槽内抽出，取出托盘组件，检查驱动凸轮完好，无错位之处，再检查机构的提升轮和减速齿轮吻合完好，无断齿。用手拨动托盘电机的皮带，蜗杆开始能带驱动齿轮转动，但剩约两圈时便停住。经仔细检查发现位于蜗杆和靠近其的带轮之间的垫圈损坏。找一块同规格垫圈装入后，机器故障排除

3. 索尼 HCD-V800 型 VCD

机型	故障现象	故障分析与解决方法
索尼 HCD-V800 型 VCD	开机后，状态混乱	根据现象分析，怀疑机内有虚焊或接触不良故障，遂将整个机器全部拆下，仔细检查机器各部分电路，未有虚焊，各种插排与主机的连接也很好。但在机器底部的白色塑料基座上发现有一状态开关，由于状态开关氧化脏污现象在录像机、VCD、音响中极为常见，怀疑该开关脏污氧化，遂将其拆下，果然定、动片上的铜片均已严重发黑。用酒精认真清洗状态开关后，机器故障排除
	每次重放 7～8 分钟后就停止	根据现象分析，故障极有规律性，问题可能出在激光头进给电机部分，且大多是径给齿轮或激光头的齿条上有一个或数个齿变形，或有异物阻塞。打开机盖，拆下激光头组件检查，未发现有齿损坏，但发现径向进给齿轮与激光头齿条间布满白色糊状的润滑脂，在润滑脂上又存在许多灰尘，有的润滑脂看上去已固化。用酒精棉清除润滑脂后，再涂上新的润滑油，机器故障排除
	入碟后碟片不转	该故障一般发生在激光头及相关电路。开机观察，发现激光头有正常的聚焦动作，但不读盘。按下出盘键，让托盘伸出，从侧面观察激光头物镜，发现物镜上面蒙有一层细灰，用脱脂棉花蘸无水酒精进行清洗，再用干脱脂棉花擦洗一次，开机后，放入碟片，试机播放，已能读盘，且声图俱佳。如擦洗物镜后仍不能读碟或读碟效果不好，可逆时针拧动激光头上的功率电阻 10°～15°，一般即能排除故障。如激光头上功率电阻调大了 15°后仍不能读碟或读碟不好，则说明激光头已严重老化损坏。该机经上述处理后，机器故障排除
	重放时，图像模糊暗淡、不稳定	根据现象分析，重放时伴音正常，说明故障出在解码芯片 CL480 之后的视频 D/A 图像编码器电路中。打开机盖，用示波器测图像编码芯片 CXA1645M 的三基色输入端②、③、④脚，波形正常，⑥脚负载波输入、⑩脚复合同步输入波形正常，但㉑脚 VCD 电源端 5V 电压低，仅 2.1V。进一步检查其供电电路，由原理可知：主板 12V 电源加到解压板电源开关管 Q803 的 e 极，机器入碟后，数字信号处理器将分离解调出的子码送到 CPU，CPU 判断是 VCD 碟片后从主板 CN102 的㉕脚输出的 VCD 高电平加到 Q8702 的 b 极，Q802 导通，Q803 也随之导通，将主板 12V 电源电压送到 7805 的输入端，经 7805 稳压后，输出的 5V 电压加到 CXA1645M 的㉑脚。播放碟片时，实测 Q803 的 c 极输出 11V 电压，而 7805 的①脚电压为 2.1V。由此判定为 R814 内部开路。更换 R814(2.2Ω)后，机器故障排除

4. 索尼 K700 型 VCD

机型	故障现象	故障分析与解决方法
索尼 K700 型 VCD	入碟后，碟片快速旋转	该故障一般发生在主轴伺服驱动电路中。打开机盖，用万用表检查主轴电机驱动管 Q208、Q209 正常，开机测 KA8309 的主轴输出脚电压竟为－4V。测量其±5V 电源输入脚均正常，判定主轴驱动块 KA8309 内部损坏。更换 KA8309 后，机器工作恢复正常
	入碟后，不读盘，屏显示"DISC"，不工作	故障一般发生在激光头及相关电路。开机观察，机器入碟后碟片不转，由原理可知：激光头应自动聚焦搜索，碟片反射光产生的电流信号通过 RF 放大、IC301(KA9201)放大后进入数字伺服控制 IC201(KA8309)。当达到最佳聚焦点时，KA9201 的㉘脚产生聚焦 OK 信号(FOK)，送到 KA8309 的㊶脚。KA8309 接收到 FOK 信号后，从㊴脚发出主轴旋转指令，驱动 Q208、Q209，使主轴旋转。打开机盖，先检查主轴电机驱动管 Q208、Q209 均正常。通电，在聚焦搜索时用万用表测 KA8309 的㊴脚电压为 0V，无驱动电压输出，㊶脚 FOK 输入电压为 2.6V，正常 ROK 信号输入电压为 3.2V，说明确无 FOK 信号。用示波器测试"眼图"测试点(KA9201②脚)，"眼图"凌乱且幅度仅 $0.4V_{p\text{-}p}$，正常时"眼图"幅值为清晰的，0.8～1.2V，经检查发现聚焦驱动输出管 Q202 内部已损坏。更换 Q202 后，机器工作恢复正常

5. 索尼 MCE-F11 型 VCD

机型	故障现象	故障分析与解决方法
索尼 MCE-F11 型 VCD	重放时无图像	该故障一般发生在解码板上的视频编码及 D/A 转换电路。打开机盖，开机后，用示波器逐级检查，发现视频 D/A 转换块 CH7201B 的③脚无视频信号波形输出，且转换块表面发烫；再测㉚脚有视频信号波形。试用一电容短接㉚、㉛脚，出现图像，判定视频 D/A 转换块 CH7201B 内部转换电路损坏。更换 CH7201B 后，机器故障排除
	重放时无图像、无伴音	该故障一般发生在 VCD 解码电路。打开机盖，用万用表测解码板上＋5V 电源和视频 D/A 转换块 CH7201B㊶脚，输出的时钟均正常，但其⑲～㉖脚亮度数据和⑪～⑱脚色度数据均无信号输入。这样，在电源、时钟、复位均正常的情况下，解码板上 ES3204、ROM(只读存储器)、DRAM(随机动态存储器)、SRAM(暂存器)中任一损坏，都会导致故障出现。先拔下本机随机动态存储器 ROM，用一块好的 ROM 插上试机，故障消失，说明故障排除
	重放过程中出现无规律暂停现象	问题可能出在面板控制电路中。打开机盖，怀疑面板暂停键漏电，将暂停键脱离线路无效，再将靠近接收头的红外发射管焊开一个引脚，故障不变。试将接收头信号输出脚接往解压板的引线脱开，不再出现暂停状态，说明故障是因接收头自触发，错误发出暂停信号，故判定为红外接收头内部不良。更换红外接收头后，机器故障排除

续表

机型	故障现象	故障分析与解决方法
索尼 MCE-F11型 VCD	面板操作键及遥控键均失灵	该故障一般发生在面板控制及接收电路。打开机盖，发现当按下功能键时有发光管相应发光，说明操作键有键控脉冲信号输出；再跟踪检查，发现在遥控接收头附近有一只红外发光管。由原理可知，本机面板操作的控制电路与机外遥控操作方式相同，面板上操作按键与手机操作的遥控电路原理完全一样，都是采用红外光发射二极管，通过红外光传递控制信号，由共用的接收头统一接收控制信号。显示接收头是重点怀疑对象。焊下遥控接收头，经检查发现其内部损坏。更换同型号红外接收头后，机器工作恢复正常

6. 索尼 V8K/V9K 型 VCD

机型	故障现象	故障分析与解决方法
索尼 V8K 型 VCD	检测指示灯闪亮1分钟后自动停机	开机观察，机器入碟后主轴电机不转，经检查激光头无异常，判断故障出在主轴电机本身或驱动电路。打开机盖，先检查主轴电机，试给电机外加12V稳压电源后转动正常，说明电机没有损坏。接着检查电源板及CNI插座，发现CNI⑫脚脱焊，从而导致主轴电机驱动电路无工作电压。重新补焊后，机器故障排除
索尼 V9K 型 VCD	按进出盒键，托盘不能出盒	该故障一般发生在面板控制及接收电路。开机检查电源及激光头均正常，由原理可知；机器面板控制所有功能与遥控器电路一样，是经一块NT6221集成块完成所有功能的编码，再由接收头旁的一只红外发射管经面板接收窗上的紫红色塑料片反射到接收头上来控制本机操作。因遥控也不起作用，先检查接收头，用万用表测电源端5V电压正常，测接收头信号输出端也正常，判断问题在红外发射管。将其焊下检查，果然已失效。更换红外发射管后，机器工作恢复正常

7. 索尼 VCP-C1 型 VCD

机型	故障现象	故障分析与解决方法
索尼 VCP-C1 型 VCD	重放时无图像(一)	问题出在解码板上视频处理电路。打开机盖，用示波器测IC202⑫～⑮脚视频输出信号正常。测D/A转换电路IC206，无RGB信号输出，说明IC206未工作。测IC206㊼脚电压为0V。测TP315+5V端，电压正常。该+5V电压经L203输入IC206㊼脚为IC206供电。焊下L203测量，发现L203内部开路。更换L203后，机器工作恢复正常
	重放时无图像(二)	该故障一般发生在VCD解码电路中。打开机盖，用万用表测量IC204㊽、㊾脚，发现无28.6MHz正弦时钟信号电压，而测IC204的㊺脚(复位电路)电压5V正常，说明晶振电路不良。经检测为晶振X202内部损坏。更换晶振X202后，机器故障排除

续表

机型	故障现象	故障分析与解决方法
索尼 VCP-C1 型 VCD	入碟后不能显示总目录和总时间	该故障一般发生在激光头或主轴驱动控制电路。开机检查激光头运行正常，说明问题出在主轴电机控制及驱动电路。打开机盖，在聚焦期间用万用表测 BD 板的 IC101㉝脚，有 FOK 高电平输出。聚焦停止后，测 IC101㊽脚，有 2.5V 的主轴 MDP 信号输出，但主轴电机不转动。沿线路检查 MDP 信号输出电路，发现 IC102㉓脚无 MDP 控制电压输入，使主轴电机不转。经仔细检查，发现 MDP 信号送电路中的 R162 内部开路。更换电阻 R162 后，机器故障排除

8. 索尼 VCP-K10 型 VCD

机型	故障现象	故障分析与解决方法
索尼 VCP-K10 型 VCD	开机后按键不起作用	该故障一般发生在面板控制电路。开机观察，托盘能进出自如，屏显示也正常，且用遥控器操作也有效，说明问题仅在键盘矩阵电路。该机键盘矩阵电路以集成块 U3(D6122C)为核心，用万用表先测 VCC 端电压 5V 正常，再分别按压各功能键，监测其 U3⑬～㉒脚键盘控制信号输入端电压，均能从 5V 跳至 0.4V，说明各功能键信号输入正常，并在 U3⑩、⑪脚间跨接一只 455kHz 晶振，两脚电压也能跳至 2.5V，说明 U3 也无异常。进一步检查其外围电路，发现放大管 Q301 内部开路。更换 Q301 后，机器故障排除
	无碟片时不能出盒	经开机检查与观察，电路基本正常，问题在托盘出盒机构。开机观察，无碟片时按“OPEN”键不能出盒，但可见托盘电机旋转一下随即停止，上凸轮移动一小段距离，似乎托盘卡位，说明确属机械故障。经仔细检查发现托盘缘齿条上积有许多黄油，托盘进出电机传动带上也粘上不少油污，估计传动带因此打滑导致传动无力。用酒精棉清除传动带上的黄油后，机器故障排除
	按“OPEN”键托盘不出盒	问题可能出在托盘进出盒机构。开机观察，按下“OPEN”键，在出盒电机运转情况下，只有稍用力往下按托片盒，托片盒才能下到出盒位置，然后水平出仓，而装有碟片时则进出始终顺畅，故怀疑托片盒在播放位置到出仓位置之间受某种力的影响，阻止了托盘盒的往下运动。拆下上盖板反复试验，进出都很正常，分析问题可能出在上盖板。上盖板与托片盒仅在播放碟片时有压片盖与之相连，唯一的可能是压片盖有问题。轻轻松开压片盖上的热熔胶，里面是一环形磁铁，其作用是进片之后通过磁铁吸力压住碟片与托片盒，使它们连成一体，防止碟片运转不稳。如果其吸力过强，则不易与托片分开，就会导致不出盒现象。将环形磁铁翻面，减少其吸力后，机器工作恢复正常

续表

机型	故障现象	故障分析与解决方法
索尼 VCP-K10 型 VCD	按进出盒键，托盘不能出盒	该故障一般发现在托盘进出盒传动机构或驱动电路中。打开机盖，检查托盘出盒机构运行正常，说明问题可能在出盒驱动及供电电路，用万用表测该机三组输出电压，发现三端稳压块 IC905 的 3 个引脚均无电压，由于 IC905 输出电压为 7V，进一步查找，发现一只白色水泥熔断电阻开路，从而导致出盒驱动电路电路无工作电压。更换熔断电阻后，机器故障排除

9. 索尼 VCP-K955 型 VCD

机型	故障现象	故障分析与解决方法
索尼 VCP-K955 型 VCD	入碟后，激光头物镜撞击碟片，发出“嗒嗒”的响声	问题一般发生在激光头及相关电路。开机观察，发现激光头物镜发射往外缘进给时物镜上下聚焦并不撞击碟片，说明聚焦不良，停机观察物镜上的聚焦簧片往上翘起（正常应呈水平状态），致使物镜未成垂直状态，用镊子将物镜簧片轻轻夹直，使用前物镜自然垂直。试机“嗒嗒”声消失，显示了总曲目和总时间，但放曲到第 3 首之后自动停机不再往前进给，又出现“嗒嗒”声，说明物镜与碟片距离变化时，物镜往外缘进给聚焦困难，原因是聚焦循迹电位器失调。重新调整聚焦寻迹电位器后，机器故障排除
	重放时，不读盘或读盘时间长	问题一般出在激光头及解码电路中。开机观察，放入 VCD 碟片后主轴转动，但激光头不读盘，按停止键也不能停止，只有按出盒键才有效，怀疑解码板有问题。换一块好的解码板，故障不变，判断为激光头内部不良。更换同型号的激光头后，机器故障排除

10. 索尼其他型号 VCD

机型	故障现象	故障分析与解决方法
索尼 CDP-C535 型 VCD	开机无任何反应，无屏显示	该故障一般发生在电源电路。打开机盖，检查电源变压器的初级已断路，原因是变压器初级线圈内有一只熔断器，在负荷电流增大，变压器过热时，自动断开而达到防止过热的目的。由于更换困难，只好从变压器骨架上找到初级引线焊脚，即熔断器的引出焊脚，将同规格交流熔断器换上后工作正常，但无屏显示。再检查变压器各输出电压正常，显示屏灯丝已亮（5V 交流电压），检查显示驱动 IC（M5293）时，发现有＋5V 电压，但无－27V 电压。断电后仔细检查 IC 外部元件，发现 VD2 稳压管内部损坏。更换熔断器和 VD2 后，机器工作恢复正常

续表

机型	故障现象	故障分析与解决方法
索尼 CDP-10 型 VCD	重放时无伴音	该故障一般发生在解码板上的音频处理电路。打开机盖，用万用表测 IC301、IC302、IC303、LPF301、LPF302 各脚电压，均正常，说明音频 D/A 转换电路和音频放大电路工作均正常，测静噪控制电路，已动作。再测静噪控制管 Q306 的 b、e、c 极电压，分别为 5V、4.5V、0.7V，而正常时 c 极电压应为 0V。经检测为 Q306 内部严重漏电。更换 Q306 后，机器伴音恢复正常
索尼 MDP-A600K 型兼容机	开机无任何反应	该故障一般发生在电源及控制电路中。该机电源电路采用变压器将 220V 降压为 13V，再由整流、稳压电路形成该机所需各种电压。由原理获知：按下电源开关瞬间，微处理器将电源启动信号送到 Q031，令断电器 RY031 吸合；RY031 吸合后，13V 交流电压才加至整流电路，而微处理器所需的＋5V 电压不受 RY031 所控制，此电压是由 13V 交流电压经整流电路形成的＋12V 电压加至三端稳压块 IC031 形成的。如果微处理器得不到＋5V 供电电压，则 RY031 不能吸合，便会导致整机不工作。检修时，打开机盖，先用万用表测微处理器 VCC 端电压为 0V，测 IC031 输出端电压也为 0V，但测至 IC031 输入端电压却为＋12V，正常，由此判断三端稳压块 IC031 内部损坏。更换三端稳压块 IC031 后，机器故障排除
索尼 SV-9681 型 VCD	入碟后不读盘	该故障一般发生在激光头、数字信号及主轴驱动电路。开机观察，发现机器入碟后主轴电机高速旋转，空盒开机主轴电机不转，判断原因可能在主轴电机控制及数字信号处理电路。打开机盖，用万用表测静态 TDA1302P 及 TDA1301P 各脚电压基本正常。再测数字信号处理器 SAA7345GP 各脚电压，发现其第⑦脚电压仅为 12V 左右，比正常值 26V 低。该脚通过一只容量为 0.047μF 的电容接地，经用万用表 10k 挡检测发现该电容已严重漏电。更换该电容后，机器工作恢复正常

七、金格 DVD/VCD 光盘播放机故障检修

1. 金格川谷超级 VCD

机型	故障现象	故障分析与解决方法
金格川谷超级 VCD	重放时，无图像、无伴音	经开机检查，发现解码芯片内部烧坏。该机解码芯片为 CL8820-P160，＋3.2V 供电端由 KA78R05 经两只二极管供电，用万用表测得二极管已严重短路，阻值仅 1.5Ω，限流电阻上也有烧痕，与解压芯片 CL8820-P160 一样烫手。可以用电流冲击修复。方法为：断开其中一只二极管，找来一只 6V、4A·h 蓄电池，串联 3 只 1N4007 降压。连好线路通电，测得电流约 2A，通电 5 秒、10 秒观察电流在缓慢减少，约至 16 秒时，电流表针跌至 0.7A，断开电源。待冷却后再次通电，电流仍在 0.7A 以下。还原该机连线后通电，机器工作恢复正常

续表

机型	故障现象	故障分析与解决方法
金格川谷三碟 VCD	开机后显示屏闪亮一下即关机	该故障一般发生在电源及控制电路。打开机盖,在开机瞬间,用万用表测得 7.5V 电压明显偏低,只有 6.3V 左右。经检查发现 Q203、D209 串联稳压电路中 Q203 内部不良。更换 Q203 后,机器故障排除

2. 金格 5010BG 型 VCD

机型	故障现象	故障分析与解决方法
金格 5010BG 型 VCD	入碟后不读盘	经开机检查与观察,机器入碟后碟片不转,激光头能上下聚焦 1 次,问题可能出在伺服控制及驱动电路。应从激光头组件到 RF 放大 IC2、数字信号处理 IC1、系统控制 CPU IC4 及负载驱动 IC3 分析。打开机盖,先用万用表测量各 IC 的电源电路,发现 RF 放大块 IC2 第⑳脚无＋5V 电压,沿⑳脚线路查找,发现 IC203(7805A)开路性损坏。因 IC2 无工作电压,无 RF 放大信号输出,IC1 的 CLV 伺服处理器就没有误差信号从㊱脚输出到 IC3 的㉓、㉔脚,主轴电机不转,最终显示“NO DISC”。更换 IC203 后,机器故障排除
	入碟后显示“Error”,不工作	经开机检查与观察,机器入碟后碟片不转,激光头无上下聚焦动作,判断问题出在主轴伺服控制电路。打开机盖,断电后用万用表测主轴电机及聚焦线圈良好。通电后测伺服驱动集成块 IC3(BA6392FP)各脚,发现①脚有 3.6V,②脚有 3V 的正常电压,但测量 CZ1 的⑧脚只有 3V 电压。仔细检查 IC3 各脚,发现①脚上的焊锡很少,且与铜箔间有裂纹。分析故障原因为 IC3 正常工作时发热量较大,IC4 系统控制 CPU 无聚焦 OK 信号输出,主轴电机伺服电路不起控,碟片不转,逻辑程序判断为出错,显示“Error”。重新补焊后,机器工作恢复正常
	入碟后显示“-- : --”,无分秒显示	经开机检查与观察,机器入碟后碟片能转动,物镜也能做一次上下聚焦动作,说明伺服处理电路中的进给、聚焦、主轴电机伺服电路已起控,判断问题可能出在循迹电路。打开机盖,用万用表测量循迹线圈(CZ1⑥、⑦脚)电压时,发现其插头内的插卡与底座的插针存在松动现象,触动时能显示分秒数字,从而判定接插件接触不良。重新处理后,机器故障排除
	托盘不出盒	问题一般出在托盘驱动及供电电路上。打开机盖,检查托盘电机及驱动电路无异常,但驱动块无工作电压,检查其供电电路,用万用表开机后测 D4 阳极＋8V,电压正常,阴极＋7.4V,电压正常,而 D1 阴极仅＋1V 左右电压。经检测 D1 内部不良。更换 D1 后,机器故障排除

续表

机型	故障现象	故障分析与解决方法
金格5010BG型VCD	托盘不能进出盒	该故障一般发生在托盘进出盒机械部分、进出盒电机及其驱动电路。打开机盖，用万用表R×1挡测进出盒电机，正常，仓盒能进出移动，说明电机正常；测量进出盒到位开关正常，说明故障范围在进出盒驱动或控制电路。通电后用万用表测量驱动集成块IC5第⑥脚电源电压5.5V，正常，测①脚出盒时和③脚入盒时都有控制电压变化，说明微处理器能正常发出指令信号，判定驱动块BA6218内部不良。更换IC5(BA6218)后，机器故障排除
	托盘经常不能进出盒	问题一般为驱动电路接触不良所致。打开机盖，当出现故障时，用万用表测IC5(BA6218)第①脚和第③脚无控制电压。①脚与IC4(D78P044GP)的第57脚直接相连，③脚与56脚直接相连，切断①脚与57脚、③脚与56脚之间的电路，再测56、57脚仍无控制电压，证实是IC4或其前面电路有故障。经仔细检查发现IC4引脚虚焊。重新补焊后，机器故障排除
	按进出盒键，托盘不能进出盒	根据现象分析，机器能显示“OPEN”和“CLOSE”，说明系统控制CPU能发出正常指令。检查进出盒电机及到位开关也正常，判断问题出在驱动及供电电路。打开机盖，待故障出现时用万用表测量IC4第57脚出盒时有4.8V电压，入盒时56脚也有4.8V的控制电压。测IC5的⑥脚无电压，顺着电路查测D1、D4、D3的正极也无电压，但D2正极有约7.5V电压，焊开D2后更换一只新管，IC5⑥脚有+5.5V电压。经检测为D2内部接触不良。更换D2(1N4007)后，机器故障排除
	无开机画面，无法进入播放状态	该故障一般发生在解码板上。打开机盖，先检查视频D/A部分。该机视频D/A用的是BU1417K，时钟信号由40.MHz振荡器经分频由IC106(74HC04)缓冲输入，经查IC106输出的时钟信号较正常机幅度明显变小。另外，BU1417K损坏后，也会造成无开机画面、无法播放碟片的故障，此时BU1417K往往很烫手，检修时可区别对待。该机经查为IC106内部损坏。更换IC106后，机器故障排除
	按“POWER”键，不能开机	该故障一般发生在电源及控制电路。检修时发现CL484的3.3V工作电压失常是造成该故障最主要的原因。其次，X2(5MHz)、X101(40.5MHz)振荡器停振及IC201、5V待机稳压电源损坏，均可造成电源打不开。该机经用示波器检测发现X2振荡器停振，经检查为晶振X2内部失效。更换晶振X2后，机器故障排除

八、金正 DVD/VCD 光盘播放机故障检修

1．金正 J6801H 型 VCD

机型	故障现象	故障分析与解决方法
金正 J6801H 型 VCD	重放时无图像	根据现象分析，机器重放时有伴音、无图像，说明故障出在视频信号处理电路。而该部分电路除低通滤波电路外，都内置在 U2(CL680)中。排除外围元件故障后，将 U2 的⑲脚及⑮脚的亮度、色度端子并在一起，连至复合视频输出座，仍无视频信号，说明 U2 内置的视频处理部分已局部损坏。更换 U2 后，机器故障排除
	显示屏显示“--：--”后死机	问题一般可能出在 CPU 控制及供电电路。由原理可知：机器正常工作的前提是要有良好的供电、正常的复位、精确的时钟以及不中断的数据通信，特别是电源故障及数字电路复位失效，都可能导致开机后出现死机现象。开机检查，该机解码板及面板电路供电及复位基本正常，判断故障出在 CD 主板的供电及复位电路，当然主、副 CPU 间的数据通信中断及 IC7802(OM5284)的损坏也可能出现此类现象。拆下 CD 主板，开机后用示波器测 OM5284 的④脚复位端一直为 4.6V 的高电平，无正常高低跳变的脉冲，致使 OM5284 不能完成复位。人为地将④脚对地短接后，机器便恢复正常。取下复位电容 C2834(15μF/50V)，发现其内部不良。更换电容 C2834 后，机器故障排除
	读不出 TOC，屏显示“NO DISC”	问题可能出在激光头及相关电路。开机观察，发现机器入碟后读 TOC 时激光头进给徘徊，主轴转速不稳，最后碟盘旋转后屏显示无碟，怀疑为激光头脏污老化或伺服电路故障所致。取出碟片，观察激光头聚焦正常，物镜洁净，但其所发激光似乎太强，遂取下激光头，发现激光功率电位器被调过，用数字表一量，只有 460Ω，正常应在 800Ω 左右。用旋具将其调至 830Ω 左右时，机器故障排除
	入碟后盘不转，屏显示“NO DISC”	经开机检查与分析，机器托盘出入盒及激光头复位、聚焦正常，并有红色激光发射，开机画面也正常，分析其系统控制、解码、键控、VFD、径向与聚焦伺服、激光控制电路工作均正常，故障可能出在碟片、光头、主轴电机及其伺服电路或 DSP、FOK 及 RF 放大电路等。打开机盖，先换新激光头并用新光盘试播，故障依旧。再用万用表测量主轴电机直流电阻，达 700Ω，正常为 18Ω 左右，说明主轴电机内部不良。更换主轴电机后，机器故障排除
	满屏有乱闪的彩色方块或线条	经开机检查与分析，开机后有显示且面板操作无异常，说明 CPU、机芯及面板 VFD 电路正常，可能为解压电路及主板存在接触不良、供电电压不稳或时钟不稳等故障所致。打开机盖，先用放大镜仔细检查 U2(CL680)各脚，焊接良好，两板各接插座的连线接触良好，再用万用表测各板供电电压稳定，遂重点用示波器查时钟电路。解码板上 XT1(12.00MHz)及 XT2(27.00MHz)振荡频率正常，当测至解码板旁一块独立的 16.9344MHz 时钟电路小板时，发现其晶振未起振。检查谐振电容 C1、C2，发现其内部不良。更换 C1、C2 后，机器故障排除

2. 金正J7001H/J7003H/J7818A型VCD

机型	故障现象	故障分析与解决方法
金正J7001H型VCD	入碟后屏显示“NO DISC”,不工作	问题可能出在激光头及相关电路上。开机观察,发现主轴不转,激光头循迹、聚焦均正常,有红色激光发出,说明激光头组件基本正常。检查RF信号前置放大集成电路TDA1300T第⑨、⑩脚RF信号输出端电压,分别为0.38V、0.29V,正常值应为1.14V。分析:由于RF信号输出端电压异常,导致SAA7372中的CLV伺服异常。分别检查TDA7073T及外围元件、SAA7372及其外围电路,均无异常。在检测中无意碰到机芯伺服板,结果主轴旋转但随即停转,手触激光头扁平电缆与伺服板相连处,主轴再次旋转,松手后主轴又停转,于是确定扁平电缆内部接触不良。更换该扁平电缆后,机器故障排除
	入碟后,主轴不转,无法读取曲目	问题可能出在主轴电机驱动及相关电路。开机观察,激光头有红光射出,也有聚焦动作,由此推断电源、系统控制电路CPU基本正常,估计是RF信号无输出,使伺服电路处于停止状态或是激光头不良所致。打开机盖,首先检查伺服电路连线是否有松动现象,用万用表测TDA1300⑨脚也有1.5V左右的电压输出,其他的电压也基本正常。再进一步检测各集成电路各脚电压,发现主轴电机的驱动模块TDA7073的⑤、⑦脚电压有波动,SAA7372的㉝、㉟脚电压也如此,TDA1300⑨脚的电压在0～1.5V之间波动。分析此故障可能是TDA1300不良引起的。冷机检测TDA1300⑨脚电压,正常。几分钟后有波动现象,判定为TDA1300内部不良。更换TDA1300后,机器故障排除
金正J7003H型三碟VCD	工作几分钟后便死机	问题可能出在激光头及相关电路。开机检查,+5V、+12V两组电源电压均正常,同时也未发现机内有元件接触不良。仔细清洗激光头后试机,故障不变。试将APC电路中4.7kΩ可调电阻适当调小,以增大激光管的功率,效果也不明显。该机的RF放大IC(TDA1300)的⑯脚经一3Ω电阻和一滤波电容后给激光头组件提供4.2V电压。经检查发现,该电压从一开机的4.02V一路下降到自停时的3.9V。再进一步检查从TDA1300T⑨脚输出的RF信号电压,也从一开机时的1.15V一直降到停机时的0.9V,初步判断激光头组件有问题。为进一步确定,又将与TDA1300T⑯脚相连的3Ω电阻焊开,测量激光头的工作电流,发现一开机电流就在100mA,比正常机的35～60mA已大出许多,说明激光头内部老化。同时,再用MF-47型表测激光二极管的正向电阻约为48Ω(R×1k挡),已经老化。更换激光头后,机器故障排除

续表

机型	故障现象	故障分析与解决方法
金正 J7818A 型 VCD	入碟后不读盘	故障一般发生在激光头及相关电路。开机检查,发现激光头光功率电位器已被调到最大,询问用户得知该机曾被人修过,激光头也被换过,但仍未修好而退还。先用数字万用表的 200Ω 挡测量,发现激光头靠边缘的两根线不通,该线为检测器输出端。由于一时无该排线替换,用小刀将断开处刮开,用多激光头的一端接伺服板。插好后开机,机器还是不读碟,估计激光头已被原维修者调坏。更换同型号激光头后,机器故障排除

3. 金正 SVCD-N108D 型 VCD

机型	故障现象	故障分析与解决方法
金正 SVCD-N108D 型 VCD	入碟后碟片不转	问题可能出在激光头和伺服板上。空碟试机,开机观察,发现激光头能径向内移,物镜也有上下 3 次搜索动作,并且有红色激光射出,说明激光头的工作条件基本具备。放入一张碟片,待入仓到位后用手指拨动一下压片碟,有时主轴能转动,并能读出总时间,再进一步播放。检查主轴电机及驱动电路正常,当无意将机芯倒置着播放时发现一切正常,故怀疑聚焦线圈驱动电压不足,使正放时聚焦线圈搜索幅度受限而读不出碟。在聚焦搜索时测物镜驱动集成块 TDA7073A⑬脚与⑯脚之间的电压在+0.4V 范围,基本符合正常要求,最后判定物镜平衡支架老化,重心下垂,使物镜的自身重量影响聚焦搜索上升幅度。考虑到更换整个激光头组件价格较贵,可以通过调整 R35 的阻值提高聚焦驱动电压来解决。把 R35 由原来的 820Ω 换成 1kΩ 电阻后,机器读盘恢复正常
	入碟数分钟后,屏显示"NO DISC",不工作	该故障一般发生在激光头、聚焦电路或主轴驱动电路。打开机盖,用万用表测主板电源电压 5V、12V 正常;拆下机芯检查主轴电机工作正常;托盘状态检测正常。更换激光头后,故障不变,说明故障应在主板上,应重点检查聚焦电路及主轴驱动电路。该机机芯伺服电路采用的 DSP 为 SAA7372H 的飞利浦 CD7-2 电路。SAA7327H 电路是将原来数字信号处理、数字伺服电路 SAA7372GP 和机芯控制微处理器 OM5284 全部集成在一块电路中。其聚焦搜索、主轴控制电路工作原理为:激光头复位后,SAA7327H 内微处理器接口电路将收到的激光头聚焦访问指令送到逻辑控制器,处理或聚焦线圈使物镜上下移动,调整焦距。同时 SAA7327H㊾脚输出约为 4.5V 左右的启动电压,启动主轴旋转。根据上述分析,先用万用表测 SAA7327H㊾脚电压,结果无驱动电压输出,测②脚 HF 信号输入脚,有 1.8V 电压,判定该集成块内部不良。更换 SAA7327H 集成块后,机器故障排除

九、王牌 DVD/VCD 光盘播放机故障检修

1. 王牌 TCL-D302A 型 DVD

机型	故障现象	故障分析与解决方法
王牌 TCL-D302A 型 DVD	不能读盘与重放	问题一般发生在激光头及相关电路。开机观察，激光头静止不动，装入碟片做进一步检查，发现碟片不转，显然循迹、聚焦电路的主轴电机电路可能存在问题。由原理分析查知，循迹、聚焦是受集成块 U4(TDA7073)控制的，主轴电机受 U3(TDA7073)控制。这两块集成电路的工作状态又受机芯伺服电路 U2(SAA7372GP)的控制。由于 U2 引脚太多，本着先易后难的原则，先检查 U3 与 U4 各脚电压，发现两集成块⑤脚都为 0V，没有供电电压。再查限流电阻 R820、R822 正常。为确定故障范围，拔掉电源板上的插头 SXS204，测 9V 输出端电压为 0V，说明问题出在电源板上。沿电路检查相应的元件，发现三极管 V206 内部断路。更换 V206(C1815)后，机器故障排除
	入碟后显示无碟，不能重放	该故障原因较多，归纳起来可分为三大类：一类是电路方面的；一类是光路方面的；再一类是机械方面的。开机观察，托盘到位后，碟片的位置不能到位，由此判断是碟片不到位造成激光头读不到导入信息，从而发出无碟的信息。仔细观察现象。在碟片入盒过程中，当碟片被吸起时对碟片有阻碍作用，造成了碟片不到位。试用手向下按着托盘支架，碟片可以到位，说明故障是因支架固定螺钉松动引起的。紧固支架的固定螺钉后，机器故障排除
	托盘不能完全出盒	经开机检查与观察，发现激光头无循迹搜索过程，怀疑循迹线圈有问题。拆下机架拟检查激光头组件，看到机架两侧的灰尘较多，检测激光头组件下面的限位开关始终处于开路状态，而正常状态是托盘在进、出盒过程中，限位开关为"通"状态；在托盘进、出盒到位后为"断"状态。显然限位开关存在接触不良。更换限位开关后，机器故障排除
	机芯无动作，托盘不能进出盒	问题可能出在电源及控制电路。打开机盖，用万用表测 XS204 插座＋12V 端电压无电压，说明本故障确是 12V 电压丢失造成。再测 U201(7812)③脚亦无电压，但测其①脚，输入电压有 20V，正常。经观察发现，U201 的 3 只引脚均脱焊，分析这是因为 U201 长期工作温度较高，反复热胀冷缩导致引脚脱焊。将 U201 引脚补焊后，机器工作恢复正常
	开机后无任何反应	问题可能出在电源及相关电路。开机观察，面板显示屏灯丝呈暗红色，说明总电源基本正常。根据经验，故障应在解压及其＋5V、－5V 供电电路。打开机盖，用万用表测 XS203A 插座＋5V、－5V 端，无＋5V，而－5V 正常。沿线路往前检查，发现三极管 V203(BD136)的 e 极脱焊。重新补焊后，机器故障排除
	显示屏无显示	经开机检查与分析，该机重放图、声正常，说明故障局限在显示电路或其供电回路。打开机盖，观察显示屏灯丝已点亮，故先检查－25V 是否正常。用万用表直接测量 XS202 插座－25V 端，发现只有－3V 左右，测 C207(100μF/35V)两端电压同样很低，焊下该电容检测发现其内部已漏电。更换 C207 后，显示屏恢复正常

续表

机型	故障现象	故障分析与解决方法
王牌 TCL-D302A 型 DVD	显示屏显示状态混乱	该故障一般发生在屏显示及控制电路。由原理可知，屏显工作的重要条件是 3.5V 的灯丝电压和－25V 屏极电压应正常。打开机盖，用万用表测量这两个电压，3.5V 正常，但无－25V 电压。估计此故障是由于缺少－25V 屏极电压造成的。－25V 电压是由电源变压器降压，再经二极管整流后得到的。测量电源变压器的输出交流电压正常，再测整流二极管 D209（1N4004）输入端有电压，输出端却无电压，怀疑 D209 损坏。经检测果然其内部开路。更换 D209（1N4004）后，机器故障排除
	重放 30 分钟后，图像杂乱无章	该故障一般发生在解码及供电电路，且大多为以 U202（7806）为核心的供电回路出问题可能性最大，因为这组电路的负载电路多。打开机盖，用万用表测 C204（2200μF/16V）两端电压，当故障出现时，电压由正常的 14V 骤跌为 4V 左右。排除 U202 击穿及 4 只整流开路的因素后，拆下 C204 检查，发现其内部已漏电。更换电容 C204 后，机器故障排除

2．王牌 TCL-968VCP 型 VCD

机型	故障现象	故障分析与解决方法
王牌 TCL-968VCP 型 VCD	入碟后不读盘	问题可能出在激光头及相关电路。开机观察，机器放入碟片后，碟片转一下即停，说明聚焦 OK 电路基本正常。再用示波器测量 RF 信号，发现幅度只有 $0.6V_{p\text{-}p}$ 左右且不稳定，正常值应为 2.5V 左右，怀疑 RF AMP 电路有问题。检查 TDA1302 外围元件均无异常，说明 RF 放大块 TDA1302 内部损坏。更换 TDA1302 后，机器工作恢复正常
	屏显示"NO DISC"，机器不读盘	该故障一般发生在激光头或主轴电伺服驱动电路。开机观察，机器入碟后碟片不转，激光头运行正常，也有激光发射，用手转动碟片，机器并不立即显示"NO DISC"，说明聚焦 OK 电路、CPU 均基本正常，问题可能出在主轴伺服及驱动电路。由于驱动电路负载电流较大，损坏率较高。打开机盖，用万用表检查，果然为伺服驱动块 TDA7073 内部损坏。更换 TDA7073 后，机器故障排除
	入碟后屏显示"NO DISC"，不工作	问题可能出在激光头及相关电路上。开机观察，发现碟入盒后主轴电机先逆时针转动半圈，接着顺时针转几秒后停下，读不出总曲目，同时显示屏显示"NO DISC"。根据经验，该故障多为激光头不良，造成拾取的 RF 信号不正常。由于主轴 CLV 伺服要从 RF 信号中提取帧同步脉冲，RF 信号不正常，必然导致主轴伺服不良。检修时，打开机盖，先调整激光头上的激光功率可调电位器，增大激光二极管的发射功率，但该机经调整后，故障依旧，说明激光头内部损坏。更换激光头组件后，机器故障排除

十、高仕达 DVD/VCD 光盘播放机故障检修

1. 高仕达 FL-200P/201 型 VCD

机型	故障现象	故障分析与解决方法
高仕达 FL-200P 型 VCD	入碟后不读盘	问题可能出在激光头及相关电路上。检修时，打开机盖，开机观察，发现激光头有上下聚焦运动，物镜无红色激光发出，但只要碰一下激光头上的排线，就有正常的激光发出，这时放入碟片，机器能正常播放。分析问题为激光头排线接触不良所致。该机为索尼机芯，使用 KSS-210 型激光头。面对该机前面板，可见激光头有两条纵形排线，靠基侧的一支排线最下面的是一根红色线，即激光管供电线，其余均为白色线。由于排线较短，激光头在反复移动时，易将排线插头带松。拔去插头，将红色线对应插座上的铜芯向右轻度扳斜，插上排线后，机器工作恢复正常。该机经上述处理后，故障排除
高仕达 FL-201 型 VCD	重放时，无图无声，播放 CD 也无声	根据现象分析，该机屏显、读盘及碟片旋转均正常，说明机器电源、伺服电路、数字信号处理电路及微处理器电路不会有故障，应重点检查解压板及有关电路。本着先易后难的原则，打开机盖，先用万用表检查解码板上三极管、阻容元件，无损坏。考虑到晶振是 VCD 机易损元件之一，用示波器检查其晶振波形，当查到 X602 时，发现该晶振两端无振荡波形，判定为 C602 内部失效。更换 X602(24MHz)晶振后，机器工作恢复正常

2. 高仕达 FL-R300V 型 VCD

机型	故障现象	故障分析与解决方法
高仕达 FL-R300V 型 VCD	重放半小时后死机	问题一般出在电源电路，且大多为电路中有热稳定性差的元件或散热效果不良所致。打开机盖，让机器工作一段时间后，用手触摸电源板上的各稳压集成块和元器件。当触摸到 7809 稳压块后感觉温度很高，估计为该稳压块内部性能不良。用替换法证明判断正确。更换稳压块 7809 关加装散热板，机器工作恢复正常
	重放时，图像无彩色	根据现象分析，该机 N/P 制式转换电路正常，说明故障出在色解码电路中。打开机盖，用万用表测色解码集成块 IC611 各脚电压时，发现㉔脚、㉕脚电压均为 0V，进一步检查外接晶振，发现其内部已短路。更换该晶振后，机器故障排除
	重放时，图像彩色不稳定	问题可能出在色解码电路上。该机 PAL 色解码电路 IC611 外接晶振为 17.7344MHz，打开机盖，用万用表测量该晶振两端电压(即 IC611 第㉔、㉕脚)，发现电压波动不稳。检查晶振及周边元件无异常，判定为 IC611 内部损坏。更换 IC611 后，机器故障排除

续表

机型	故障现象	故障分析与解决方法
高仕达FL-R300V型VCD	重放时图像很淡，且不清晰	该故障一般发生在解码板上的视频输出电路。打开机盖，检查该电路相关元件，发现三极管Q705(2SC3192)的b极和c极断路，R720(68Ω)电阻也断路。更换Q705、R720后，机器故障排除
	按出盒键，托盘不能出盒	该故障一般发生在托盘出盒机构及驱动电路。开机检查，未发现有机构卡死现象存在，原因可能为出盘驱动电路或电机本身不良所致。该机装载驱动IC为BA6209，与普通录像机中常用的驱动电路相同，但封装不同。用万用表测电路电压、控制电压，均正常，电机绕组电阻也正常，由此判定为BA6209内部损坏。更换BA6209后，机器工作恢复正常
	入碟后不读盘	问题一般出在激光头及相关电路上。开机观察，碟自入盒后不转，激光头物镜升起后，又迅速回落，此时显示"NO DISC"，且物镜也无激光束亮点，判断为激光头组件不良。经仔细调整光头上的微调电阻后无效，说明激光头内部损坏。更换同规格激光头后，机器故障排除
	入碟后，屏显示"NO DISC"，不能重放	该故障一般发生在激光头及相关电路上。开机观察，激光头物镜上下聚焦动作正常，且有红光射出，说明激光头组件和电源均正常。清洁激光头物镜无效，用万用表测激光二极管，正向电阻为60kΩ，说明激光二极管已接近衰老。更换激光二极管或激光头后，机器故障排除

3. 高仕达FL-R333V型VCD

机型	故障现象	故障分析与解决方法
高仕达FL-R333V型VCD	入碟后不读盘	该故障一般发生在激光头及相关电路。开机观察，发现激光头有循迹和聚焦动作，但激光管不亮，且主导轴电机也不转，据此判断故障出在激光管及其功率自动控制电路之中。打开机盖，用万用表测IC101②脚LDON端为低电平正常，测其③脚电压为2.8V，也正常，但测Q101的c、e极电压分别为0V、4.8V，而正常值应为2.9V、3.5V，因此判断Q101损坏，经检测果然如此。更换Q101后，机器故障排除
	各功能键均不起作用	问题可能出在电源及控制电路。打开机盖，先用万用表检查+5VD、+5VA正常，但12V输出为0V，再测其整流输出电压也为0V，经检查发现交流熔断器烧断，估计12V电源负载有短路现象。先断开KA9258D驱动电源负载，接上熔断器12V立即恢复正常，说明KA9258D或其外围元件损坏。经仔细检查其外围元件，无异常，判定驱动块KA9258D内部短路。更换KA9258D后，机器故障排除
	按进出盒键，托盘能伸出而不能收回	问题一般出在托盘电机驱动电路。打开机盖，找到托盘驱动电路引线和驱动集成块IC109，用万用表测IC109各脚电压，发现按出盘键时，其第⑥脚为高电平5V，第②、⑩脚之间没有电压输出，因此，出盘指令已送至托盘电机驱动电路IC109第⑤脚，但却无驱动电压输出，说明微处理器正常，判定为IC109内部损坏。更换IC109后，机器工作恢复正常

续表

机型	故障现象	故障分析与解决方法
高仕达 FL-R333V 型 VCD	按"POWER"键不起作用	该故障可能发生在面板按键及操作电路。打开机盖，拆开前面板，按动"POWER"键微动开关 SW940，用万用表测其通电，正常。随后拆开底盖板，用万用表检测微处理器 IC105，按动"POWER"键，㉑脚上有高电平变化，但实测发现高电平仅 0.8V，低电平为 0V。显然高电平偏低，不能正常工作。检查面板与主板连接的扁平电缆无接触不良，再测 SW940 与㉑脚线路也无接触不良现象。分析原理，发现通过 SW940 加至 IC105 的㉑脚电压有一限流电阻 R961，焊下 R961 检测，发现内部已开路。更换电阻 R961 后，机器工作恢复正常

4. 高仕达 FL-R515V 型 VCD

机型	故障现象	故障分析与解决方法
高仕达 FL-R515V 型 VCD	托盘自动出盒且不能再进盒	经开机检查与分析，托盘能自动运行出盒，说明进出仓机械运行机构正常，问题一般出在进出盒键或其控制电路。打开机盖，先检查进出盒开关键，无异常，再检查进出盒控制电路，发现当用万用表测量控制集成块外围 R977 两端时，托盘立即自动进仓。检测该电阻阻值正常，仔细观察发现其引脚脱焊。重新补焊后，机器工作恢复正常
	重放时，无伴音输出	该故障一般发生在伴音信号输出或信号处理电路。打开机盖，先查伴音信号输出电路正常，再用示波器测量伴音信号处理 IC106㉜脚有 LRCK 信号输出，而与此脚相连的 IC111、CD74、HC57②脚却无 LRCK 信号输入，说明两脚之间有断路故障。仔细观察发现该电路印板断裂。重新补焊后，机器故障排除
	重放时，图、声均出现停顿现象	该故障发生原因一般是因市电电压太低或数字信号处理电路 ICU14（DA7290）工作失常所致。打开机盖，先检查 200V 正常，再检查电波稳压输出也正常，说明问题仍在 ICU14 电路。用万用表测 U14 脚各脚电压，发现其⑭脚（VDD）一端电压时有时无。检查外围供电路，发现一电阻引脚虚焊。重新补焊后，机器故障排除
	重放时，跳迹现象严重	该故障一般发生在激光头及相关部位。开机检查激光头物镜，干净无污。观察机器重放时，发现每张碟片在第 6 首歌左右均出现跳迹现象，后几首歌曲一切正常，判断激光头在前 6 首歌曲的运行中存在不同程度的抖动，一般为机械故障。经检查发现激光头组件的上下两层滑动齿条有错齿现象，导致滑动齿轮在运行中出现抖动，致使故障发生。将该齿条的拉力弹簧卸下，更换新弹簧后，机器工作恢复正常

5. 高仕达 FL-R888K 型 VCD

机型	故障现象	故障分析与解决方法
高仕达 FL-R888K 型 VCD	重放时，无图像、无伴音	根据现象分析，机器读盘及显示正常，说明激光头及聚焦伺服电路均正常，故障发生在解压板电路。打开机盖，先用万用表测解压板供电 5V 正常，再测数字信号处理输至解压板的三路数字信号是否正常。实测 DSP 芯片 CXD2500BQ ㉟、㉞脚 2V 电压，正常，但㉜脚为 0V，正常值应为 2.5V，说明 DSP 芯片与解码电路有断路故障。经仔细检查发现电阻 R547 内部开路。更换 R547(100Ω)后，机器故障排除
	重放时，机内发出急速的“嗒嗒”声，随后自动停机	经开机检查与观察，机器重放时碟片能旋转，“嗒嗒”声是激光头撞碟造成的，估计是聚焦增益过高，使得激光头物镜上下运动幅度过大造成。该机聚焦、循迹伺服采用集成电路 CXA1571S，其⑰脚外接一只可变电阻 VR503，调节 VR503 可控制聚焦增益，试调 VT503，故障不变。调节 VR503 时，用万用表测 VR503 中心点电压，无任何变化，估计可变电阻损坏，拆下测量其中心点，确已开路。更换 VR503 并略做调整后，机器工作恢复正常

十一、爱多 DVD/VCD 光盘播放机故障检修

1. 爱多 305BK 型 VCD

机型	故障现象	故障分析与解决方法
爱多 305BK 型 VCD	重放时纠错能力下降	该故障一般发生在电源及解码电路中。检修时，打开机盖，先检查电源电路，用万用表测输入电压正常，三端稳压块及滤波电容也正常，用手摸 4 只 1N4001 小功率整流管，感觉温度很高。为消除整流管电流参数太低引起输出电流不足，将 4 只 1N4001 换成 1N5401 后，温度恢复正常，但故障依旧，从而排除电源引发故障的可能性。再检查解码电路，先用手摸解码板上的 CL484，感觉烫手，判断为解压块散热效果不好所致。找一个 CPU 风扇固定在 CL484 上方，取机内 12V 电源为其提供风冷散热，解压块温度下降，机器恢复正常。该机经上述处理后，故障排除
爱多 IV-305BK 型 VCD	画面呈负像，屏幕亮度偏暗	根据现象分析，该机 AV 输出图像正常，说明该机解压板芯片正常，故障可能为射频输出放大电路某元件不良所致。打开机盖，先检查射频输出电路板与主机电路板排插件，无虚焊及松动现象。由于射频放大输出电路较精密，拆开屏蔽盒盖后，检查集成块 KA2984D-02 外围电路有关元件正常，故怀疑 KA2984D-02 有问题。为避免误判，从正常同型号机上取下射频放大器盒组件，装在故障机上试机，彩色图像正常，说明射频放大器内部损坏。更换 KA2984D-02 集成块后，机器故障排除

续表

机型	故障现象	故障分析与解决方法
爱多 IV-305BK 型 VCD	不能工作	问题可能出在系统控制电路上，一般为CPU复位异常或晶振、CPU本身有问题所致。打开机盖，用数字万用表测主CPU(GMS80C701)异常或晶振两脚电压一端为稳定的4.9V，另一端为0.5V且很不稳定，怀疑该脚所接电容C1(33pF)对地漏电导致电压下降。从插座上拔下CPU后，测得C1和晶振公共端对地电阻为39.8kΩ，焊下C1，再测该脚对地电阻，已变为无穷大，说明C1内部漏电。更换C1后，机器故障排除
	除电源开关外，所有按键均不起作用	问题可能出在电源电路上。打开机盖，通电后观察激光头无激光发出，也无聚焦和循迹动作，由此判断故障出在电源电路。用万用表测电源＋8V端的电压为0V，其他未见异常，估计该故障为无＋8V电压引起的。顺着＋8V电压输出端电路往前检查，发现限流电阻R10(10Ω/1W)内部开路。更换R10后，机器工作恢复正常

2. 爱多 308/308BK 型 VCD

机型	故障现象	故障分析与解决方法
爱多 IV-308 型 VCD	键控、遥控均失效	该故障一般为解码板上供电回路中两个串联的二极管中的一只开路所致。打开机盖，用万用表测二极管上的压降，正常的正向压降为0.7V左右。查其压降异常。因解码芯片CL484供电电压为3.3V，经检查发现二极管D2内部损坏。更换D2后，机器故障排除
	托盘入盒后，机内有“嗒嗒”声	该故障一般发生在激光头及相关检测电路。打开机盖，用万用表测机芯激光头复位检测脚电压正常，但SAA7372GP进给伺服控制输出㉘脚始终有输出。测SAA7372GP(51)、(52)、(53)、(54)脚与OM5284㊹、㊸、㊷、㊶脚信号正常，判断故障原因为SAA7372GP不良。更换SAA7372GP后，机器故障排除
爱多 IV-308BK 型 VCD	入碟后不读盘	问题一般出在激光头及相关电路。打开机盖，用示波器检查RF信号放大器U1⑨脚，发现激光头在上下聚焦期间RF波形幅度明显不足。斜视激光头物镜，光点强度正常，依次测量U1㉑、⑲、㉒、⑳、㉓脚ID1～ID5波形正常，但对应输出端U1⑥脚I/U变换放大后的电压偏离①、④脚68mV，测U1⑲脚在路电阻达27kΩ(正常值为5.4kΩ)，说明5分割光电二极管D2捡拾的ID2信号在U1中未能正常放大，致使U1⑨输出的RF信号幅度达不到要求，不能产生FOK和FZC信号，判定为RF信号放大器U1(TDA1300T)内部不良。更换U1(TDA1300T)后，机器工作恢复正常
	入碟后，碟片转速不稳，无法正常读盘	问题可能出在主轴伺服及控制电路。该故障一般发生在U3内的数字CLV处理电路(包括PLL环)、主轴伺服驱动电路U4、主轴电机。U4内部有两路结构完全相同的双向驱动电路，将原电机恒线速驱动①、②脚转接到⑥、⑦脚，接主轴电机的⑨、⑫脚到⑬、⑯脚，开机后故障依旧，说明U4正常。在碟片转动时用频率计监测U2㉑、㉒脚外接晶振X1时钟频率，发现高低漂移，经检查，发现晶振X1内部失效。更换X1(8.4672MHz)后，机器故障排除

续表

机型	故障现象	故障分析与解决方法
爱多 IV-308BK 型 VCD	三碟托盘旋转不停，不能检测	问题一般出在碟盘检测电路。由托盘检测原理可知：托盘入仓到位→检测开关 S1 闭合→传动机构将转矩啮合到纵向升降位置→正向旋转的加载电机带动激光头芯片上升→上升到位后检测开关 S3 闭合→U2⑤脚中断驱动输出→加载电机停止转动→激光头开始读盘。经开机观察，该机托盘上升到位，一直旋转不停，显然是 U2 没有接收到检测开关 S3 送来的上升到信息。打开机盖，待托盘旋转到位后，用万用表监测 U2⑱脚始终为+5V，检查⑱脚至 S3 之间的线路，正常，测量 S3 两触点闭合时的接触电阻为无穷大。因此说明 S3 的接触电阻与 R62 分压至 U2⑱脚，使 U2 做出误判，造成托盘旋转不停。经检查为托盘到位检测开关 S3 内部不良。更换托盘到位检测开关，机器故障排除
	功能键均失效	根据现象分析，有开机蓝屏显示，说明面板电路基本正常，能读盘，说明主板电路及解码电路亦正常。打开机盖，用示波器检测主 CPU(P87C54)各脚电压正常，地址锁存 74S272、74S374 及副 CPU(27C512)正常。分析：因开机有时显示入仓标志，且在未读出碟片前不消失，故主板 CPU(LM5284)受入仓指令控制，且主 CPU(P87C54)未得到入仓结束指令，所以面板操作键失效。再检测主板 CPU(OM5284)⑳脚电压为 5V，处于高电平；机芯出仓也无变化，怀疑限位开关不良。焊下该开关检测，发现内部已损坏。更换限位开关后，机器故障排除
	重放时，无图像、无伴音(一)	根据现象分析，该机显示正常，说明机芯通信正常，应重点检查解码电路。打开机盖，用示波器测 R、G、B 信号，无输出，因此怀疑解码芯片 CL680 相关引脚虚焊。对 CL680 引脚重新焊一遍后，机器故障排除
	重放时，无图像、无伴音(二)	根据现象分析，判断为数字信号处理器左右时钟 LRCK 信号没有送至解压芯片 CL680，LRCK 的频率为 44.1kHz，它的极性即高低电平决定了传送取信号的通道，它的极性是可编程的，这个信号丢失了数据就无法处理。打开机盖，用示波器检查解压芯片 CL680⑤脚，无 CD-LRCK 信号，再测 CN17③脚，有 LRCK 信号。经检查发现传输电阻 R141 内部断路。更换 R141 后，机器工作恢复正常
	重放时，图像与伴音出现周期性停顿	该故障一般发生在激光头及相关电路上。打开机盖，用一张正版新碟片播放，依然存在声、图停顿现象。仔细观察发现，由于停顿的图像并没有马赛克方块，在未出现停顿现象时，声音和图像都正常，因此可以排除对数字信号解调的怀疑，因为 EFM 解调出故障将直接影响 U3㊺输出的 EFM 数据的完整性，使停顿画面携带马赛克方块。数字伺服处理和 RF 信号不正常，同样会出现类似现象。结合停顿现象的短暂性和周期性推测，重放时在激光头的循迹、进给伺服控制信号信号中混入了相应的周期性干扰脉冲。再仔细观察机芯，发现在声、图停顿时，进给电机和激光头组件相应出现微弱的径向抖动。用示波器检查进给伺服驱动电路 U4⑯、⑬脚驱动信号波形，在激光头组件抖动时出现一干扰尖脉冲，将示波器探头移到 U3㉘脚，SL 信号正常。由此判断干扰来自 U4 或激光头进给电机，经检查为进给电机内部不良。更换进给电机后，机器故障排除

机型	故障现象	故障分析与解决方法
爱多 IV-308BK 型 VCD	重放后面曲目时，图像与伴音时有时无	故障可能出在进给伺服控制环路。由于进给误差信号取自循变误差的低频分量，循迹伺服控制功能正常，这两种误差信号的公共通道必定正常，故重点检查 U3㉘脚后续的进给驱动电路 U4。打开机盖，用万用表检测 U4②脚电位，发现在重放时其直流电压在 2.5～1.8V 变化。根据进给伺服工作原理，由于激光头在短时间内位移很小，因此在测量某瞬间重放点时，其电压应为某一稳定值。检查 U4②脚外围积分滤波器，发现 R15(22kΩ)引脚虚焊。重新补焊后，机器故障排除
	无开机蓝屏或蓝屏显示不正常	该故障产生原因较多，首先应判断故障在哪个范围。检修方法如下：打开机盖，开机先观察电视机屏幕，若在 TV 状态下有许多雪花点，转换到 AV 状态，出现“IDALL”标志的蓝屏，这是正常的。若在 AV 状态下仍无蓝屏或蓝屏不正常，这一定是有故障。解决方法如下。 ①先测量 Vcc(＋5V)及 3.3V 电源是否正常。若不正常，首先抢修电源，使其正常，如 3.3V 电源电压低于 3V，CL680 不能正常工作，就要查 D14、D15、R145 等元器件。 ②测量有无 16.9344kHz 信号。若无，首先查机芯板上的 8.4672MHz 振荡电路。与这个振荡电路有关的是 U3(SAA7372GP)、电阻 R6(330Ω)、R8(100kΩ)、电容 C12 和 C14(都是 22pF)，以及石英晶体振荡器 X1(8.4672MHz)。如果振荡电路不正常，电阻、电容很容易检测。若没有损坏，则更换 X1，再重试。若仍然不正常，说明 SAA7372GP 损坏。如果振荡电路正常，仍无 16.9344MHz 时钟信号，先测量 U3 的⑯脚(CL16)上有无波形。若无，那么肯定是 SAA7372GP 有毛病；若有，再查机芯板上的 C62 及其对应的铜箔线有无开路及短路问题。无 16.9344MHz 信号的特征是，屏幕上有时没有蓝屏，有时蓝屏不正常，时黑时白，线条闪烁，或出现垂直彩条。 ③EPROM(IC14)27C010 引脚接触不良，重新插紧 IC14，就会出现正常的蓝屏。如果 IC14 损坏，屏幕就会出现带有晃动的灰屏。 ④IC18(27C512)损坏。此时，电视机屏幕会出现若干横条，且从上往下移动，背景是灰色的。有时也会出现雪花状，且带一些平行黑条。 ⑤27MHz 振荡电路故障。测量晶振电源 Vcc(＋5V)是否正常。若无＋5V，检查 C128 及相应的走线有无问题。若有＋5V，测试 K3 的振荡波形输出端，如有波形，则是 CL680 不良；如无波形，则是 X3 石英振荡器损坏。故障特征是屏幕出现净白光栅。该机经检查为 3.3V 供电电路 D14 内部不良。更换 D14 后，机器故障排除
	无 TOC 显示，数秒后显示“NO DISC”	问题可能出在激光头及相关电路。开机观察，激光头大幅度上下聚焦寻找焦点，物镜内有红色光点，但很微弱。用万用表测量 U1⑯脚为 4.6V，说明激光头找不到焦点，判断故障在 APC 电路或激光二极管。小心拆开全息激光头，直接在 LD 两端加上 2.6V 电压，发光亮度也同样微弱。用万用表再测其正向电阻约为 96kΩ，说明激光二极管内部老化。更换同型号激光头组件后，机器故障排除

续表

机型	故障现象	故障分析与解决方法
爱多 IV-308SBK 型 VCD	重放时，图像显示成片画面	问题可能出在主轴控制电路上。打开机盖，用示波器测 RF 波形不正常，从而导致主轴电机失控，而主轴电机失控，又反过来影响 RF 波形，使机器不读盘。分析故障，主要出在 SSP 和 DSP 之间联系的 RF 通路。再用示波器测 TP6 试点有波形，而测 DAP 的㉔脚与 C40 连接点无 RF 波形，检查发现电容 C40 脱焊。由于 C40 脱焊，CXA1782BQ 的信号不能进入 DSP，没有 RF 波形，主轴电机控制电路就不能正常工作，导致主轴电机速度失控。重新补焊后，机器故障排除

3. 爱多 620BK 型 VCD

机型	故障现象	故障分析与解决方法
爱多 IV-620BK 型 VCD	多次入碟才能读盘，冷机不读盘	经开机检查与观察，机器入碟后碟片不转，激光头有聚焦动作并伴有循迹径向微动，分析问题可能出在 RF 信号拾取电路。打开机盖，在聚焦访问期间，用万用表测 RF 放大块 TDA1302 第⑯脚电压 4.2V，据此判断机芯伺服微处理器 OM5234 以及聚焦、循迹等伺服电路基本正常，激光器能在聚焦访问期间打开。再检查激光头与机芯板连接的软排及插头均正常。判断激光头组件工作正常。关机后再开机，迅速测试聚焦访问期间 TDA1302 第⑩脚电压，发现无正向跳变电压而一直维持在 0.3V，估计 TDA1302 有问题。因为 TDA1302 第⑩脚为 RF 检测信号输出端，当它不正常时，由分立元件组成的 RF 检测电路将无负跳变脉冲输出，机芯伺服控制微处理器 OM5234 将认定 SAA7345 解调无效，故主轴无法运转。进一步检查 RF 检测电路端输入极，测输入电容并无漏电，判定为 TDA1302 内部损坏。更换 TDA1302 后，机器工作恢复正常
	重放时，屏幕呈红色	问题一般发生在 VCD 解码板上的视频编码电路。打开机盖，先用万用表测视频 D/A 转换器 U11⑤、⑦、⑨脚电压为 4.25V，正常，再测视频编码器 KA2198BD②、④脚电压为 2.28V，也正常，但③脚电压为 3.16V，正常值应为 2.28V。进一步检查③脚外接元件，发现电容 C20 内部开路。更换 C20 后，机器故障排除
	重放时无图像，无开机画面	根据现象分析，因机器读盘及显示正常，说明激光头、伺服电路、电源及 CPU 基本正常。根据图声频互锁原理，伴音正常说明解码芯片 CL482 也正常，问题出在视频处理电路。该机视频 D/A 转换采用 KDA0408Q 集成电路，视频编码采用 DA2198 集成电路，由 CL482 各引脚功能分析，发现 CL482 的㊻～㊾脚㊸、㊹、㊺脚为空脚未用，分别为 R、G、B8 位数据信号输出端，共占 25 根引线，视频 D/A 转换集成块 KDA0408Q 的⑭～㊴脚应为 R、G、B 三基色信号的 8 位数据输入端，而其㊵、㊶脚并在一起与视频时钟信号连接，⑤、⑦、⑨分别为 D/A 转换后的 R、G、B 三基色模拟信号输出端，分别经电容耦合至视频编码 KA2198 的②、③、④脚。检修时，打开机盖，在播放状态下，用示波器分别观察 KDA0408Q 的各数据信号输入端，波形均正常，观察㊵、㊶、㊷脚，VCK（视频时钟信号）波形也正常，而在⑤、⑦、⑨脚观察不到 R、G、B 模拟信号波形。用电压表测⑤、⑦、⑨脚，电压均为 5V，手摸 KDA0408Q 有明显的烫手感，而其他 IC 仅有微温。根据上述检测结果，判定视频 D/A 转换集成块 KDA0408A 内部不良。更换集成块 KDA0408A 后，机器故障排除

续表

机型	故障现象	故障分析与解决方法
爱多IV-620BK型VCD	重放时,碟片前两首曲目无法放开	该故障可能发生在激光头组件及相关机构。由原理可知:机器读盘是从碟片内圆向外圆进行,前两首曲目位于碟片圆心侧边。因此判断故障原因可能是激光头在圆心处聚焦不良或支架偏离水平位置所致。打开机盖,观察激光头物镜上下聚焦动作正常。在播放碟片时,试将激光头支架内侧轻轻向下压,故障消失,能正常从第1首曲目播放,说明问题为激光头支架偏离开正常水平位置所造成。关机后拆下压片架,仔细调整激光头支架的水平。调整螺钉后,机器故障排除
	重放半小时后,图像呈粗细黑斜条状干扰	问题可能出在电源或解压电路上。打开机盖,先检查电源电路,发现稳压块7805发烫,于是更换7805,但开机不到半小时,故障又重现。再检查解压板电路,用手触摸解压芯片CL480温度正常,但发现编码器U6(KA2198BD)温度较高,用酒精棉对其表面进行降温后图像立即恢复正常,说明U6内部性能不良。更换U6后,机器工作恢复正常
	重放时RF输出画面杂波严重,图像较淡且不易同步	根据现象分析,该机AV输出图、声正常,问题一般出在RF调制器电路上。打开机盖,用示波器观察RF调制器视频信号和伴音信号均正常,用万用表测其+5V供电也正常,但在测其接地点时却发现有1.5V左右的直流电压,说明主机与RF调制器的地线不通,关机用R×1Ω挡测主机地与RF调制器地端电阻极大,证实为地线有断路。经仔细检查发现主板与RF调制器的四线插座中地线焊点脱焊。重新补焊后,机器工作恢复正常
	入碟后显示“DISC”,不工作(一)	问题可能出在激光头及相关电路上。开机观察,激光头不返回,停在碟片外缘位置。手动将其移到内径后,虽能加载、聚焦搜索和发光,但始终不读盘。只是每开/关机一次,激光头就外移一点,直到最后停于碟片外缘,判定问题出在激光头限位开关、聚焦伺服及信号通路。由于激光头回中后能聚焦和发射激光,可以排除激光头系统故障,应重点检查限位开关及信号通路。先拔下开关的插头,用万用表电阻挡测量其通断阻值,正常。再从插座寻至SAA7345G的④脚,测得该脚电压始终为0.7V左右,查该脚与+5V电源间的电阻也正常。用放大镜仔细观看,发现④脚与③脚印板电路因污物引起漏电。清除其污物后,机器故障排除
	入碟后显示“DISC”,不工作(二)	问题一般发生在激光头及相关电路。开机观察,碟片到位后不转,激光头物镜有聚焦搜索动作,说明CPU与各部分通信正常,故障应出在激光头信号拾取电路。装入碟片后用万用表测量U8(TDA1302T)⑯脚有4V左右电压输出,但随即为零。说明激光电源已开启并输送到了APC激光功率调整电路。适当顺时针调整APC电路中的激光功率可调电阻,碟片旋转但不能读出总目录和总时间,随即又停止旋转,显示“DISC”。在旋转时迅速测量U8⑩脚电压变化很小(正常值为0.6V上升到3.1V左右),判定为聚焦不成功,CPU发出停止主轴旋转指令。再观察物镜仍无红光发出,判断激光二极管内部损坏。更换激光二极管后,机器故障排除

续表

机型	故障现象	故障分析与解决方法
爱多 IV-620BK 型 VCD	入碟后主轴电机转速过快，不读盘	该故障可能发生在伺服控制电路。开机观察，发现主轴转速过快。由原理可知，引起主轴转动异常的故障原因有：①激光头老化；②伺服驱动器 TDA7073 不良；③SAA7345 有问题。激光头老化会使光敏二极管接收的信号不良，致使 TDA1302 输出的 RF 信号不良。但由于 RF 信号的不良将引起聚焦、循迹的反复动作，使伺服控制 CPU 不让主轴进入正常的转动状态，表现出的现象多为停转状态。伺服驱动器 TDA7073 坏，导致其不受主轴控制信号的控制，主轴转动异常，其发生故障的可能性是存在的。SAA7345 的不良使主轴转速控制信号不良，可能导致故障发生。根据以上分析，打开机盖，首先更换激光头，但故障不变，问题只能是在 TDA7073 和 SAA7345 及其相关的外围元器件上。经检查外围的电阻、电容都是好的，于是把检查重点放在两集成块上。用示波器观察 RF 信号，基本正常。当检查 SAA7345 的主轴转速控制脚㉒、㉓脚时，发现在开始转动时，其电压正常，不久就突然升高，同时主轴转速也加快，判定为 SAA7345 内部不良。更换 SAA7345 后，机器故障排除

4. 爱多 IV-720BK 型 VCD

机型	故障现象	故障分析与解决方法
爱多 IV-720 型 VCD	按进出盒键，托盘不能出盒	问题一般为托盘进/出盒控制电路中元件损坏或虚焊所致。为确定故障部位，打开机盖，试用镊子将电机驱动电路板向下挤压，发现此时出盒功能恢复正常，但一旦将镊子松开，故障又出现，判断故障断进/出盒控制电路中有元件虚焊。仔细检查控制电路中各元件焊点，发现电阻 R14（470Ω）一只引脚虚焊。重新补焊后，机器故障排除
	入碟后只显示“00”，不能读出目录	该故障一般发生在激光头、RF 放大、伺服及驱动电路。打开机盖，用示波器测 RF 放大器 U2 的⑩、⑨脚，波形正常，测 CPU⑦脚 FOK 信号，可见高低电平变化。用万用表 10V 挡测 U47(SAA7345)㉒、㉓脚，仅有 0.4V 微小变化，正常时为 4.2V，明显偏低。查 U4 外围元件，未见异常，判定为 U4 内部不良。更换 U4 后，机器工作恢复正常
	重放碟片后几首歌曲时有停顿，图像马赛克现象严重	该故障一般发生在电源电路、激光头、DSP 芯片等。打开机盖，用示波器测 TDA1302 的 RF⑨脚波形，正常时为 $1.5V_{p\text{-}p}$。若此值很低，需调整主板或清洁激光头，或换激光头，以确定激光头是否老化。当然在调整前应以电源正常为前提。若峰值太低，调整无效，则说明激光头老化。若波形正常，在 SAA7345 的⑧、⑨脚间并接一只 100pF 电容器，可以改善读碟效果。该机经检查为 DSP 处理芯片内部不良。更换 DSP 芯片 SAA7345 后，机器故障排除
爱多 IV-720A 型 VCD	入碟后，碟片飞转且有跳盘现象	该故障一般发生在主轴驱动电路。开机观察，发现碟片一到位即飞速旋转，且碟片在出仓门后主轴仍在飞转，说明主轴驱动电路确有问题。打开机盖，断电后用万用表测量，发现主轴驱动电路 Q205 内部击穿。更换 Q205 后，机器故障排除

续表

机型	故障现象	故障分析与解决方法
爱多IV-720B型VCD	屏显示暗淡无光	根据现象分析，该机其他功能正常，仅为显示屏暗淡，问题一般出在灯丝及屏显示驱动电路。打开机盖，首先用万用表检测－21V电压正常，3.5V交流电压也基本正常，但查至5.1V稳压二极管时，发现该管内部开路。更换5.1V稳压管后，机器故障排除
爱多IV-720BK型VCD	入碟后屏显示“NO DISC”，不工作	经开机检查与观察，机器入碟后主轴电机不转动。由原理可知：主轴电机是否启动同RF信号处理系统内的FOK信号直接有关，FOK信号是主轴电机启动的必要条件。打开机盖，用万用表先测中央处理器U1(CDT612)⑦脚FOK信号输入端电压，结果无跳变的高电平＋5V电压，由此判断故障肯定在激光头组件或FOK信号形成电路。本着先易后难的原则，先检查激光头。取出碟片，使碟盒在无碟时进入，发现行镜能上下运动数次，从侧面看激光头物镜上也有红色激光发出。由于该机使用时间不长，估计是激光头老化，损坏的可能性较小，故重点检查FOK形成电路。该机采用飞利浦MKH612机芯，它与其他机芯的显著差别是：FOK电路并没有集成块在前置放大块内，而是由分立元件组成。对FOK电路仔细检查后发现，三极管T9内部排除
	入碟后屏显示“00”，不工作	故障一般发生在激光头及相关电路。开机观察，激光头物镜上下三次聚焦动作伸缩幅度很小，估计原因为聚焦驱动电路不良。打开机盖，断电后用万用表测聚焦线圈两端阻值正常，通电后再测聚焦驱动块TDA7073供电电压正常，但输出驱动电压很低。查外围电路元件正常，判定为TDA7073驱动块内部损坏。更换驱动块TDA7073后，机器工作恢复正常
	入碟后屏显示“00”，数秒后显示“DISC”，不工作	问题可能出在激光头组件及主轴驱动电路。开机观察，激光头不发光，也无循迹聚焦动作，主轴电机不转。打开机盖，先查主轴电机和进给电机。经查电机正常，无驱动电压。查驱动电压TDA7073T正常，再查其控制电压，测SAA7345GP的㉒、㉓脚，无控制电压输出，再测其5V电源供电端⑪、⑯、㊹脚电压，⑪脚为5V正常，⑯、㊹脚为0V。由于⑪脚是单独供电，而⑯、㊹脚由同一路5V供电，所以检查该路供电，发现供电电阻R4引脚一端脱焊。重新补焊后，机器工作恢复正常
	重放时，无图像、无伴音	经开机检查与分析，机器读盘正常，说明激光头、伺服电路工作均正常，问题可能出在DSP数字信号处理电路U4(SAA7345)内部或VCD解码电路。打开机盖，先用示波器观察SAA7345O⑨脚，无信号，而测⑧脚有正常的MFIN信号输出。经查U4外围电路元件未见异常，判定为U4(SAA7345)内部损坏。更换U4(SAA7345)后，机器故障排除
	重放数分钟后，又返回初始状态	该故障可能为某个元件性能不良引起的。打开机盖，先检查CPU第⑨脚复位信号是否正常，由示波器观察CPU⑨脚复位信号，在故障出现时再次发生跳变。检查CPU⑨脚外围元件，发现复位电容器脱焊。重新补焊后，机器工作恢复正常
	重放时，图像马赛克现象严重	该故障属于机器纠错能力变弱。分析导致纠错能力差的原因有以下两种：①激光头接近老化；②数字信号处理器U4(SAA7345)性能变差。先观察激光头无老化现象，说明问题可能是因数字信号DSP处理器U4(SAA7345)本身性能不良引起。更换U4(SAA7345)后，机器故障排除

5．爱多 IV-730BK 型 VCD

机型	故障现象	故障分析与解决方法
爱多 IV-730BK 型 VCD	重放 40 分钟后主轴停转	问题应发生在电源及相关电路，且一般为某器件热稳定性不好。打开机盖，用万用表逐个对伺服板上的电路及关键电容进行检查，未发现异常。在热机时检查电路中各关键点电压，亦正常，怀疑故障由机芯机械部分引起。断电后用手拨动循迹电机，无异常阻力。进一步检查发现激光挠性排线内部接触不好。更换激光头排线后，机器故障排除
	入碟后，碟片高速反转	开机观察，激光头及机械部分均无异常，但机内有“沙沙”电流声。仔细检查，发现声源来自电源开关，断开电源，用导线将开关直接连通再试机，“沙沙”声果然消失，机器工作也随之恢复正常，说明故障因电源开关不良引起，经检查果然如此。更换电源开关后，机器故障排除
	入碟后，碟片不转	问题一般出在激光头组件及相关部位。开机观察，碟片进盒后激光头托架上升，但主轴电机不转，几秒后，托盘自动退出。怀疑激光头托架上升不到位，致使激光头物镜无法检索，用手将托盘稍用力上托时，电机开始旋转，且读盘正常，证明判断正确。断电后，观察各传动轮，未发现损坏。当取出蜗轮后，仔细观察发现蜗轮下端中轴不在中间位置。分析原因可能是由于人为将托盘在未加电的情况下强行推入，使蜗轮轴变形偏离中心，当托架上升到一定位置时，托架滑杆与蜗轮摩擦加大，电机自停。因蜗轮不易修复，市场上又难以购到，只能利用废机上的蜗轮将其替换。更换蜗轮后，机器工作恢复正常
	入碟后，屏显示“NO DISC”，不工作	问题一般出在激光头及相关电路。开机观察，激光头物镜上无污物，也有上下聚焦动作但碟片不转。用示波器检查数字信号处理器 IC102㊳脚在聚焦搜索时无 FOK 信号跳变，说明激光头未检测到有碟信号，而检测在停止状态时 IC102 及 RF 放大集成块 IC101 各脚电压，均正常。再测激光二极管工作电流（55mA 左右）也在正常范围内。用同型号激光头作替换，故障现象消失，说明激光内部光学通道有问题。取下激光头顶部的塑料罩，轻轻抬起物镜，发现光学通道圆孔的上面和激光二极管前面积满不少尘埃及污物。清除激光头光学通道内的污物后，机器故障排除
	按两次电源键，STB 不能开机	该故障一般发生在电源控制电路。由原理可知：该机主电源开关控制变压器初级 220V 交流的通断，当接通电源开关后，变压器次级 E、F 绕组感应出的交流电压经 D1～D4 整流、C6 滤波后得到约 12V 直流电压，该电压经 IC3（7805）稳压后供给 CPU（U4）工作及复位电压，其余各组电压则经 CPU 控制。该机无正常的待机显示，应首先检测 U4 工作及复位电压。打开机盖，用万用表测 D1、C58 引脚无电压，测 IC3 输出脚也无 5V 电压，而输入端 12V 正常。因 IC3 无明显过热现象，估计 IC3 内部开路损坏。更换 IC3（IR7805）后，机器故障排除

续表

机型	故障现象	故障分析与解决方法
爱多 IV-730BK 型 VCD	托盘出盒到位后，稍受振动又自动进盒	该故障一般发生在托盘进盒检测电路。由原理可知：机器托盘正常出盒到位后，检测开关闭合，CPU 收到此信号后向电机驱动电路发出停止指令，电机断电而不再运行，处于待机状态。当将碟片放入后，按“CLOSE”键后，CPU 发现进盒指令，电机反转使托盘进盒，到位后进盒到位开关闭合，使 CPU 发出停转指令；同时使激光头回位，循迹及主轴运行并完成碟盘目录检测。出盒到位后托盘稍受振动即自行进盒，分析问题有以下几种可能：①OPEN/CLOSE 轻触键失控；②键控板各引线之间因受潮而致误触发；③振动使 CPU 检测状态发生改变，致使发出指令。先将 OPEN/CLOSE 轻触键换新，但故障依旧。再用无水酒精对稍有受潮的键控板进行仔细清洗并用吹风机进行烘干，故障仍未排除。进一步检查发现进出盒检测开关内部不良。更换进出盒检测开关后，机器故障排除

6．爱多 IV-820BK 型 VCD

机型	故障现象	故障分析与解决方法
爱多 IV-820 型 VCD	重放时无伴音	根据图声互锁原理，当机器重放时，图或声某一方面正常时，故障在解码以后的相关电路。打开机盖，用示波器测解压芯片 CL484 的输出和音频 DAC(PCM1715)的⑬、⑯脚有输出，说明故障出在音频放大电路。进一步检查发现电容 C36 内部不良。更换 C36 后，机器故障排除
爱多 IV-820BK 型 VCD	入碟后不读盘(一)	问题一般出在激光头及相关电路。开机观察，发现碟片不转动，取出碟片后，空仓加电观察，激光头上、下三次动作正常，侧面观察激光头有红色光束，但亮度很弱，判断激光头内部老化。该机激光头采用飞利浦 AVM1201 型。用同型号原装 1201 激光头更换后，机器播放恢复正常
	入碟后不读盘(二)	该故障可能发生在激光头或数字信号处理电路。开机观察，激光头有光束射出且聚焦动作正常，但碟片不转。打开机盖，先用万用表检测主轴电机两端无电压，驱动电路 TD7073①、②脚之间也无输入信号。进一步检查数字信号处理电路，测数字信号处理器 SAA7345㉒、㉓脚电压为 0V，正常时为 4.1V 左右。查其外围元件无异常，说明其内部损坏
	入碟后不读盘(三)	开机观察，发现激光头聚焦、激光均正常。放入碟片转几秒就停下来，显示不读盘，但偶尔能读，分析可能是某部分接触不良。打开机盖，用示波器测 TDA1302⑨脚的电压及 RF 波形均正常。测 SAA7345 的⑦、⑧、⑨脚电压，㉚～㉜脚波形及 Q16 V_c 均正常，怀疑 SAA7345 或 TDA1302 虚焊。重新补焊后，故障依旧。再用示波器测电源 C106 波形，100Hz 锯齿波幅度$<1V_{p-p}$，测 Q103 V_c 为 5V，说明电源部分正常。进一步分析：CPU(QM5234)收到 FOK、FZC、子码 3 信号发生锁定。测 3 信号电压波形均正常，判定为 QM5234 内部不良。更换 QM5234 芯片后，机器故障排除

续表

机型	故障现象	故障分析与解决方法
爱多 IV-820BK 型 VCD	有些碟片入碟后不读盘	该故障一般发生在激光头及相关电路。开机观察，放入一张不能读盘的碟片，碟片旋转正常，却读不出目录，显示"DISC"；而有些碟片能够读取且播放。经仔细对限位开关进行检查，发现限位开关整体外移，导致激光束无法拾取信号。将限位开关整体往内移动少许后，机器工作恢复正常
	入碟后碟片不转(一)	该故障可能发生在激光头及 RF 信号放大电路。开机观察，激光头有激光射出，也有聚焦和循迹动作，但装入碟片后碟片不转(即主轴电机不转)。打开机盖，用万用表测 CPU(OM5234)⑦脚 FOK 信号输入端，电压为 4.7V(有碟片时此脚电压为 0V)，由此说明没有形成正常的有碟信息。测 RF 信号放大集成块 TDA1302⑨脚电压为 0V(正常为 1.4V)，⑩脚电压为 0.22V(正常为 1.4V)，均与正常值不符，判定 TDA1302 内部损坏。更换 TDA1302 后，机器工作恢复正常
	入碟后碟片不转(二)	问题一般发生在激光头及主轴电机控制电路。开机观察，激光头有激光射出，物镜也有相应的聚焦和循迹动作，就是碟片不转。打开机盖，用万用表测数字信号处理器 SAA7345 的㉒、㉓脚，在送入碟片后无信号电压输出，测 RF 信号放大器 TDA1302 的⑨、⑩脚只有 0.15V(正常时为 1.2V 左右)信号电压，FOK 信号始终为高电平 5V。经检查发现激光二极管内部不良。更换激光二极管后，机器工作恢复正常
	入碟后碟片飞转	问题可能发生在激光头、DSP 处理、伺服电路。打开机盖，用万用表测 TDA1302⑨脚电压为 4.2V，显然不对。此电压与激光头和 TDA1302 本身有关，不放入碟时⑨脚电压也为 4.8V，说明⑨脚电压与 5V 供电短路。再测 TDA1302 ⑧、⑨脚间电阻不为 0Ω，说明非走线短路，判断 TDA1302 内部不良。更换 TDA1302 后，机器故障排除
	入碟后读盘能力差	该故障一般发生在激光头组件及数字信号处理电路。打开机盖，用示波器测 TDA1302⑨脚 RF 为 1.55V_{p-p}，说明激光头和 RF 放大正常。测 SAA7345 的⑧脚 RF 波形为 1.0V_{p-p}，说明 C1、R2 耦合正常，因此判定 SAA7345 不良。但更换 SAA7345 后故障依旧。再仔细观察激光头的聚焦正常，因此判定 SAA7345 不良，但更换 SAA7345 后故障依旧。再仔细观察激光头的聚焦正常，只是波形有点不清晰。分析激光头有不良现象，换一只新激光头后，读碟能力仍差。再用万用表测 Q16 V_c 发现电压为 0.8V，显然此电压不正常，Q16 没有完全饱和。测 D2 负极电压为 3.5V，说明 Q17、Q15 放大正常，故障在 Q16 电路中。经检查为 Q16 内部性能不良。更换 Q16(9014)后，机器故障排除

续表

机型	故障现象	故障分析与解决方法
爱多 IV-820BK 型 VCD	入碟后反复搜索，但不读盘	经检查与观察，开机后有蓝屏 IDALL 字符，碟片能转，约 6 秒后 IDALL 消失，估计问题出在数字信号处理电路。打开机盖，用万用表测数字信号处理器 SAA7345⑲～㉑脚电压均为 2.4V，输出电压正常。用示波器测⑲～㉑三脚相互间无短路现象，拔掉排线重新开机，测 3 波形 LRCR、BCR 仍重叠，说明 SAA7345 内部损坏。更换 SAA7345 后，机器故障排除
	入碟几秒后，显示"NO DISC"，不工作	问题可能出在激光头组件及相关电路。打开机盖，用示波器测 TDA1302⑨脚 RF 波形幅度 1.3V_{p-p}且清晰，说明激光头及 RF 放大正常。测 SAA7345⑧脚波形，⑦、⑧、⑨脚电压正常，替换 C8、C9、C3 无效，测 Q16 V_c 为 0.3V 低电平；再将激光头拉出，能进给，也能脱零轨，观察聚焦幅度也正常；将 TDA1301㉒、㉓脚分别与地短路、聚焦、循迹驱动正常，测㉒、㉓脚波形也正常；测 TDA1301 的⑩、⑪脚循迹信号输入，发现⑩脚无波形。经检测发现外接电容 C50 内部不良。更换电容 C50 后，机器故障排除
	重放时纠错能力差	该故障一般发生在激光头及相关电路。打开机盖，用万用表测 TDA1302 的⑨脚 RF 波形正常且很清晰，说明激光头和 RF 放大正常。测 TDA1302 的⑧脚波形也正常，说明 C1、R2 正常。用示波器测电源 C106 的 100Hz 波形幅度＜1V_{p-p}，说明电源正常。通过上述检修，判定数字信号处理器 SAA7345 不良，但更换该芯片后，故障不变，怀疑问题出在循迹电路上。测 TDA1301⑩、⑪脚电压波形正常，由于读片较慢，约为 6s，说明循迹、聚焦基本正常。经进一步检查 SAA7345 外围电路，发现电容 C9 内部不良。更换 C9 后，机器故障排除
	重放一段时间后，纠错能力变差	问题可能是出在电源电路上，且一般为机内某个元件热稳定性不良导致。打开机盖，用万用表测检查电源各组输出电压，故障出现时，发现＋5V 电压只有 4.7V，待机器冷却后，＋5V 电压又恢复正常，说明电源＋5V 供电电路有问题。测 Q103 的 c 极＋9V 电压正常，但 IC105 的③脚电压偏低并且很烫，说明 IC105 热稳定性不良。更换同型号 LM7805 三端稳压块并装在原散热片上(注意涂少许导热硅胶)后，机器故障排除
	重放半小时后，图、声均消失	该故障一般发生在 VCD 解压板上，且一般为元件热稳定性差造成。打开机盖，用万用表测解压芯片 CL480 的⑫脚电压为 3.2V，⑬脚电压为 5V，⑩脚电压为 5V，说明供电正常。检查中无意碰到 40.5MHz 晶振时，屏幕上出现隐约的回扫线，估计故障在晶振。当故障发生时用万用表测⑲脚电压为 0V，⑳脚电压为 3.9V，正常电压应为 2.2V，判定为该晶振内部失效。更换晶振后，机器故障排除

续表

机型	故障现象	故障分析与解决方法
爱多IV-820BK型VCD	重放过程中，声、像停顿频繁	问题一般出在电源及激光头电路上。打开机盖，检查激光头无异常。分析：如果电源内阻变大或交流纹波大同样会引起类似故障，故将检测重点放在电源电路。用万用表测IC105(7805)电源输入12V正常，但稳压输出为4.6V，偏低。试在输出脚对地并联一只330μF/16V的电容，无效，估计IC105内部性能变差。更换IC105(7805)后，机器故障排除
	重放时，S端子输出只有黑白图像，无彩色	经开机检查与分析，由于该机复合视频信号正常，S端子的亮度信号也正常，说明问题出在S端子的色度信号独立电路。该机色度信号从U5的⑥脚输出。打开机盖，用示波器测U5的⑥脚无色度信号波形。试断开⑥脚外围元件，再测色度信号波形恢复正常，说明故障出在U5⑥脚及外围元件。分别检查R7、C14、L2、C42，发现C14击穿短路，使色度信号旁路。更换电容C14(217pF)后，机器工作恢复正常
	托盘不能出盒	经开机检查与观察，按进出盒键，有操作显示，但托盘不能出盒，分析可能是驱动电路不良。打开机盖，按下“OPEN/CLOSE”键，用万用表测QM5234⑩脚为低电平，说明能发出低电平出仓指令。测Q8 V_c 为1.4V，不正常，分析为Q8不良或R54不良，拆下Q8发现，b、e极正向电阻变大。更换Q8后开机，Q8 V_c 只有0.5V，且Q8发烫，进出仓电机有“吱”的响声，手摸Q6无温升的感觉，怀疑Q6开路。经检测果然如此。更换Q6(9014)后，机器故障排除
	进给电机有“嗒嗒”声，不能工作	经开机检查与观察，开机后待机灯亮，无蓝屏，无IDALL，VFD也无显示，激光头在轨上发出“嗒嗒”的响声，分析问题可能出在数字信号处理电路。打开机盖，用示波器测SAA7345⑰脚，无16.934M晶振时钟电压正常，但无波形，说明33.868M晶振不良。试换一只33.868M晶振，故障不变，但此时波形幅度低且波形不清楚，怀疑外补偿电路不良。经检查发现电容C11内部损坏。更换C11后，机器故障排除
	按电源键不能开机(一)	问题一般发生在电源电路。因该机交流电源线不经开关控制而直通机内变压器，故用万用表测插头的阻值可判定变压器的通断。经测电源插头阻值为无穷大，说明变压器未与电源接通。经检查发现交流熔断器F1(0.5A)烧断，换上新熔断器后又再烧断，说明电路存在严重短路现象。进一步检测发现消噪电容C25(0.01μF/400V)内部击穿。更换C25后，机器故障排除
	按电源键不能开机(二)	问题一般出在电源控制电路。打开机盖，用万用表测机内电源板上的±12V电源正常，+5V电源为0V。由于+5V电源是机内各电路工作的重要电源，无+5V电源是造成无法开机的原因所在。用万用表测量CPN02两端电压为交流9V，测量C115两端电压为5V，说明由D112、D107、D111、D108组成的桥式整流电路为故障所在。焊下4个整流二极管，测量其正反向电阻，均不正常。更换4个整流二极管后，机器工作恢复正常，故障排除

续表

机型	故障现象	故障分析与解决方法
爱多 IV-820BK 型 VCD	工作 10 多分钟后自动关机	该故障可能发生在电源及控制电路上。打开机盖，待故障出现后，用万用表首先检测电源。测电源板 CNS102 插座的非受控 P＋5V 端无电压，开/关机控制 KVD 亦无电压。测 IC102(7805)电源输入脚电压为 0V，说明故障在不整流及之前的电路。测 CNP102 两端有 9V 的交流电压，说明变压器无问题。经进一步检查发现限流电阻 FR101(3.9Ω)一引脚脱焊。重新补焊后，机器故障排除
	工作数小时后出现死机现象	问题一般出在电源电路。打开机盖，检查电源各组输出电压。机器死机时，用万用表测供给解码板的＋5V 降为 4.7V，三端稳压输入端电压只有 7.2V(正常应为 8V 以上)，此电压为交流 8V 桥式整流后所得，测交流 8V，正常。经进一步检查发现桥式整流器有一只二极管开路。更换该二极管后，机器故障排除
	开机显示屏无显示	该故障一般发生在电源电路。打开机盖，用万用表测电源各组输出电压，发现 5V 电压无输出。该电压取自电源变压器的 AC9V 电压，经桥堆整流、电容滤波后稳压输出，再测电源变压器次级的 9V 电压输出，正常。但滤波电容 C115 的正极无电压，检查发现熔丝 FR101(0.39A)已烧断，换新又重新烧断，说明电源电路还存在短路故障。分别检查滤波电容 C115、C116、IC102 及 C117 相关元件，发现 IC102 内部不良。更换 IC102(7805)后，机器故障排除
	面板操作均失效	问题可能出在面板控制电路。开机观察，激光头出现快速抖动现象，并发出“吱吱”声响。打开机盖，用示波器观察 U1⑭脚无波形，说明 XT1 未振荡。检查 XT1，发现其内部失效。另外，笔者还对 CD 板上的两个晶振 XT1、XT2 分别进行不同频率的晶振更换试验。分别用 6MHz、12MHz、33.8688MHz 的晶振 XT1、XT2 进行替换，发现机器仍正常工作，说明该机对这两个晶振振荡频率要求不高，由此说明晶振频率偏移不会造成机器不工作。更换晶振 XT1 后，机器工作恢复正常
	插上电源后不能开机	问题出在电源及控制电路。打开机盖，按动开关键，用万用表测电源板中 Q2 的 c 极电压为正常值(0.3V)，测 IC1(7805)输出端③脚电压为 0V 不正常，正常应为 10V，再测 IC1 的输入端①脚电压为 0V，也不正常，正常值应为 14V，测 Q1 的 e 极电压为 15V 正常，说明 Q1 及其外围元件有故障。经检查发现 Q1 内部开路。更换 Q1(TIP32C)后，机器故障排除
	重放时，图、声无规律停顿	该故障一般发生在激光头及电源电路。开机观察，该机自停后若再次开机，偶尔又能播放，判断故障原因可能出在电源电路。打开机盖，用万用表测输入供电电压在 220～240V 间波动，电源电压应属正常。监测电源电压在 240V 时，该机能正常工作，说明故障是由于供电电压下降引起的。用数字万用表测量 IC3(L7805CV)的输入电压，在 8.5～10.5V 间波动，而输出电压则在 4.75～5V 间波动，判定 IC3 之前电压不正常。分别检查 4 只整流管(1N4007)，结果其正反向阻值大小相差很大。更换 4 只整流二极管，机器工作恢复正常

续表

机型	故障现象	故障分析与解决方法
爱多 IV-820BK 型 VCD	入碟后，碟片转动几下即自动关机	问题可能出在电源电路。打开机盖，用数字万用表测输入电压为220V，供电正常。测变压器次级整流输出电压在7.5～8V间波动。测IC3(L7805CV)输入电压也是上述值。拆下4只整流管分别检查，正常。仔细检查发现滤波电容(4700μF/25V)已变质，但换新后故障依旧。进一步检测三端稳压块IC3输入电压为8～9V左右，而输出端在4.2～4.5V间波动，正常应为5V稳定输出，判定IC3内部损坏。更换IC3(L7805)后，机器工作恢复正常

7. 爱多其他型号VCD

机型	故障现象	故障分析与解决方法
爱多 IC-1100 型 VCD	开机后，机器不工作	问题可能出在电源及控制电路。开机观察，显示屏亮，说明变压器可以提供次级电压，故障在整流后的各组电源及其负载电路。如主CPU复位无效、解压电路不良、解压电路供电不正常等。本着先易后难的原则，先从电源入手。电源板插CP101⑪脚为给解压电路供电的+5V输出端，实测该端无电压。将插线拔下，用万用表测该端电压仍为0V，说明该+5V产生电路存在故障。测C19两端电压只有2V，但B2整流堆的交流输入10V正常，说明B2开路或B2之后元件短路。经查果然为B2内部开路。更换B2后，机器故障排除

十二、爱特DVD/VCD光盘播放机故障检修

1. 爱特906/1081型VCD

机型	故障现象	故障分析与解决方法
爱特 CD-906 型 VCD	入碟后不读盘	故障可能出在激光头及相关电路。开机观察，发现激光头不能上下聚焦，说明激光头聚焦动作失常。根据经验，应先检查聚焦线圈驱动管由伺服信号处理器CXA1082BQ的⑤脚走线，找到驱动管Q105，用万用表检测发现Q105内部击穿。更换Q105后，机器故障排除
爱特 CD-1081HR 型 VCD	无字符显示且各功能键失效	该故障一般发生在面板操作及控制电路。由原理可知：机器开机后，电源稳压集成块M5290⑧脚输出电平复位信号，使CPU完成初始化，执行内部程序，显示屏显示00:00字样，物镜开始升降聚焦，待FOK后令主轴旋转，显出目录后，整机处于等待状态。根据上述分析，打开机盖，首先检查微处理器复位电路，用万用表测M5290⑧脚始终处于5V电高电平状态，开机无低电平跳变，说明确无复位过程。如CPU是低电平复位，可将CPU复位端瞬间接地完成复位，按上述方法试验不起作用。但在检查中无意碰触到晶振，机器便迅速恢复正常，显示屏显示00:00字符，开始读盘，试按重放键，一切正常。经仔细检查发现晶振一引脚脱焊。重新补焊后，机器故障排除

续表

机型	故障现象	故障分析与解决方法
爱特 CD-1081HR 型 VCD	入碟后,机内发出"喀喀"声,不读盘	问题一般出在激光头聚焦控制电路。开机观察,"喀喀"声是进给电机带动激光头组件向中间移动到位后仍不停止,导致齿轮打滑所发出的声音,经分析判断为伺服驱动电路故障。打开机盖,用万用表检查进给电机驱动管 Q101、Q102 正常,顺路查伺服块 CXA1082Q⑭脚电压为 4V,而正常应为 0.68V。⑤脚循迹、⑪脚聚焦控制端电压也异常,且集成块表面发热严重,判定该集成块内部损坏。再检查其外围电路,发现聚焦电路 Q105 击穿。更换 Q105 和伺服块 CXA1082Q 后,机器工作恢复正常

2. 爱特 2208HR 型 VCD

机型	故障现象	故障分析与解决方法
爱特 CD-2208HR 型 VCD	不能选曲	该故障一般发生在激光头及相关电路。开机观察机内无碟时,激光头物镜一直向外侧运动,说明循迹伺服电路工作不正常。该机循迹伺服电路由 Q5、Q6 及外围元件构成,由 Q5、Q6 交替导通,为循迹线圈正向电流,从而控制物镜往内侧摆动。物镜一直向外侧运动说明循迹线圈始终只有正极性电流通过而无反极性电流。断电后用万用表分别检查 Q5、Q6 及外围元件,发现 Q5 内部不良。更换 Q5 后,机器故障排除
	入碟后有时不读盘	问题可能出在激光头及相关电路。开机观察,机器重放时碟盘不旋转,但激光头能前后左右做聚焦、循迹动作。打开机盖,从侧面观察物镜,无红光反射,用万用表测量 CXA1081 第⑤脚,有高低电平变化,说明已送出"CD"开启指令。再测激光驱动管 Q(2SA952)集电极电压,在重放或停止状态,电平无变化。由于触摸 Q1 感觉烫手,经检测其内部损坏。更换 Q1 后,机器故障排除
	重放时自动停机	经开机检查与观察,机器重放新碟正常,激光头可做聚焦循迹动作。播放旧碟时,电机转动 10 秒后停止。分析是激光头功率不够或聚焦增益变低,试微调激光头上可调功率电阻,开机重放,故障依旧。经进一步检查发现激光二极管内部损坏。更换激光二极管,并将激光头上可调电阻恢复原位,调节 FOCUS GAIN 可调电阻,增大聚焦增益,机器故障排除
	重放不久,音频变尖锐	问题可能出在主轴驱动电路。开机观察,发现故障出现时转速上升。用万用表测主轴电机驱动电压,也呈上升趋势并失控。用手触摸 Q3、Q2 驱动管,感觉发热严重,用棉签蘸酒精涂在驱动管外壳上冷却散热,结果音调恢复正常,但工作几分钟后又出现上述故障,判定为驱动管热稳定性不良。更换 Q2、Q3 后,机器故障排除
	重放时,出现严重的跳轨现象	问题一般发生在激光头伺服系统、循迹或进给电路。由原理可知:经激光头输出的误差信号从信号放大处理集成块 CXA1081M 的⑩、⑪脚输入,经内部信号放大处理后,由⑳脚输出至循迹增益控制电位器,再从伺服信号片集成电路 CX-A1082AQ 的㊺脚输入,经内部放大及相位补偿后,从其⑪脚输出,经一对三极管放大后推动循迹线圈,至循迹线

续表

机型	故障现象	故障分析与解决方法
爱特 CD-2208HR 型 VCD		圈的信号经 R110、C107、R103 滤波电路滤去高频成分后,从⑬脚加至内部进给电路。当此信号电压达到预定值后,从⑭脚输出一个进给信号,经一对三极管放大后推动进给电机动作,使光头组件发生径向位移。与此同时,经 CXA1082AQ 内部开关转换,循迹线圈两端电压为零,恢复初始状态,以准备重新开始精密循迹。据此原理,打开机盖,先开机不装碟,用万用表测 CXA1080M⑳脚电压为 0V,正常。装碟后测⑳脚,有一微小波动电压,测输出⑪脚,有 0.8V 左右测动电压,循迹线圈两端有 0.15V 左右波动电压,均正常。进一步检测进给电机两端,也有−0.2V 左右波动电压出现,测进给输入⑬脚,有一微小波动信号电压间断,怀疑外接元件异常。经仔细检查,发现电阻 R103 内部不良。更换 R103 后,机器工作恢复正常

3. 爱特 2213HR 型 VCD

机型	故障现象	故障分析与解决方法
爱特 CD-2213HR 型 VCD	重放时无伴音	问题可能出在数字信号处理电路。打开机盖,先查 DSP 芯片 CXD1125Q,用万用表测得⑳脚(LRCK)有 2.3V 正常电压,⑱脚(DATA)有 2.3V 正常电压,⑯脚(BCK)电压为 0V 不正常,正常时 BCK 也应有 2.3V 电压,检查⑯脚 BCK 端确已失效。由于仅此脚不正常,可以采用修复办法解决。查资料知 CXD1125Q 的⑦脚为 BCK,估计是⑯脚 BCK 的反相输出,于是用一个反相器把 BCK 变成 BCK 输送给 D/A 转换器即可。用一只 NPN 三极管接成一只反相器接入电路,机器工作恢复正常
	每张碟片放到一半即出现声音变调现象	问题可能出在主轴电驱动电路。开机观察,发现主轴电机转速不对,怀疑是主轴电机不良。用万用表 R×1Ω 挡接主轴电机正负极,电机不转,再用手拨一下能转动,判定为电机内部损坏。更换主轴电机后,机器故障排除
	重放一段时间后,图像出现马赛克和停顿现象	问题可能出在激光头及聚焦电路。开机观察,发现 CD 伺服主板上三端稳压块和聚焦驱动管表面温度过高。分析原因为该机电源设计不合理而造成主板上元件温度升过高,导致故障发生。将原机液晶显示屏 2 只背光主灯改接到新加装的 VCD 板电源变压器的供电电源上,聚焦驱动对管供电改接到±5V 处。经此改进后,机器故障排除

十三、蚬华 DVD/VCD 光盘播放机故障检修

1. 蚬华 VP+ -301E 型 VCD

机型	故障现象	故障分析与解决方法
蚬华 VP+-301E 型 VCD	入碟后，屏显示“NO DISC”，不读盘	该故障一般发生在激光头及相关电路。开机检查，判断激光头正常，说明问题可能出在 RF 信号检测电路。该机的 RF 检测电路由分立元件组成。由原理可知：激光头在聚焦搜索期间，当反射光经光电转换，TDA1302 处理成 RF 信号从其⑩脚输出，经 Q15、Q16 放大，D772、D772 检波、C736 积分成直流电压，使 Q17 导通，Q17 输出低电平送入机芯微处理器 OM5234 的⑦脚，当 OM5234 的⑦脚接收到低电平信号时，才发出主轴电机启动指令，碟片转动，激光头读取 TOC 目录。反之，当 OM5234 的⑦脚为高电平时，微处理器便视为无碟片，从而关闭整个系统，并将此信号送到显示电路，驱动显示屏显示“NO DISC”。根据上述分析，再放入碟片试机，用万用表测 OM5234 的⑦脚电压始终为高电平 +5V，测 Q17 b 极在激光头聚焦搜索期间有高低电平跳变，说明 Q17 内部损坏。更换 Q17(BC548)后，机器故障排除
	入碟后，始终处于读盘状态	经开机检查与观察，机器入碟片后一直处于读盘状态，主轴转动不停止，既不显示“NO DISC”，又读不出曲目时间数据，说明激光头已接收到了碟片上的信息，问题可能出在 RF 放大电路或数字信号处理。该机信号处理及主轴伺服采用 SAA7345，机芯 CPU 为 OM5234。其原理为：开机时 CPU 输出指令给 TDA1301，经其内部电路处理后再由 TDA1301 输出开机指令，完成初始化动作。当机内有碟片时，接收管接收到反射光后转变为电信号送到 TDA1302，解调出 RF 信号，从其⑨脚输出至 SAA7345 的⑧脚，再由 SAA7345 及 CPU 一起控制各个部分的正常工作。根据上述分析，打开机盖，用万用表首先测得伺服板各集成块的供电端电压正常，再测 TDA1302⑨脚 RF 输出端电压为 1.5V 正常，RF 信号经 C1、R2 送到 SAA7345 的⑧脚，测该脚电压为 2V，偏低，正常时应为 2.5V，检查 C1 和 R2 正常，测 SAA7345 的⑦脚电压为 1.8V，偏低，正常时应为 2.5V，查⑦脚外接电容 C3，发现内部已漏电。更换 C3 后，机器故障排除

2. 蚬华 VP-301E/501H 型 VCD

机型	故障现象	故障分析与解决方法
蚬华 VP-403E 型 VCD	入碟后不读盘	“Err07”为 VCD 机自我诊断的故障代码。打开机盖，取出碟片，接通电源，碟盘转几下后显示“Err07”，激光头无聚焦搜索动作，也无激光束，但经替换激光头，证明激光头正常，怀疑故障为机械原因。据用户反映，该机托盘曾取下过，后又装上，估计为托盘装配有误。拿出碟盘，接通电源，待机器转动停止，显示“Err07”时，找出碟盘上标注“3”的碟仓卡住激光头组件。然后将碟盘装配好，机器故障排除
	重放时无伴音	该故障一般发生在解码板上音频 D/A 转换及音频放大电路。用示波器测音频输出端子，无音频信号波形，测数模转换器 U401(PCM1717)的⑨、⑫脚，也无模拟音频信号输出，说明故障出在音频 D/A 转换电路。该机音频 D/A 转换采用 BB 公司的 PCM1717，由原理可知：U201(CL680)将音频解压缩信号通过解压处理后，由⑪、⑩⑧输出 BCK、DATA、LRCK 3 个行数据信号到 D/A 转换器 U401 的⑥、⑤、④脚，经 U401(PCM1717)处理后由⑨、⑫脚输出模拟音频信号至低通放大电路。根据上述分析，用万用表测 U401 的③、⑪脚，供电电压均为+5V，正常，用示波器观测④、⑤、⑥脚串联行数据信号及①脚及系统时钟信号(16.9M)波形，也均正常，判定 PCM1717 内部损坏。更换 PCM1717 后，机器工作恢复正常
	重放时伴音突然消失	问题可能出在解码板上的音频 DAC 电路。打开机盖，用万用表测 U401(PCM1717E)③、⑪脚上有 5V 电压，①、④、⑤等引脚上也有正常的时钟信号及串行数据，断定 U401(PCM1717E)内部损坏。由于 U401 芯片很小，各引脚间距又很小，拆焊采用热风枪。如无热风枪，也可用焊锡将其引脚全部相连，再将两排引脚上的焊锡熔化，趁热取下 U401。当然，还有一种方法，即用装潢用的割刀将 U401 两边的引脚齐根割断(注意：不要割到印板)，再逐一取下断脚。U401 拆下后，用酒精清洗它的印制板，并用烙铁焊平整上面的焊锡，再在印板上涂抹酒精松香水，并在新的 PCM1717E 引脚上也涂抹酒精松香水，最后将 PCM1717E 与安装印板对好，用尖头烙铁细心焊好即可。焊好 U401 后，机器伴音恢复正常
蚬华 VP-501H 型 VCD	冷机时不读盘	问题可能出在激光头组件。开机观察，激光头能正常复位，有激光射出，物镜也能上下搜索三次，但上下动作幅度很小，且主轴不转，说明故障出在激光头组件。先仔细清洗激光头无效，适当调大激光头功率也无效。再用万用表 R×1 挡(MF47 型)测循迹与聚焦线圈的电阻，都约为 8Ω 正常。物镜能前后移动，但不能上下移动，判断线圈支架变形，阻力增大，导致物镜不能上下移动。小心拆下激光头，仔细校正物镜支架后，机器故障排除

3．蚬华 VP-603 KB 型 VCD

机型	故障现象	故障分析与解决方法
蚬华 VP-603KB 型 VCD	显示屏不亮，机器不工作	该故障一般发生在电源及相关电路。打开机盖，用万用表测插件Ⅲ至伺服板的 9V、5V 电压基本正常，测插件Ⅱ上 −21V 和 3.5V 交流电也基本正常，测插件Ⅰ上 5V 和 12V 电压很小。从电路板上拔掉插件Ⅰ、Ⅱ，再次测量 5V、12V 电压仍很小，说明显示屏电路、解码板电路无短路现象，故障仍在电源电路。由于 12V 要受 5V 电压控制，于是用空心针头使 IC2②脚与电路板分离。开机再测量 IC2②脚电压，5V 稳压输出正常。经进一步仔细检查 RX(220Ω)、C8、C5、Q8 和 Q7 等相关元件，发现 Q7 内部严重不良。更换 Q7 后，机器故障排除
	显示屏很暗，显示笔画紊乱	根据现象分析，该机其他功能正常，说明问题出在屏显示电路及电源电路中。打开机盖，用万用表测量 −21V 供电电压为 −18V 左右，3.5V 灯丝电压也变小。查限流电阻 R7 (0.5W、4.7Ω)阻值正常，测量 D4 正常。进一步检查 R12、R21、R22、D3 等相关元件，发现 R22 内部不良。更换 R22 后，机器故障排除
	无开机画面，不能正常重放	该故障一般发生在解码板及相关电路。打开机盖，用万用表测视频编码 D/A 转换芯片 U401⑰脚电源电压 3V 左右(由 5V 电压经 D20、D21 分压后得到)，检测中发现 D20 的压降大于 0.7V 以上，更换 D20 后压降仍大于 0.7V。测量晶体振荡 XT40(27MHz)两端电压为 1.5V 电压左右，且表笔触及㉟脚时播放的正常声音会发生变化，说明 U40 正常工作的基本条件已具备，故障在视频信号输出部分。㉚脚输出复合视频信号(CV)，正常情况下电压为 0.8～1.2V。㉗脚为亮度信号(Y)输出，实测电压为 0.6V 左右，当图像背景亮度发生变化时，此脚电压会发生改变。㉔脚为色度信号(C)输出，实测电压为 0.7V 左右，说明 U40 内部不良。由于其他功能正常，可以采用应急办法解决。用一只 0.01μF 的电容 C 焊在 Y、C 信号输出端，将 CV 信号去掉，然后连在 Y 信号输出端，机器故障排除

十四、东芝 DVD/VCD 光盘播放机故障检修

东芝 SD-K310 型 DVD

机型	故障现象	故障分析与解决方法
东芝 SD-K310 型 DVD	不能重放 DVD 碟片(一)	根据现象分析,机器入碟后不能识别碟片,说明故障出在碟片识别电路。该机碟片识别电路由激光头组件内光敏传感器、反相放大器 IC504、开关电路 IC516、IC601⑮脚等相关电路组成。由原理可知:DVD 碟片信纹轨道间距不同,其主光束的光轴自然不同。对 CD/VCD 光盘来说,主光束的光轴直接与传感器轴中心对准,因而检出的反射光强度必然大于 DVD 光盘。光敏传感器检出的电信号由激光头 21 线接插件 CN501 第⑤脚引出,经 IC504 放大,从④脚输出送到 IC601⑮脚,MPU 根据⑮脚电平判断碟片是 CD/VCD 盘还是 DVD 盘。然后仍由⑮脚输出相应控制信号加到 IC516 放大,再送往 IC506 和 IC502,对 CD/DVD 镜头和信号处理电路做相应的切换选择。该机经检查为反相放大器 IC504 内部失败。更换 IC504 后,机器故障排除
	不能重放 DVD 碟片(二)	根据现象分析,机器重放 CD/DVD 碟片正常,分析是激光头老化所致。该机采用双激光镜头结构,在激光头的上部有一个可旋转的镜头部分。双镜头分别用于读取 CD/DVD 碟片数据,用可变聚焦系统播放,经检测为激光二极管老化,可以通过调整其功率电阻值来解决。细调激光头功率调节电位器后,机器故障排除
	不能重放 DVD 碟片(三)	问题出在 CD/DVD 公共通道。开机观察,激光头聚焦寻迹、发射激光均正常,但用示波器监测 RF 信号波形幅度低。检查 IC502(RF 信号放大和聚焦、循迹误差信号形成 TA1236F)RFP、RFN 波形正常,IC502㊵、㊶脚分别为 CD-EQ 和 DVD-EQ 频率调整控制输入,直流控制电压来自 DVD 数据处理器 IC201⑩⓪脚内的 PWM 电路,㊷、㊸脚分别为 CD-EQ 和 DVD-EQ 峰值增益调整控制输入,直流控制电压来自 IC201⑨⑨脚的 PWM 电路。它们的作用是对光点读取的 RF 信号进行均衡(EQ)补偿。由原理可知:在 EQ 电路前设置了 VCA 放大器,它的工作是对 CD-RF、DVD-RF 信号进行不同增益的放大。直流控制电压由 CD 数据处理器 IC503㊿①脚输出,三进制 RWM 脚脉冲经外围积分滤波平滑产生。如果这三种信号不正常,都可能造成 IC502㉞脚 DVD-RF 和㊴脚 CD-RF 信号幅度下降,导致机器不读盘。经仔细检测 IC502㊵~㊸、㊽脚电压,发现㊽脚电压偏低。经查外围滤波电容 C581 内部严重漏电。更换 C581 后,机器工作恢复正常

续表

机型	故障现象	故障分析与解决方法
东芝 SD-K310 型 DVD	屏显示“Err”,停机	该故障一般发生在进给伺服环路。由原理可知:机器能正常读盘,说明机芯初始化设置程序涉及的所有功能电路运转正常。按下“PLAY”键,激光头的进给伺服投入工作,碟片能正常播放,否则,读盘后,后面的内容不能读出,微处理器 IC601 接收不到副码数据,就做出电路故障新判断。由此可以推测故障出在进给伺服环路。该机的进给伺服控制信号由进给相位误差信号和进给速度误差信号叠加产生,其中进给相位误差取自循迹误差,即 TR 信号经滤波取出低频分量,再通过相位补偿,PWM 调制从 IC503㊼脚输出,进给相位误差信号进入加法器。进给电机定子绕组中两只互成 90°嵌放的霍尔 IC,对转子位置进行检测,检出信号送到速度检测器 IC509,处理产生进给速度误差信号,通过增益开关控制也送到加法器。机器循迹伺服工作正常,估计 IC503㊼脚电路问题不大。根据以上分析,打开机盖,重放时用示波器检查 IC509⑭脚的进给速度误差信号和⑩脚的纹轨跳跃(TAC)信号,结果两只引脚均无输出。再检查两只霍尔 IC 及 IC509 外围电路均无异常,判定为速度检测器 IC509 内部不良。更换 IC509 后,机器故障排除
	放 CD 时显示“Err”,不工作	根据现象分析,机器重放 DVD 正常,说明问题出在 CD 信号处理的独立功能电路。如 CD 循迹伺服不良、子码解调器(在 IC503 内)失效等。检修时,打开机盖,用示波器测 IC502(TA1236F)㊴脚 CD-RF 信号波形,若“眼图”清晰舒展、圆润完整,问题在子码 Q 解调器,否则在激光头循迹伺服电路。该机经检测 IC502㊴脚 CD-RF 波幅 $1V_{p\text{-}p}$正常,但波形下部有缺口,破坏了完整的“眼图”波形,说明故障是由于循迹伺服不良引起。再将示波器探头移到 IC502⑩和⑪脚接触良好,拆开激光头组件,仔细检测两只光敏二极管电参数偏离,其中 E 管正常,F 管正向电阻较大。更换 F 管(光敏二极管)后,机器故障排除
	不能读出 TOC 目录	经开机检查与观察,发现碟片旋转时速度时快时慢,判断问题可能出在主轴伺服控制电路上。由原理可知,影响碟片转速的主要原因有:IC503 和 IC201 内 PLL 锁相环工作异常;IC503 和 IC201 内的 APC 电路的 AFC 电路工作异常;循迹伺服环路工作异常。但上述电路 CD/DVD 部分彼此独立,两套电路一般不可能同时出毛病,只有主轴伺服驱动电路 IC510 是 CD/DVD 公共通道,其㉒脚 EC 为能量控制输入口,直流电压高低直接影响 CD/DVD 光盘的转速。打开机盖,仔细检测该电路放大器 IC516④脚,输入 CD/SDX 控制信号来自 IC601⑮脚与 IC510㉒脚间的 R586、R569、D503 等相关元件,发现电阻 R586 内部不良。更换 R586 后,机器工作恢复正常

续表

机型	故障现象	故障分析与解决方法
东芝 SD-K310 型 DVD	入碟后不读盘	经开机检查与观察,CD/DVD 均不读盘,判断问题出在聚焦伺服电路。打开机盖,用示波器依次检查 IC502㊼～㊿脚 A～D 的 4 路信号波形,其中 VA、VB、VD 这 3 路幅度达 $85\mu F_{p-p}$。鉴于聚焦搜索产生的 FOK 信号同样来自激光头的 I/V 转换器,因此田字形态分光敏接收器和 I/V 转换电路不会有问题。经仔细检查为 VC 输出对应的接插件第⑭脚插头座接触不良。重新处理后,机器工作恢复正常
	屏显示“NO DISC”,不工作	问题一般出在 CD/DVD 公共通道。开机观察,激光头物镜内红色激光点十分微弱,在激光头上下聚焦搜索三次后,激光 APC 电路立即关闭。分析:激光管能够点亮,说明 IC503㊼脚已经输出了 LDON 高电平,开启了 APC 电路。应检查包括 Q501 在内的 APC 电路工作是否正常,激光头组件内的激光二极管性能是否良好。打开机盖,在激光管点亮时,用万用表测量 IC502㊾脚电压为 4.1V,Q501 集电极电压为 2.5V,这两个电压值正常,说明问题出在激光头内部。微调 APC 反馈电路可调电阻 VT,LD 发光强度毫无变化,测量 LD 管两端正向电阻达 70kΩ 以上,说明激光二极管内部失效。更换激光二极管后,机器工作恢复正常
	机内发出异常响声	经开机检查与观察,托盘进盒后,进给电机仍旋转,说明问题出在托盘电机控制电路。由原理可知:开机后,按下“COLSE”键,操作和显示驱动微处理器 IC101 通过处理器接口送来的指令,IC601㊾脚输出 LDMN 信号,经 Q506、IC505 驱动放大,控制进给电机正向旋转,托盘进盒。托盘入盒到位,托盘机构压触限位检测开关 K2 闭合,IC601⑯脚接收到托盘入盒到位低电平信息,中断㊾脚驱动信号输出,加载电机停止转动。根据以上分析,如果 IC601⑯脚未能检测到 K2 送来的闭合低电平信息,仍然驱动托盘电机带动托盘入仓。打开机盖,检查托盘入盒位置检测电路中的 R611、接插件③脚和入盒限位开关 K2,发现 K2 内部不良。更换 K2 入盒限位开关后,机器故障排除
	无蓝色画面,显示屏不亮	该故障一般发生在 CPU 控制及复位电路。打开机盖,用万用表及示波器依次测量微处理器 IC601㉕、㊹、㊸脚 Vcc 端电源电压+5V。IC601 属于低电平复位,瞬间短路㉚脚现象依然。再测复位电路 IC616 两个输入端①脚电压只有 0.8V,正常值应为+5V,④脚输出端为 0V。经仔细检查发现 IC616①脚虚焊。重新补焊后,机器故障排除
	重放双层盘时读第二层自动停机	根据现象分析,机器重放 CD、DVD 单层盘正常,说明碟片识别电路正常,问题可能出在聚焦伺服及激光头相关电路上。打开机盖,让机器重放时,用万用表检测聚焦伺服电路控制集成块中 IC502⑫～㊿脚电压波形,发现读取第一层进入第二层时波形大幅度跌落,说明问题出在 CN501⑫～⑮、㉑脚内部电路。再次检测 CN501㉑脚,在读取第二面瞬间出现高电平跳变。查 CN501㉑脚插头座接触良好,判定为激光头内 TA1244 内部不良。更换 TA1244 芯片后,机器故障排除

续表

机型	故障现象	故障分析与解决方法
东芝 SD-K310P 型 DVD	重放时，有时死机	问题可能出在激光头及相关电路。开机观察，激光头聚焦、循迹动作正常，也有激光发出，说明机芯初始程序基本正常。进一步检查机芯系统及伺服电路相关元件也无异常，判断问题可能出在 APC 电路。该机 APC 电路由 IC502 第㊿脚输出控制信号，控制 Q501 导通，改变激光二极管的电流，以自动稳定激光二极管的发光强度。该电路在 IC502 中设有基准电压。若此电路接触不良，会使 LD 的供电电压不稳。用万用表检测 IC502 第㊿脚电压，发现故障出现时电压不稳。由此重点检查 IC502 第㊿脚的外围元件和 VR、R501，发现 VR 内部接触不良。更换 VR 后，机器工作恢复正常
	重放时，右声道无声音	该故障一般出在右声道信号处理及传输电路。打开机盖，用万用表查开关管 QY61 的 e、b、c 极电压为 0V、0.3V、9V，正常。试用 10μF 电解电容跨接短路延迟继电器 SY61 ②、③脚，仍无声，②、⑨脚信号互换，即用 L 通道播放 R 信号，结果有声，说明 R 信号后级电路不正常。检查音频放大 ICY03⑧脚（V＋端）电压为 9V，⑤、⑥、⑦脚电压仅为 0.5V，正常均为 4.7V。仔细检查外围元件 CY08、RY08、RY10 等正常，判断 ICY03 内部一声道已损坏。更换 ICY03 后，机器右声道伴音恢复正常
	重放时，图像有马赛克现象	该故障可能出在激光头组件及电源电路。打开机盖，检查激光头及其他相关机构部件均无异常，清洗激光头物镜后，故障依旧，说明问题出在电源电路。用万用表测电源输出插件 CN801⑤脚电压，在 6.2～7V 之间摆动，而正常该电压应为 9V。将其负载电路与电源断开，发现电压稍有回升，但仍不能恢复到正常值。测 CN801⑥脚的 8V 电压也不波动。检查开关电源及整流、滤波电路元件均无问题。测 Q821（LA5611）的①脚电压正常，怀疑 9V 电源的开关管性能变差或其他元件有故障。将其拆下测查，发现各项性能均良好，检查其外接元件 R833、R829、R830、D835、C833、C834 等，发现滤波电容 C833 内部漏电严重。更换 C833（470μF/16V）后，机器故障排除
东芝 SD-K310 型 VCD	重放时无图像，呈蓝屏且无提示信息	问题一般出在解码及相关电路上。由原理可知：启动屏幕数据作为 8 比特数据分离从微处理器 IC601 进入 MPEG-2 解码芯片 IC304⑭～⑱脚，此信号作为主信号通过总线被子译码，输出给视频处理芯片 IC301。打开机盖，用示波器观测 IC301㉔～⑩脚的数据 DYC00～DYC07 波形正常，但传输至视频编码芯片 IC306 有关脚的信号消失。经查有两根细铜箔线已断裂。重新补焊后，机器工作恢复正常

续表

机型	故障现象	故障分析与解决方法
东芝 SD-K310P 型 DVD	无蓝色背景显示，重放时无图像、无伴音	该故障一般发生在解码及视频信号处理电路。开机观察，机器面板显示正常，说明电源及微处理器 IC601、RF 放大和伺服处理电路 IC503 均工作正常。由原理可知：开机后，激光头读出的 RF 信号经伺服预放电路放大后，送到数据处理器 IC201，对 RF 信号进行 8～16bit 解调和误差校正后，送到 IC207 进行进一步的数字处理，恢复出压缩数字信号，其输出由微处理器 IC601 通过 I^2C 总线送到 IC304 的⑭～⑯脚和⑬④～⑬⑧脚。先对音/视频信号进行分离，再对其分别解码，还原出压缩的信号，然后再经 IC301 视频处理器分别进行视频 D/A 转换和音频信号处理，接着再送入视频译码器 IC306。根据以上分析，估计是信号处理过程中出现了问题。打开机盖，用示波器观察 IC301 的⑬⑦～⑭⓪脚间的信号波形正常，测 IC301 到 IC306 间的数字视频输入端 DYC0～DYC4 的时序方波信号也正常，但测其㉖、㉗脚和㉛、㉜脚时，发现无任何色差信号及视频信号输出，说明 IC306 有问题或是未工作。再测其㊹脚，发现该脚无 27MHz 振荡脉冲信号，经检查为晶振 X301 内部失效。更换 X301 后，机器工作恢复正常
	入碟后，读盘不出目录	经开机检查与观察，显示屏能正常显示，各按键也能作用，说明微处理器系统工作正常，问题出在伺服控制电路。打开机盖，在碟片转动时，用示波器观测 IC502（TA1236F）㉞脚（DVD RF）和㊴脚（CD RF）波形，没有出现，说明电路还处在调整聚焦和循迹状态中。试放 CD 碟，故障也一样。再用万用表测 IC502㉑脚（TEO）电压为 2.6V，与 IC503㊻脚（TEL）和 IC501⑭脚（TEOUT）相连的铜箔细线也无断裂之处。进一步检查 IC502㉗脚（TEO）外围 C617、R510、C401 等相关元件，发现电容 C617 内部漏电。更换 C617（220pF）后，机器故障排除
	入碟后，有时显示“H7”，整机不工作	问题可能出在激光头相关电路。开机观察，发现激光头无聚焦动作。该机为双激光头镜头机构，分别适用于读取 VCD 和 DVD 碟片数据，DVD 和 VCD 共用一个变聚焦播放系统。其原理为：聚焦控制电压是由 IC502㉗脚输出的聚焦误差信号输入到 IC503 的㊸脚，然后经 A/D 转换器转换成数字误差信号，再经增益放大器和偏置电压叠加电路送到聚焦补偿电路，通过数字处理后将误差信号转换成聚焦控制电压，经 D/A 转换器转换成模拟电压后从 IC503㊽脚输出。再经过信号放大器 IC507 加到倍频器 IC506⑬脚，它便输出不同的控制电流，流过同一只聚焦线圈或循迹线圈，使其位置及驱动方向有所改变。根据以上分析，打开机盖，用示波器和万用表检测 IC0502㉗脚和 IC503㊸脚的聚焦误差信号均正常；测 IC503㊽脚的直流电压为 1.6V 左右也正常；再测 IC506 的⑬、⑮脚及 IC507 的⑬脚电压也均正常。进一步检测聚焦线圈驱动集成块 IC0505 的⑲脚信号输入端电压为 0V，而正常时该脚为 2.6V，测 IC506 的⑮脚信号电压正常，说明故障出在 IC506⑮脚到 IC505⑲脚之间。检查 R533、R540 及 R545 等元件均没有发现问题，用放大镜仔细检查该部分电路间的铜箔，发现 IC506⑮脚脱焊。重新补焊后，机器故障排除

续表

机型	故障现象	故障分析与解决方法
东芝 SD-K310P 型 DVD	不读盘	该故障一般发生在激光头及相关电路。开机观察激光头聚焦、循迹动作均正常，但无激光发出。该机激光头是由系统控制微处理器 IC601 接收到传感器送来的碟片装入信号后，发出自动聚焦、循迹信号，通过 I^2C 总线接口进入伺服控制电路，使聚焦、循迹驱动电路进入搜索程序。同时，IC601 经伺服处理器 IC503 将启动信号(高电平)送到 IC502 的㉛脚，IC502 的㉜脚便输出 LD 开启信号使 Q501 导通。Q501 导通后集电极便输出电压为激光二极管 LD 供电，激光二极管点亮。在激光头二极管的管壳中还装有一个光电二极管 PD，用于检测激光二极管发光强弱，将检测到的信号以负反馈的形式回送到 IC502 的㉚脚。当激光二极管发光强度增加时，PD 检测到电流信号增加，此信号反馈到 APC 电路，由 IC502 的㉜脚输出控制电压至激光二极管供电的 Q501，使其导通，减少激光二极管的电流，起到自动稳定激光头发光强度的目的。打开机盖，先让激光头处于搜索过程中，用万用表测接插件 CN501 的⑦脚无电压，由此说明激光头是由于未得到工作电压而不发光。原因有两种：一是 LD 开启信号未加到 Q501 基极，使其无法导通；二是 Q501 本身及 IC502 的㉛脚，发现控制信号正常，测量 Q501 集电极电压，发现在 1～1.8V 之间摆动，故怀疑 Q501 有问题。经焊下检查，果然内部损坏。更换 Q501 后，机器故障排除

十五、AV 功放机故障检修

1. 湖山 AVS1080 型功放机

机型	故障现象	故障分析与处理方法
湖山 AVS1080 型功放机	工作时，无环绕声	该故障产生原因及处理方法如下： ①DVD 机未置到 AC-3 或 DTS 解码状态，应将 DVD 机置于 AC-3 或 DTS 解码状态； ②连接线有误，应检查并重新接好连线； ③环绕音箱不正常，换用其他环绕音箱。 该机经上述处理后，故障排除
	工作时，有交流声及噪声	该故障一般由以下原因引起： ①受到强劲放射干扰，应检查线路或更换听音环境； ②电网污染严重，应加入电源净化设备； ③输入信号线接触不良，应检查并接好信号线。 该机经上述处理后，故障排除
	工作时，显示混乱或死机	该故障可能为电脑芯片受到干扰而死机。可关断电源，待 3 秒后再开机使用即可恢复正常

2. 湖山 AVK100 型功放机

机型	故障现象	故障分析与处理方法
湖山 AVK100 型功放机	工作时，左声道无声	问题一般出在左声道功放及保护电路。检修时，打开机盖，经检查左声道的功放电路，工作状态正常，输入信号检测，左声道功入输出端也有信号输出。进一步检查发现保护继电器内部不良。更换继电器后，机器工作恢复正常
	工作时，在信号直通模式时左声道无声	该故障一般发生在信号直通电路。经开机检查，该机信号直通继电器。经查果然为其内部接触不良。更换继电器后，机器故障排除
	机器重放时，所有声道均无声	问题可能出在电源及功放电路。检修时，打开机盖，先用万用表检查电源电路是否正常，观察显示屏是否显示正常。如显示屏正常显示，说明电源变压器基本正常。再检测主声道功放和中置、环绕声道电源是否正常。由于该机保护电路是由一片 TA7317P 完成的，只要任一声道的输出端出现直流电压，保护电路即可动作。常见故障为电源不良（如某一个滤波电容失效、整流二极管断路），使正、负电源不对称，造成功入输出端电位偏移，导致保护电路不工作。该机经检查为电源变压器内部短路。更换电源变压器后，机器故障排除
	机器在关机时左声道有冲击声，右声道正常	该故障可能发生在扬声器保护电路。由原理可知：两个扬声器保护用的继电器均受 TA7317P⑥脚控制，正常情况下，两个继电器动作应该完全一致。该机右声道正常而左声道不正常，问题应该在继电器上。检修时，打开机盖，揭下两个继电器塑料外壳，开/关机，仔细观察两个继电器接触点动作的一致性。发现开机时一致性很好，关机时则不一致。轻轻按压左声道继电器的衔铁片，发现其不灵活，有黏滞现象。更换继电器后，故障排除
	开机后工作正常，但荧光屏无显示	问题一般出在显示屏及驱动电路。由原理可知：该机的主要功能控制和显示控制都由 CPU（1N2 PIC16C57）完成。由于输出信号和遥控操作正常，说明 CPU 没有问题，故障出在驱动 VFD 部分。正常时，CPU 发出指令给 1N4（NJU3421），再由 1N4 驱动 VFD。检修时，打开机盖，用万用表测 1N4 各输出脚对地电压均为－27V，且不受 CPU 控制，说明 1N4 没有工作。怀疑晶振 1G2（4MHz）没有起振，经焊下替换，证明其内部失效。更换 1G2 后，机器故障排除

续表

机型	故障现象	故障分析与处理方法
湖山 AVK100 型功放机	重放时，左、右声道声音输出时有时无	经开机观察，机器置于 PRO. LOGIC（定向逻辑）状态时，中置和环绕输出始终正常，说明解码及解码之前的电路应正常，问题可能出在左右声道信号切换电路。由原理可知：解码出来的 L、R 信号经过音调部分，再经一只继电器切到平衡控制器后到音量控制、运放、功放输出。检修时，打开机盖，关机，用万用表测量这一流程中的连接，没有接触不良情况。除连接线外，机械性接触的只有继电器 2J1（用于 CD 直通选择控制）。CD 直通有效时，继电器常开触点接通，只能接入 CD/LD 信号，解码和音调被切断。CD 直通取消时，继电器常闭触点接通。按前面板上的 CD 直通键（CD DIRECT），能清楚听到 2J1 动作的声音，但在故障出现时，2J1 的常闭触点处于开路状态。经查 2J1 内部不良。更换继电器 2J1 后，机器工作恢复正常
	开机时，扬声器有冲击声	问题一般出在延时保护电路，因为在正常情况下，功放应在开机时延迟接通扬声器，以避免冲击噪声。由原理可知：正常情况下，3N1 的⑨脚在接通电源后应为 2.9V，⑧脚在通电后 5 秒左右从 0V 增加到 1.2V。这时 3N1⑥脚输出 0.9V 低电平，使继电器吸合，接通扬声器。检修时，打开机盖，用万用表实测 3N1⑧脚，在通电瞬间即上升到 1.2V，继电器很快吸合，无延时效果。经仔细检查，发现电容 3C8 内部失效。更换 3C8 后，机器工作恢复正常

3. 湖山 AVK200 型功放机

机型	故障现象	故障分析与处理方法
湖山 AVK200 型功放机	低音电位器旋动过快时，机器自动保护关机	问题可能出在音调部分。检修时，打开机盖，用万用表测 5N5 的①脚和⑦脚对地压降，在快速旋动线路低音电位器时发现第⑦脚有直流电压出现。经检查发现低音电位器内部接触不良，这是因为电位器出现接触不良情况时，如果旋动过快，会造成瞬间电位器开路或短路，使音调网络失去平衡而出现直流漂移，导致功放输出端出现直流而使保护电路起控。更换电位器后，机器故障排除
	工作时，卡拉 OK 功能无效，显示正常	问题一般出在信号通道或控制指令的传递电路。由卡拉 OK 电路可知：话筒信号与延时信号混合放大后经 2N11 选择进入主放大线路。检修时，打开机盖，先关机，将电阻 2R121 和 2R122 靠 2N11 一端焊出，用软线接至 2N 的①脚和⑦脚。开机插入话筒喊话，故障消失。用万用表测 2N12 的⑤、⑬脚的控制信号，在卡拉 OK 打开时，立即置高变为 DC 4V。此时再用万用表 1kΩ 挡测 2N11 的①、②脚间阻抗为高阻状态，再测③、④脚间阻抗也是如此，说明 2N11 内部损坏。更换 2N11 后，机器工作恢复正常

续表

机型	故障现象	故障分析与处理方法
湖山 AVK200 型功放机	开机后，显示屏有显示，重放时无声音输出	该故障可能发生在保护及功放电路。开机观察，无继电器的吸合声。打开机盖，用万用表测保护电路 3N1(TA7317P)的⑥脚电压为高电平不正常，正常情况下应为低电平；再测量⑧脚电压为高电平正常，①脚电压为高电平不正常，说明由于①脚电压为高电平，使 3N1 保护，其⑥脚输出高电平，使得继电器断电处于释放状态。检查 3N1 的①脚外围元件，发现 3V16 内部短路。更换 3V16 后，机器工作恢复正常
	开机后，显示屏有显示，但所有声道均无声音输出	问题可能出在功放保护及相关电路。检修时，打开机盖，用万用表测 3N1(TA7317)的②脚电压为＋1.5V，说明有一个声道的输出端出现了直流偏移。检测各声道功放的输出电压，发现中置声道输出端电压为 15.5V。进一步检查中置声道功放电路集成块(LM3886)的外围元件，均未发现异常，故判断 LM3886 内部损坏。更换功放集成块 LM3886 后，故障排除
	开机后立即发出声音，无延时功能	该故障一般发生在开机延时保护电路。检修时，打开机盖，用万用表重点检查开机延时保护电路各元件是否正常。该机经逐一检查 3R41、3R43、3C8 等相关元件，发现电容 3C8 内部失效。更换 3C8 后，机器故障排除
	工作时，快速旋转低音控制电位器时，机器自动关机保护	问题一般出在音调控制电路及相关部位。检修时，打开机盖，用万用表测音调控制电路运放 5N1 时，发现 5N1⑦在快速旋转电位器时出现了约 2V 的瞬时直流电压。此电压耦合到功放后就会出现功放输出端的直流电位偏移。进一步检查，发现此低音控制电位器接触不良。更换该电位器后，机器故障排除

4. 湖山 BK2×100JMKⅡ-95 型功放机

机型	故障现象	故障分析与处理方法
湖山 BK2×100JMKⅡ-95 型功放机	工作不久，一声道失真且音量逐渐减小后自动保护	问题可能出在功放电路。检修时，打开机盖，用万用表检测功放电路 V107～V112 均未工作，检测 V114 的三个极间电阻均正常。测恒流源和差分放大部分的三极管工作状态，发现 V137、V104 的基极与发射极电压 V_{be} 约为 0.45V，其余三极管的 V_{be} 约为 0.55V。V101、V102 稳压值 9V 正常。由原理分析可知，V102 和 V137 的 PN 结与 R107 构成了一电压回路，R108、R110、R112 和 V104 变质不可能引起 V137 的 PN 结不正常工作，故只可能是 V137 本身变质或 R107 阻值增大。当 R107 阻值增大，恒流源提供的电流就会比设定的电流值小，当此电流小到无法推动后级正常工作，就会出现上述现象。该机经检查果然为 R107 阻值变大。更换 R107 后，机器故障排除

续表

机型	故障现象	故障分析与处理方法
湖山 BK2×100JMKⅡ-95 型功放机	开机后一声道故障指示灯常亮	该故障一般出在功放及保护电路。可按下列步骤进行检查：①打开机盖，用万用表检测，如 H 点电压为 10.7V（正常值），D 点电压 24.2V（正常值），T 电压高于 2V，则为 V124、V125 放大倍数变小所致；②如测 H 点电压 0.7V，K 点电压为 0V，则多为 C117 短路所致；③如测 H 点电压为 1.2V，K 点电压 0.5V，多为 V118、V119 损坏（在过载情况下，V118 的工作电流过大引起 V118、V119 损坏）。该机经检查为 V118 内部损坏。更换 V118 后，机器故障排除
	开机后电源不正常，机器不工作	该故障一般发生在电源电路。检修时，打开机盖，用万用表测 A、B(±55V)对地电阻均小于 30Ω，并且均无充放电现象。从 A、B 两处分别断开为 A1 与 A2、B1 与 B2。测 A1、B1 两处电压均正常（约为＋55V，－55V）。A2、B2 对地电阻均小于 2Ω。观察一声道 R131（510Ω/0,25W）电阻烧焦，该情况一般大功率 V134（2SC3264）、V135（2SA1295）及 V116、V117、V114 已烧坏；测其基极 b、集电极 c、发射极 e 三脚间的相互电阻（正反向测试），将测量值与正常值（R_{be}＝650Ω，R_{bc}＝650Ω，反向无穷大，R_{ce} 正反向均无穷大）比较，即可得知检测三极管的好坏。该机经检查为 V134 内部损坏。更换 V134 后，机器故障排除
	开机后烧 5A 保险，不工作	问题一般出在功放及电源保护电路。检修时，打开机盖，用万用表欧姆挡测 A、B±55V 两处对地电阻均有充放电现象。从 3、4 及 5、6 四处断开电源变压器的次级绕组。换上 6A/250V 电源保险管，再次开机，亦出现同样现象。故判定为变压器自身有匝间短路，导致电流过大而烧坏保险管。变压器主输出为交流 2×37.5V，副输出为交流 10V。更换电源变压器后，机器故障排除

5. 湖山 BK100JMK 型功放机

机型	故障现象	故障分析与处理方法
湖山 BK100JMK 型功放机	开机后，右声道无信号输出	问题一般出在功放电路。检修时，打开机盖，用万用表测末级功放电路中点电压，不正常，检查直流零偏压伺服运放块 LP356 无损坏，判断故障出在恒流源电路。在恒流源电路中，用万用表分别检查三极管 V136、V137 和稳压二极管 VD102、VD101，发现稳压管 VD102 内部击穿。更换 VD102 后，机器故障排除
	开机后，右声道无信号输出	检查直流零偏压伺服运放块 LP356 无损坏，判断故障出在恒流源电路。在恒流源电路中用万用表分别检查三极管 V136、V137 和稳压二极管 VD102、VD101，发现稳压管 VD101 内部击穿。更换 VD101 后，机器故障排除

续表

机型	故障现象	故障分析与处理方法
湖山 BK100JMK 型功放机	重放时,音频信号中出现严重的交流声干扰	问题可能出在电源整流滤波电路。检修时,打开机盖,先检查电源电路,用万用表测功放电路的±55V 电源电压正常,但用交流电压挡测量+55V 时发现指针摆动不停,说明电源电路滤波不良。分别将其滤波电容 C1、C2 焊下测量,发现 C2 内部不良。更换 C2 后,机器故障排除

6. 湖山 PSM-96 型功放机

机型	故障现象	故障分析与处理方法
湖山 PSM-96 型功放机	放音时有交流声	该故障一般发生在电源滤波电路,且大多为交流纹波过大所致。常见原因为滤波电容失效或容量减小。检修时,打开机盖,可断开电源输出端与负载之间的连线,用万用表检测电源电压。正常情况下前级电源电压为+60V,后级电源电压为+57V。若电压与正常值相差较大时,则是相应的滤波电容失效。该机经检查为+57V 电源滤波电容不良。更换滤波电容后,机器故障排除
	工作正常,电源指示灯不亮	该故障一般发生在指示灯供电电路及发光二极管本身。检修时,打开机盖,用万用表检查,发现电源指示发光二极管 V213 内部损坏。更换 V213 后,机器故障排除
	开机即烧保险 FU501	该故障一般发生在电源及功放电路。检修时,打开机盖,先检查电源电路。若电源部分正常,再检查功放电路。该故障大多数是输出管击穿造成的,可先用万用表仔细检测每一个输出管,找出击穿的管,并换上新管。在通电前应先断开后级电源电路,分别在正、负电源电路中串联一只510Ω、20W 的限流电阻,以避免再次烧毁输出管。通电后还应检测各工作点的电压是否正常。若基本正常,再取下限流电阻后通电即可。该机经检查为两只功放输出管击穿。更换功放管后,机器工作恢复正常
	放音时无输出	问题一般出在功放电路。检修时,打开机盖,先用万用表检查电源部分。若经检查证实并非电源部分故障,再检查输出级电路。该机经实测,功放电路 V111 和 V110 的发射极间的电压均为 0V。查外围相关元件,发现电容 C106 内部短路。更换 C106 后,机器工作恢复正常
	市电低于 185V 时,机器不能工作	问题出在电源电路。由于该机不为宽电源设计,当市电降至 180V 左右时,功放后级电源电压仅+45V。此时继电器的实际工作电压为 40V,不能吸合,故重放时无声。可采用应急办法解决:即将 R139 的阻值减少到 130Ω,使继电器能吸合即可。该机经上述处理后,故障排除

续表

机型	故障现象	故障分析与处理方法
湖山 PSM-96 型功放机	开机无延时,有冲击声,关机也不能开负载	该故障一般出在继电器控制电路,且大多是继电器触点被烧熔,粘在一起所致。检修时,打开机盖,经检查果然如此。解决办法为:拆开继电器用细砂布仔细修磨触点,使其恢复正常。如损坏较严重,应更换继电器。更换继电器后,机器故障排除
	机器开机后,右声道故障指示灯亮,继电器不吸合	该故障一般发生在功放电路。检修时,打开机盖,用万用表测右声道输出中点电压为+45V。测功率管V134(2SC3201)内部损坏,测V110射极对地电压,为5V,说明是前级放大部分损坏(正常值为0V),因为V134是正半周信号放大管,所以重点检测V109、V110二极管,结果发现V109内部损坏。换管后再测V110射极对地电压,已恢复0V正常值。用万用表交流50V挡测V110射极对地电压值,仍为0V,用手触摸功放输入端,电压迅速上升为15V左右,松手后恢复至0V,说明电路已恢复正常。更换功率管V134后,故障排除
	开机后无信号输出	问题一般出在电源及功放电路。开机观察继电器未吸合,用万用表测TA7317P的⑧脚电压为1.2V(正常),但⑥脚始终为高电平,分别检测TA7371P的其他引脚电压,发现①脚电压为0.8V(偏高),⑨脚电压为5.3V(偏高),检查外围元件正常,判定为TA7317P内部损坏。更换TA7317P后,机器故障排除
	开机后电源指示灯不亮,机器不工作	该故障一般发生在电源电路及相关部位。检修时,打开机盖,先检查电源保险丝FU501是否已熔断,电源开关是否已失效。由于电源开关上并接有消火花电容,有极少数开关触点被烧坏,可用万用表检测其接触情况。如果保险丝和电源开关均正常,应进一步检查电源变压器次级是否有开路,或前级电源次级保险丝FU201、FU202是否熔断。该机经检查为FU201内部开路。更换FU201后,机器故障排除

7. 湖山 SH-03 型功放机

机型	故障现象	故障分析与处理方法
湖山 SH-03 型功放机	工作时,音源切换指示灯不亮	该故障一般发生在音源切换及供电电路,且大多为-15V和-7.5V电源短路不良所致。检修时,打开机盖,用万用表先检测N16(7915)三端稳压电路的输出电压(-15)是否正常。若不正常,则可能是N16损坏或-15V电源短路。这时可先检查-15V电源是否短路,常见故障为1C70、1C78或1C79有短路或引线短路。若-15V电压正常,-7.5V不正常,则可能是7.5V稳压管1VD4或1R71断路。该机经检查为稳压管1VD4内部不良。更换1VD4后,机器故障排除

续表

机型	故障现象	故障分析与处理方法
湖山 SH-03 型功放机	工作时，延时时间指示灯不亮，无混响声	该故障一般为混响延时电路不良所致。检修时，打开机盖，用万用表先检测＋5V 电压是否正常，若不正常，查＋5V 电路相关元件是否损坏。若＋5V 电压正常，应进一步检查混响延时电路相关元件。＋5V 电源电路故障大多为 N17(7805)三端稳压电路损坏造成的。该机经检查为＋5V 电路 N17 内部不良。更换 N17 后，机器工作恢复正常
	重放时无声音输出，话筒声音和混响正常	该故障一般发生在音源切换及控制电路。检修时，打开机盖，先按音源转换按钮，若相应指示灯能正常转换，说明音源转换控制电路正常。再在相应的状态下，用万用表检测电子开关电路 CD4066 的对应开关脚是否导通。如当⑬脚为高电平时，①、②脚应导通；⑤脚为高电平时，③、④脚导通；⑥脚为高电平时，⑧、⑨脚导通；⑫脚为高电平时，⑩、⑪导通。当测到某一 IC 不正常时，则应更换。 若检查证实音源转换电路正常，可进一步检查信号通路的运放电路是否损坏。可测 NE5532①、⑦脚是否有直流电压。若有直流电压，则可能为 NE5532 内部不良或信号通路中的耦合电容 1C28、1C29、1C31、1C32 等失效。该机经检查为 IC32 内部不良。更换 IC32 后，机器故障排除
	工作时，放音正常，无消原唱功能	该故障一般发生在消歌声电路，且大多为 N3(1642)及其外围元件的问题引起的。检修时，打开机盖，可先检查 1VD1 稳压管是否失效，以及 1C11 是否短路。若用万用表测得 N3 第⑦脚对地电压＋10V 左右为正常，此时可进一步检查 N3 是否已损坏。该机经检查为 N3(1462)内部损坏。更换 N3 后，机器工作恢复正常
	工作时，左、右声道均有噪声	该故障一般发生在消歌声电路。检修时，打开机盖，应重点检查消歌声电路通道的耦合电容 1C9、1C10 和 1C13 是否有漏电、短路。N3(1642)也可能造成此故障，该机经检查为 1C10 内部不良。更换 1C10 后，机器故障排除

8. 湖山 SH-05 型功放机

机型	故障现象	故障分析与处理方法
湖山 SH-05 型功放机	机器工作时，音源切换不工作	该故障一般发生在音源切换电路及相关部位，且大多为 D18(4017)及其外围元件损坏引起的，如音源切换损坏、2C3(1μF)失败、2R5(10kΩ)失效、2R6(100kΩ)失效等。若外围元件正常，则可能是 4017 损坏。该机经检查为电阻 2R5 内部失效。更换 2R5 后，机器故障排除
	工作时，话筒无混响声	经开机观察，机器延时选择指示灯全亮，线路输出正常，但话筒无混响声，问题一般出在混响控制电路。检修时，打开机盖，检查发现 1X1 晶振(4MHz)内部失效。另外，如果 M50195 损坏，也会造成该故障发生。更换 1X1 晶振后，机器故障排除

续表

机型	故障现象	故障分析与处理方法
湖山 SH-05 型功放机	工作时,左、右声道均有噪声,关断所有电位器也不能消除	该故障可能发生在电源滤波及功放电路。检修时,打开机盖,可通过噪声的频率来判断,若交流声较大并夹杂自激声,则多半是电源滤波电容 1000μF/35V 失效或引脚虚焊所致。若噪声为"沙……"声,则应检查 N5、N6、N8 是否性能变差或噪声变大。检查时可分别断开 N5、N6、和 N8 各级运放的输出端,即可判断出噪声发生在哪级。该机经检查为滤波电容内部不良。更换滤波电容后,机器故障排除
	线路输出正常,功放无声音输出	问题一般出在功放及工作模式转换电路。检修时,打开机盖,用万用表先检测功放 IC(LM1875)第⑤脚和第③脚上的正、负电源(+23V 和 -23V)是否正常。若正常,再从第①脚注入信号检查是否有声,以此判断功放 IC 是否正常。再查工作模式开关有否不良,连续拨动几次,可听到断续声音。如不正常应更换。该机经检查为工作模式开关内部不良。更换开关后,机器故障排除

9. 天逸 AB-580MKII 型功放机

机型	故障现象	故障分析与处理方法
天逸 AB-580MKII 型功放机	开机后,机器无任何反应,电源指示灯也不亮	该故障一般出在电源及相关电路。检修时,打开机盖,先检查电源接插件是否脱落或接触不良,电源线有无被折断。如均正常,可进一步检查保险丝是否熔断,电源开关是否良好,电源变压器初级是否开路。该机经检查为电源变压器内部开路。更换电源变压器后,机器故障排除
	开机后,重放声音正常,话筒输入信号无声	该故障可能发生在话筒信号混合电路。由原理可知:话筒混响信号是通过开关管 Q312、Q313 分别送入左、右声道的,而 Q312、Q313 都是由 K2-7 输出的电平控制(卡拉 OK 状态为高电平,两管应导通)。检修时,打开机盖,用万用表测 Q312 和 Q313 的基极电压均为 0V,进一步检查发现 K2-7 接插件接触不良。更换 K2-7 后,机器故障排除
	放音正常,但卡拉 OK 演唱无混响效果	该故障一般发生在延时混响电路。检修时,打开机盖,用万用表测 IC216(M65831)第㉔脚和第①脚电压应为 5V 左右。若正常,再测其他脚的正常工作电压应为:⑲脚为 2.3V,⑰脚为 0.9V,⑱脚为 0.9V。若这几脚电压正常,一般可认为 M65831P 未损坏。应进一步检查混响电路。 检查混响电路的方法为:用一只耳机,一端接地,另一端串接一个 1μF/50V 电容器,手持镊子触 A1-4 端,然后依次将耳机串接 1μF 电容的一端接到 IC216㉒、㉑、⑮、⑬和 IC204①、⑦脚,耳机中能听到感应交流声为正常。若㉒脚无声,应查㉒、㉓脚的外围元件。若㉑脚无声,应查 R222、C214 以及 2MHz 晶振是否正常。若⑮脚无声,应检查第⑮脚外围元件,常见原因为 VR205 接触不良。在外围元件正常的情况下仍无声,也可能为 M65831P 损坏。若第⑬脚有声,而 IC204 第⑦脚无声应先检查 IC204 的外围元件。若证实外围元件均正常,可能为 IC204 损坏。该机经检查为 VR205 内部接触不良。更换 VR205 后,机器故障排除

续表

机型	故障现象	故障分析与处理方法
天逸AB-580MKII型功放机	机器在CD/LD状态,话筒无声	该故障一般发生在继电器电路。检修时,打开机盖,开机观察听不到继电器吸合的"咔嗒"声(正常时应有吸合声),显然是让CD/LD信号直通,造成音量、音调不能控制。检查继电器电路,将Q304集电极人为对地短路,若继电器能吸合,说明继电器及电源正常。再检查Q304,发现Q304已失效。更换Q304后,机器故障排除
	机器在按了变调按钮后音乐信号变小,且有高频自激声	问题一般出在变调电路中。由原理可知:由于变调工作时,只对音乐信号的中、低音信号进行变调处理,处理后再与原信号的高音成分混合,合成完整的变调音乐信号。该机现象就可能是经M65847SP处理的变调信号失真造成的。经开机检查发现C321短路,造成了IC307的工作点偏离正常状态,造成变调输出降低并严重失真。更换C321后,机器故障排除
	机器按OK/环绕声按钮时,有电流冲击声	该故障原因可能有:机内接插件P2(连接电源的)接触不好或松脱、话筒放大器IC401(NE5532)损坏,此时NE5532的输出端会出现直流电压(正常时应为0V)。另外,低音音调控制电位器VR204内部不良,也会引起冲击声。该机经检查为IC401内部不良。更换IC401后,机器故障排除

10. 天逸AD-66A型AV功放机

机型	故障现象	故障分析与处理方法
天逸AD-66A型AV功放机	开机后无指示,机器不工作	开机观察,电源指示灯不亮,机器不工作,判断问题出在电源及相关电路。检修时,打开机盖,检查发现继电器未工作。进一步检查功放电路,用万用表测继电器线圈两端电压异常,经检查继电器内部线圈已断开。更换继电器后,故障排除
	开机后即自动保护	问题可能出在功放及保护电路。检修时,打开机盖,用万用表分别测L、R声道的out有直流输出。经检查为L声道引起的保护。再测Q16(2SD669)c、e极有无倍增电压,正常时应为2.8V左右。实测倍增电压为0,故障在本级或后级放大电路。测Q16 c(1.5V)、e(1.5V)极的电压正常,但无倍增电压。进一步检查发现C13内部短路。更换C13后,机器故障排除
	开机电源指示灯亮,继电器不工作	该故障一般发生在功放及保护电路。检修时,打开机盖,用万用表检查,L、R直流输出15mV左右,正常,再检查保护电路μPC1237集成块,μPC1237①、②脚为0V正常,⑧脚为电源脚3.4V正常,⑦脚为开机延时脚0.6V不正常,应为2V左右,分析为⑦脚的外围元件不良所致。经仔细检查发现电阻C41内部不良。更换C41后,机器工作恢复正常

续表

机型	故障现象	故障分析与处理方法
天逸 AD-66A 型 AV 功放机	开机后即自动保护	该故障一般因机内电路有元件短路引起。检修时，打开机盖，先查公共通道有无问题，用万用表检测，为左声道故障引起该机自动保护。测 V16(2SD66P)的 c、e 极有无倍压，正常为 2.8V，而该机为 0V，说明故障在本级或末级放大电路；查 V16 的 c 极为 1.5V，e 极也为 1.5V(正常)，说明倍压电路存在故障，进一步检查，发现 C13(47μF/16V)内部短路。更换 C13 后，机器工作恢复正常

11. 天逸 AD-480 型功放机

机型	故障现象	故障分析与处理方法
天逸 AD-480 型功放机	工作时，话筒回声短，且轻微自激	该故障一般发生在混响延时及相关电路。检修时，打开机盖，用万用表检测延时电路 M65831P 电源电压正常，信号输入也正常，用示波器测①、②脚间的时钟信号振幅较小。经检查发现外接 2MHz 晶振内部漏电。更换该晶振后，机器工作恢复正常
	工作时，按下消除原唱歌声	问题一般出在消歌声电路。检修时，打开机盖，用万用表先检测消歌声电路的电源供电，结果均正常。测 Q301、Q302 的各极电压，$V_c=+12V$，$V_b=-0.2V$，$V_e=-0.8V$，也正常。用示波器同时在左、右声道输入 1kHz 信号，在 IC301①脚上信号幅度较大，未被抵消。再测 Q302 集电极上信号幅度，比 Q301 集电极小得多。进一步检查发现 Q302 内部损坏。更换 Q327 后，机器故障排除

12. 天逸 AD-780 型功放机

机型	故障现象	故障分析与处理方法
天逸 AD-780 型功放机	开机后不工作	问题可能出在继电器控制电路。检修时，打开机盖，用万用表检测继电器线圈电压，实测为 11.5V，应属于正常范围，怀疑继电器内部损坏。取下继电器，测线圈电阻，已为无穷大。更换继电器后，机器故障排除
	机器关机时有冲击声	问题可能出在延时控制及相关电路。由原理可知：该机延时控制电路的功放电路由 D13、C75、R69 控制。检修时，打开机盖，对这三只元件进行测试，发现 R69 内部开路。更换 R69 后，机器故障排除
	机器工作时，话筒 1 无输出	问题一般出在话筒输入电路及相关部位。检修时，打开机盖，用示波器在话筒 1 输入一个小信号，测 IC1①脚有信号输出，再在 R1 与电位器 W1 的公共点测试，发现无信号，说明故障出在 IC1 第 1 脚与 R1 之间。经仔细检查发现 W1 内部损坏。更换 W1 后，机器工作恢复正常

续表

机型	故障现象	故障分析与处理方法
天逸 AD-780 型功放机	机器开机后，无继电器的吸合声，左右声道无输出，电源指示灯亮	问题可能出在功放后级电路。检修时，打开机盖，用万用表先测保护集成块 C1237，在路测量正常。对阻容元件测量发现电阻 R68（0.25Ω/2W）开路，推动管、输出管（Q13～Q14、Q8～Q9）的 b、e 极短路，输出级偏置电路 Q11（8050）的 b、e、b、c 极全部短路，对损坏的元件进行拆除更换。开机，继电器还是不吸合。再测量中点电位为 1.2V，偏离正常值很多。测 Q2（2N5551）发现其内部短路。更换 Q2 后，机器故障排除
	机器工作时，话筒无混响效果，有自励和噪声	该故障一般为延时 IC 外接的存储器失效所致。该机采用三菱 M50195 做延时混响处理，而此芯片外接存储器 4164 有个别失效现象。一般更换 4164 即可恢复。判断 4164 是否失效，通常采用将混响电位器关闭，若自激和噪声消失，则是此故障。该机经检查果然为 4164 内部失效。更换存储器 4164 后，机器故障排除

13．天逸 AD-3100A 型功放机

机型	故障现象	故障分析与处理方法
天逸 AD-3100A 型功放机	机器重放时，从 CD/VCD 端输入信号，只有一个声道有声	该故障一般发生在信号输入电路。由于该机 CD/VCD 信号输入通道与其他信号输入通道不同处在于 CD/VCD 信号输入后还经过 J1 继电器，因此应重点检查 J1 继电器的触点是否接通。检修时，打开机盖，用万用表检测发现 J1 继电器有一组触点接触不良，说明问题出在此处。检修时应特别注意检查 HG4123 型继电器是否不良，该继电器故障率较高。更换继电器后，机器故障排除
	机器工作于 DSP2 模式时，话筒 MIC1 演唱无声	问题可能出在卡拉 OK 功能转换及相关电路。检修时，打开机盖，先重点检查 MIC1 插座。正常情况是话筒插入 MIC1 插座后，插座内的转换开关应输出转换控制电压，但实际用万用表检测发现 MIC1 插座上输出的控制电压为低电平。经检查发现 MIC1 插座内转换开关失效。更换 MIC1 插座后，机器故障排除
	机器工作时，各声道均有交流声	问题一般出在各声道的公共电路，且大多为电源电路滤波不良所致。检修时，打开机盖，用示波器分别检查电源各组电压的纹波情况，发现 IC5 的③脚电压不稳定，且呈现纹波较大。分别检查各滤波电容，发现 C116 内部失效。更换 C116 后，机器工作恢复正常

14. 天逸 AD-5100A 型 AV 功放机

机型	故障现象	故障分析与处理方法
天逸 AD-5100A 型 AV 功放机	机器重放时有交流声	经开机检查电源正常，判断故障出在信号前级电路。检修时，打开机盖，将 A4-10 和 A4-11 信号断开，故障不变，说明交流声是从前面的左、右声道输出电路过来的。分别检查左、右声道的静音控制电路 Q12、Q13 及 IC12，发现 IC12 的 18V 电源电压极不稳定(在 15～17V 之间摆动)。该电压是取自变压器 16.5V 交流电压，经 D8、C11 整流滤波后得到，经检查发现 D8 内部不良。更换 D8 后，机器故障排除
	机器除 CD/VCD 输入端能输入信号外，其余输入端均不能输入信号	问题可能出在音源选择控制电路。检修时，打开机盖，发现音源选择控制电路始终锁定在 CD/VCD 状态，经仔细观察，发现 CD/VCD 按钮被按下后不能弹出。经检查其按钮，发现其内部开关不良。更换按钮开关后，机器故障排除
	机器开机后，手接近面板即有“嗡”声	该故障一般因功放电路有关元件接地不良造成。经开机检查发现面板上的电位器外壳均未接地，将面板上的各个电位器外壳接地后交流声即可消失。该机经上述处理后，故障排除
	机器工作时，开大低音音调控制旋钮时，低音提升不明显	问题一般出在音调控制电路。检修时，打开机盖，用万用表检查低音提升网络相关元件，发现 R93、R94、C70 均正常，C71 内部失效。更换 C71 后，机器故障排除
	机器工作时，旋转低音提升电位器时，主功放保护	该故障一般发生在音调控制电路及相关电路。检修时，打开机盖，先断开后级功放，用万用表测音调控制电路 IC5 ⑦、⑧脚，测得⑧脚约有 2V 直流电压，旋转低音提升电位器，此电压可上升到 10V 左右。检测音调控制电路的各元件，发现平衡控制电位器接右声道的一脚已断裂。平衡电位器断路后，造成 IC5 b⑫脚悬空，使 IC5 b 输出端电位偏移。此电位经音调控制网络的电阻加到 IC5 d 输入端。调整低音提升电位器时，使 IC5 d 的输出端电位上升到 10V 左右。此电压耦合到主功放电路，会造成主功放输出端短时间出现电位偏移，使保护电路动作。更换平衡控制电位器后，故障排除
	机器开机后需数十秒才开始正常放音	该故障一般发生在延时保护电路。检修时，打开机盖，开机观察，继电器不吸合。正常情况下，开机约 5 秒保护继电器即吸合，说明问题在保护电路。由原理可知：IC2 (μPC1237)⑦、⑧脚外接元件 R57、R58 和 C29，构成延时保护电路。检修时，打开机盖，用万用表检测这三个元件，发现 R58 阻值已达到 600kΩ 以上。更换 R58 后，机器工作恢复正常

续表

机型	故障现象	故障分析与处理方法
天逸 AD-5100A 型 AV 功放机	机器工作时，主声道出现“嗡……”交流声	问题可能出在电源及相关电路。检修时，打开机盖，仔细检查，电源电路正常。断开主声道功入输入线 A2-1，试听时无任何交流声，说明问题在前级，接好 A2-1，再断开 A4-10 和 A4-11，交流声依旧，说明交流声是从“前方左、右声道输出电路”来的，进一步断开静音开关管 Q12 和 Q13 的控制端 A，交流声消失，说明交流声可能来自防冲击电路。仔细检查该电路相关元件，发现 C111(470μF)内部失效。据分析，防冲击电路的电源直接取自电源变压器的－16.5V 绕组，经 D8 半波整流和 C111 滤波后供给 IC12 c 极。由于 C111 失效后，IC12 的电源纹波极大，从而使主声道混入电源的交流声。更换 C111 后，机器故障排除

15. 天逸 AD-6000/8000 型 AV 功放机

机型	故障现象	故障分析与处理方法
天逸 AD-6000 型功放机	开机后，话筒插入时机内有较大的冲击声	开机观察，插入话筒，两个话筒插座均有冲击声，判断问题出在话筒信号通路的公共通道中。检修时，打开机盖，用万用表逐级测量，发现 C47 的负端有约 50mV 的直流电压，正常时应为 0V，这说明 C47 有漏电现象。焊下 C47 检测，发现其内部漏电。更换 C47 后，机器工作恢复正常
	工作时，中置声道声音失真	问题可能出在中置声道信号处理及功放电路。检修时，打开机盖，将该机设于直通状态下，将连接整机主板的 A1 的第一根线接到第二根线的功放输入端:第二根的另一头使其开路。若开机试听声音仍旧，则说明故障在后级功放上。该机经检查中置功放电路，发现两只 0.25Ω 水泥电阻两端压降有 100 多毫伏，测水泥电阻其中一只阻值增大。更换水泥电阻后，故障排除
	工作正常，无显示	问题可能出在显示屏及供电或控制电路。检修时，打开机盖，用万用表测电路电路无－28V 工作电压。测稳压集成电路 LM337 输入端电压正常，故怀疑 LM337 损坏。更换 LM337 后，－28V 输出电压恢复正常，显示屏恢复显示。更换 LM337 后，机器故障排除

16. 奇声 AV388D 功放机

机型	故障现象	故障分析与处理方法
奇声 AV388D 功放机	工作时,唱卡拉 OK 无回声效果,调节“ECHO”旋钮不起作用	该故障一般发生在加响电路。由原理可知:该电路中有电源供给、输入放大、A/D 转换、存储延时、延时控制、D/A 转换、滤波输出、回音控制及自动复位、时钟振荡等电路,若某部分不工作,将造成无回响信号输出。关键脚电压的高低正是各部分电路正常与否的直接或间接的反映,监测关键脚电压,能迅速判断故障的位置。另外,从㉕脚输入适当幅度的干扰信号,还可以帮助判断故障是在 D/A 电路之前还是在其后。 根据上述分析,打开机盖,用万用表检查 PT2395㊴、㉓、⑤、㉗脚电压,均正常,测㉞脚为 0.5V,检查外围元件无异常,判定为 PT2395 损坏。更换 PT2395 后,机器故障排除
	工作时,输出无任何信号,音量开到最大时,喇叭中也无“噪声”	因该机电源、显示均正常,判断问题可能出在功放电路。检修时,打开机盖,取一收音机信号,用耳机线串接 820kΩ 电阻和 1μ/100V 电容,将双线头分别焊在主板地和 V22c 极处。打开收音机电源后,接通功放电源,缓缓加大收音机音量,而音箱中无任何反应。用万用表 50V 交流挡测输出中点,发觉表针在动,而测输出端子无反应。此现象说明信号在线路走线或继电器处未能传过来。经检查发现继电器内部不良。更换继电器后,机器故障排除

17. 奇声 AV669/671 型 AV 功放机

机型	故障现象	故障分析与处理方法
奇声 AV669 型功放机	机器工作时,小音量状态左表针摆幅非常小	该故障一般发生在左声道表头小信号驱动通道。检修时,打开机盖,在小音量时用万用表测 IC4558 的输入端③脚,有 1.2V 左右波动电压,再测输出端①脚,有 13V 左右的波动电压,均正常;当测 A 点时,发现不到 0.5V,经仔细检查,发现 D24 击穿,R55 阻值增大。更换 D24、R55 后,机器故障排除
	机器工作时,各声道均有交流声干扰	经开机检查,机内电源及功放均无损坏,怀疑为电路板布局走线不合理所致。检修时,打开机盖,发现主功放的电源地与中置、环绕功放的电源地之间加了一根连通导线,使地线形成了环路。当即焊下这根导线,交流声消除。该机经上述处理后,故障排除
	机器开机后,左、右声道均发出“扑、扑”声	问题可能出在主声道前级部分。检修时,打开机盖,检查后级各点电压均正常,且左、右声道同时出现相同故障的可能性极小。用万用表测前置放大器 IC 各脚电压,发现运放无正 12V 电源,而负 12V 电源正常。检测到 R101 已断路,正常应为 150Ω。更换 R101 后,机器工作恢复正常

18．奇声 AV-713/737 型功放机

<table>
<tr><th>机型</th><th>故障现象</th><th>故障分析与处理方法</th></tr>
<tr><td>奇声 AV-713 型功放机</td><td>机器开机后，音量稍加大时，主声道即无输出</td><td>该故障一般发生在功放及保护电路。由原理可知：T1 与相关的阻容件构成过流检测器；T2、T3 与相关阻容件构成中点检测器；IC(CD4011)的另两个或非门构成多谐振荡器。正常时，在开机瞬间，电源的正脉冲通过 C2 加到 T7 的基极，使其饱和导通，将 OCL 输出的开机噪声短路到地，C2 充电(J＝C2×R2)，使 T7 反向而截止；同时，正脉冲加到 IC(CD4011)的①脚，使 IC(CD4011)的⑪脚置高电位，T5 饱和导通，通过 D1 将 IC(CD4011)的⑦脚电位拉低，使 IC(CD4011)的⑩脚置高电位，T6 导通、发光管亮。当 OCL 输出端的电流、电压不正常时，保护电路工作，继电器断开。根据上述分析，打开机盖，待故障出现时，缓慢旋转音量电位器加大音量，用万用表测 T1 集电极的电压和 OCL 中点的电位，未发现异常，说明主声道 OCL 电路正常，故障确在保护电路。关机后，仔细检查该电路检测部分元件，发现电容 C1 内部失效。更换 C1 后，机器故障排除</td></tr>
<tr><td rowspan="3">奇声 AV-737 型功放机</td><td>先开 VCD 电源，后开功放，则功放所有功能键均失效(包括遥控)</td><td>问题可能与 VCD 机有关。检修时，先用示波器查 VCD 音频输出端，在开机瞬间有较大幅度的尖峰脉冲输出。拔除 VCD 到该机的所有信号连线，试机果然正常。于是，检查功放的输入选择电路。打开机盖仔细检查，发现电子开关集成电路 TC4052 的电源地与音频信号地相连，同时又通过其 A、B 电平控制线的屏蔽线与 CPU 的地相连。拔下 SIPA-3 插头，试机，没有出现上述故障，说明干扰信号是通过此屏蔽线窜入 CPU 电路的。由原理分析，此屏蔽线只是起 A、B 控制线的屏蔽作用，避免控制电平受到干扰而自动切换输入选择。于是，断开屏蔽线和音频信号地相连接的铜箔，插好 SIPA-3 插头，故障消除。该机经上述处理后，工作恢复正常</td></tr>
<tr><td>开机无显示，不工作</td><td>问题一般出在电源及显示屏或控制电路。由原理可知，该机显示屏正常显示的条件是：CPU(9800)时钟振荡信号正常，复位脉冲正常，显示栅极－33V 电压正常、灯丝交流 3V 电压正常。检修时，打开机盖，用示波器检查发现 CPU 第㉚脚无复位脉冲。进一步检查发现该脚外接晶体管的 e、c 极已开路，致使 5V 复位电压不能输入 CPU。更换该晶体管后，机器工作恢复正常</td></tr>
<tr><td>开机后，显示屏不亮，不工作</td><td>该故障一般发生在显示屏及控制电路。由原理可知，显示屏正常工作的条件是：CPU(9800)时钟振荡信号正常；两路 5V 复位电压正常；显示屏栅极电压－33V 正常；AC 3V 灯丝电压正常。检修时，打开机盖检查，发现 CPU㉚无复位电压。经进一步检查，发现 CPU㉚外接控制三极管内部开路。更换该三极管后，机器工作恢复正常</td></tr>
</table>

续表

机型	故障现象	故障分析与处理方法
奇声AV-737型功放机	机器工作时，L、R声道输出不平衡	该故障可能发生在均衡及功放电路。检修时，打开机盖，用示波器观察EQ输出端或音量电位器输入端的L、R信号大小，以确定故障是在功放电路还是在均衡电路或前级的电路。若无示波器，可通过调换功放电路输入端的L、R信号，听输出扬声器声音有无变化来确定。若有变化，则故障在均衡及均衡前的电路；若无变化，则故障在功放电路。该机经检查，均衡电路MJU7305外接三极管基极电容内部严重漏电。更换该电容后，机器工作恢复正常
	机器重放时，S声道音小，且失真	问题一般出在S声道功放及电源电路。检修时，打开机盖，用万用表先测功放IC(LM1875)、前置电压放大器IC(4558)的静态工作电压正常。开机输入信号，检查发现16V供电严重下跌约为8V。动态时电压下跌原因：电源电路有问题；LM1875、4588软击穿。先查电源电路，发现一整流二极管开路，原先的桥式整流方式变成了半波整流方式。静态时，工作电流不大，滤波大电容的充放电电压无变化；动态时电流大增，电压下跌严重。这个上下波动电压使S声道工作异常。更换整流二极管后，故障排除
	机器工作时，噪声测试功能、指示灯均不正常	问题可能出在指示灯电路和多谐振荡器之前的电路。检修时，打开机盖，用万用表测CD4013③脚的触发电平，按动"TEST"键，这时，测试功能、测试指示均正常，拿开CD4013③脚与地端的表笔后故障又重现。由此分析，CD4013③脚的下拉电阻可能失效开路。该下拉电阻失效开路，使防误动作电容上的电荷因无泄放回路而始终保护在高电位，致使触发无效，故无法实现指令状态(只处在原始的某种状态)。搭上万用表笔，万用表的自身内阻刚好充当了该下拉电阻的作用，因而能正常地按指令工作。经检查果然该下拉电阻内部失效。更换该电阻后，机器故障排除

19. 奇声757DB型AV功放机

机型	故障现象	故障分析与处理方法
奇声757DB型AV功放机	机器工作时，主声道无声，其他均正常	问题可能出在功放及延时保护电路。检修时，打开机盖，用万用表测量功放的±45V电源电压正常，测功放末级中点电压为0V也正常。分析电路，估计为主声道延时保护电路不良而引起误动作。检查继电器控制管Q405集电极为高电位平，说明Q405已截止，继电器释放。将Q405焊下测查，发现内部击穿。更换Q405后，机器工作恢复正常
	开机后无声，电源指示、延时指示DSP指示灯均能正常点亮	根据现象分析，机器电源指示及延时指示DSP指示灯均亮，说明电源基本正常，问题可能出在前置放大电路。该部分开关电位器繁多，检修时，打开机盖，先查所有开关、电位器，均正常，为此，故障点集中到运放块JRC4558上。用万用表检测其第①脚输出端电压达1V，正常时应为0V。判定其内部不良。更换运放块JRC4558后，机器工作恢复正常

续表

机型	故障现象	故障分析与处理方法
奇声757DB型AV功放机	开机后有明显的交流"哼"声	问题出在电源电路。检修时，打开机盖，经检查发现为前级放大电路供电电源的桥式整流器有一臂电阻明显增大。更换桥式整流器后，机器工作恢复正常
	机器重放正常，唱卡拉OK时无声	问题可能出在话筒信号处理及卡拉OK电路。检修时，打开机盖，用万用表R×100挡检查YSS228第㉗脚对地电阻为零，再用手摸YSS228表面，温度极高，判定YSS228内部不良。更换YSS228后，机器工作恢复正常

20. 奇声AV388D功放机

机型	故障现象	故障分析与处理方法
奇声AV388D功放机	机器工作时，唱卡拉OK无回声效果，调节"ECHO"旋钮不起作用	该故障一般发生在加响电路。由原理可知：该电路中有电源供给、输入放大、A/D转换、存储延时、延时控制、D/A转换、滤波输出、回音控制及自动复位、时钟振荡等电路，若某部分不工作，将造成无回响信号输出。关键脚电压的高低，正是各部分电路正常与否的直接或间接的反映，检测关键脚电压，能迅速判断故障的位置。另外，从㉕脚输入适当幅度的干扰信号，还可以帮助判断故障是在D/A电路之前还是在其后。根据上述分析，打开机盖，用万用表检查PT2395㊴、㉓、⑤、㉗脚电压，均正常，测㉞脚为0.5V，检查外围元件无异常，判定为PT2395损坏。更换PT2395后，机器故障排除
	机器工作时，输出无任何信号，音量开到最大时，喇叭中也无"噪声"	因该机电源、显示均正常，判断问题可能出在功放电路。检修时，打开机盖，取一收音机信号，用耳机线串接820kΩ电阻和1μ/100V电容，将双线头分别焊在主板地和V22 c极处。打开收音机电源后接通功放电源，缓缓加大收音机音量，而音箱中无任何反应。用万用表50V交流挡测输出中点，发觉表针在动，而测输出端子无反应。此现象说明信号在线路走线或继电器处未能传过来。经检查发现继电内部不良。更换继电器后，机器故障排除

21. 健伍A-85型AV功放机

机型	故障现象	故障分析与处理方法
健伍A-85型AV功放机	开机后，机内发出"嗒……嗒"声，不能工作	该故障一般发生在电源控制及相关电路。检修时，打开机盖，用万用表测微处理器IC1工作电压VDD为+5V，正常。再检查复位电路，测IC1㉜脚，+5V电压摆动，刚接近5V即下跌，同时显示屏熄灭，在电压尚未消失时又突然回升到近5V，显示屏随之闪亮，接着5V又下跌，如此反复。该机复位电路由Q6、C33、D31、R89等组成，其功能是产生一个稍落后于VDD的5V上升沿电压，随后稳定在+5V。它不但作为微处理器的开机复位电压，还起到监测VDD的作用，当VDD电压不稳定，低于4.5V时，就自动通过IC1㉜脚关闭微处理器，使整个系统控制停止工作。该机现象说明微处理器又自行启动。仔细检查复位电路，发现延时电容C33击穿损坏。更换C33后，机器故障排除

续表

机型	故障现象	故障分析与处理方法
健伍 A-85 型 AV 功放机	机器工作时，所有信号源不能输入	问题可能出在系统控制电路。检修时，打开机盖，用万用表先测 IC1 的工作电压，VDD、VSS 分别为＋10.7V 和－10.7V，基本正常。按住一功能输入键，用万用表测 IC1⑯脚，指针有微微摆动，当停止按键时，万用表指针也随之停止摆动，说明数据线传送到位，问题出在 IC1 本身。焊下 IC1 检测，发现 IC1㉘脚与⑭脚之间断路。更换 IC1 后，机器工作恢复正常
	机器工作时，音量开大后自动关机	问题一般出在过流或过压保护电路。检修时，打开机盖，先用万用表检查过流保护电路，过流取样是在末级功率管射极电阻两端，所以逐个测量各个射极电阻压降。当测到 Q10 的射极电阻 CP2 时，只要将音量开大，其取样电压便异常升高，若继续拧大音量即保护关机，此时测得电压为 1V，测 Q10 的 V_{be} 电压却正常。仔细检查发现 CP2 已由原来的 0.22Ω 变大到 3.6Ω。如果保护管 Q16 的起控电压为 1V，则流经 CP2 值变为 3.6Ω 后，随着音量的开大，其末级射极电流只要一达到 0.3A，电路就起控保护。更换 CP2 后，机器故障排除
	开机后，机器自动停机保护	该故障一般发生在功放及电源等相关电路。检修时，打开机盖，用万用表先测保护控制管 Q31 c 极电压为 0V，Q31 b 极电压为 0.7V，说明保护电路动作。关机检查各功率管及部分推动管的在路电阻，无明显损坏，再进行下一步的测量。先断开扬声器，并在静态工作电流调整管 Q21 及 Q22 的 c 极与 e 极间焊接一短路线。然后开机观察，机器仍处于保护状态，说明不是过流引起。再将 D40 开焊一头后开机，仍处于保护状态，说明也不是电源厚膜电路 STK4145 引起。拆除 Q21、Q22 c、e 极间的短路线，脱开 Q31 c 极，然后开机，用万用表速测中点电压，当测到 L 声道输出点时，有－10V 左右电压，继续测正负供电电压，为正常时的±40V，说明 L 声道的末级工作点上下已严重不对称。测 Q9 b 极、Q11 b 极的电压，发现 Q9 b 极电压偏高，由于 Q13 为 Q9 的上偏置，因此必然是 Q13 导通过深。再测 Q13 的 U_{be} 电压为 0.8V，大于正常的 0.6V，证实判断正确。经进一步检测，发现二极管 D15 内部阻值变大。更换 D15 后，机器故障排除

22. 达声 DS-968/992/1000N 型 AV 功放机

机型	故障现象	故障分析与处理方法
达声 DS-968 型 AV 功放机	开机后电源指示灯亮，无信号输出	该故障一般发生在主板控制电路。据经验，大多为主板上的 R04 电阻虚焊或 D36(14V 稳压管)断路所致。该机经检查为 14V 稳压管 D36 内部开路。更换 D36 后，机器故障排除

续表

机型	故障现象	故障分析与处理方法
达声 DS-968 型 AV 功放机	开机后电源开关不起作用，无输出	问题可能出在开关机控制电路。检修时，打开机盖，检查发现面板电路板上的 87CC70F-6501 集成块内部损坏。更换该集成块后，机器故障排除
	开机后显示屏不亮，其他功能正常	该故障一般发生在显示屏及供电电路，且大多为主板左下角电阻 R173（560Ω）、R179（560Ω）断路，或 D84（1N4750A）27V 稳压管击穿引起。该机经检查为电阻 R179 内部开路。更换 R179 后，机器故障排除
	开机后无任何反应	问题一般出在电源电路。检修时，打开机盖，用万用表检查发现机内小变压器初级断路。小变压器次级接法是红、白、白、红、蓝、蓝。次级红线正常阻值是 11.3Ω，次级白线正常阻值是 0.18Ω，次级蓝线正常阻值是 0.16Ω，初级红线正常阻值是 220Ω。更换变压器后，机器故障排除
	机器工作时，R 声道无输出，其他均正常	问题应出在 R 声道相关电路及部位。检修时，打开机盖，经检查主板左上角的 PLY1（12V 继电器）局部损坏，应急时可将 R 路触点短接。但这时也要看 R 路输出管是否虚焊。经检查 R 路输出管未虚焊，问题为 PLY1 损坏。更换 PLY1 继电器后，机器故障排除
	机器工作时，中置声道无输出	故障应出在中置声道及相关电路。检修时，打开机盖，发现主板 PLY2（12V 继电器）损坏，应急时可将 C 路触点短接。更换 PLY2 后，机器工作恢复正常
	开机后电源指示灯不亮，SPA、SPB 灯不亮，无信号输出	该故障可能发生在电源控制及相关电路。检修时，打开机盖，检查发现面板上的 87CC70F-6501 集成块内部损坏。更换该集成块后，机器故障排除

23. 绅士 DSP E1080 型杜比解码器

机型	故障现象	故障分析与处理方法
绅士 DSP E1080 型杜比解码器	机器工作时，无 DSP 效果	该故障一般发生在 DSP 音效电路及相关部位。检修时，先应观察 DSP 效果调节钮是否关死，如已关死，则应将其开到适当位置，如正常，打开机盖，用万用表再从 DPS 集成电路的⑪、⑫、⑬脚电压开始，正常情况下 CONA、CONB 应随音效键的按动而改变，⑬脚电压应随音效调节电位器的调整而改变。该机经检查发现⑬脚电压始终为 0V，判定为 IC304（LM7805）内部损坏。更换 IC304 后，机器故障排除
	工作时，各音效模拟效果不明显	该故障一般发生在 DSP 音效电路。检修时，打开机盖，用万用表先检查 C1819A 的各脚直流电压是否正常。该机经查发现⑯脚电压偏低，仅 1V。取下电容 C310，检查已漏电。更换 C310 后，机器故障排除

续表

机型	故障现象	故障分析与处理方法
绅士 DSP E1080 型杜比解码器	工作时，CD 挡输入信号时只有单声道输出	该故障一般发生在信号输入电路。该机每一组音频输入的左、右声道各采用一只小型全密封继电器，共用一个电子开关驱动，有一路通，说明继输入继电器 JR6 没有吸合，经检查果然如此。更换继电器后，机器故障排除
	机器置于杜比解码挡位时，扬声器中均有严重交流声	该故障一般发生在杜比解码板及供电电路。该机杜比解码电路共有三个工作电压，分别为＋12V、＋15V、－12V。检修时，打开机盖，用万用表测发现＋15V 电压偏高达 19V，经查为＋15V 稳压集成块 LM7815(IC12)接地脚虚焊，使其无法稳压。重新补焊后，机器故障排除
	开机后，各轻触开关失效	问题可能出在开机预置电路，因开机能预置说明轻触开关电路正常。检修时，打开机盖，用万用表测预置电压 A 和 B 开机后一直处于较高电压状态(4.5V)，而正常的预置电压应为一个正脉冲电压，峰值为 12V，然后降为<1V。经检查为预置晶体管 T703 内部不良。更换 T703 后，机器故障排除
	工作时，中置、环绕状态无声，但相关指示灯亮	根据现象分析，有输出指示说明中置、环绕有信号输出，故障一般出在功放开关机缓冲或功放电路。检修时，打开机盖，人为地将输出继电器短接通，喇叭有输出，说明功放无问题。无声为继电器未吸合，用万用表检查继电器驱动晶体管 T1 基极有电压，说明驱动信号正常。T1 损坏可能性较大，取下 T1 果然内部损坏。更换 T1 后，机器故障排除
	插上电源后，按电源键不能正常开机	问题可能出在开关机控制部位。检修时，打开机盖，用万用表先测 IC701⑭脚电压为＋12V 正常，人为短路电源轻触开关(POWER)，仍无动作，说明开关无问题。进一步检查 IC701 外围电路，发现复位电容 C702 内部损坏。更换 C702 后，机器故障排除

24．新科 HG-5120/5130/5200/型功放机

机型	故障现象	故障分析与处理方法
新科 HG-5120 型功放机	重放时，不能显示频谱	问题一般出在音频信号识别电路。检修时，打开机盖，发现接在 2IC3⑯脚(VDD 端)外围的滤波电容 2C5(220μF/6.3V)已脱焊。重新补焊后，机器故障排除
	机器工作时，用遥控器不能调小音量	该故障产生原因有以下几个方面：①功放电源未加上；②静噪电路动作；③保护电路动作；④功放电路不良。检修时，打开机盖，用万用表检测控制集成块⑪、⑨脚正负电压，正常。测静音端子⑥脚，也在正常工作状态(为正电压，此脚为负压时静音)。测保护控制端⑧脚为正电压(此脚为正电压时集成块内部保护)，于是首先断开保护电路，测⑧脚仍为正电压。再查负压供给电路，发现电阻 1R191 内部开路。更换 1R191 后，机器故障排除

续表

机型	故障现象	故障分析与处理方法
新科 HG-5130 型功放机	工作时，用遥控器不能调小音量	问题一般出在音量调节电位器旋转的电机控制电路。由原理可知：当微处理器㉒脚输出音量控制电压通过 CT7②脚加至驱动块 BA6209②脚时，该电机便做顺时针旋转，从而使音量增大；当微处理器㉓脚输出音量控制电压通过 CT7①脚加至 BA6209③脚时，该电机便做逆时针旋转，从而使音量降低。检修时，打开机盖，按动遥控器上的音量下降键，用万用表测微处理器㉓脚有音量控制电压输出，但测 CT7①脚却无音量控制电压。经查发现 CT7 内部损坏。更换 CT7 后，机器故障排除

25. 新科 HG-5300A 型功放机

机型	故障现象	故障分析与处理方法
新科 HG-5300A 型功放机	开机工作时，所有声道均无声	该故障可能发生在静音控制电路。由原理可知：该机左、中、右声道的静音均由 5Q3 控制。检修时，打开机盖，先用万用表测 5Q3 的工作电压，实测 5Q3 的 b、e、c 极电压，几乎全为 0V。拆下 5Q3 测量，发现 5Q3 内部击穿。更换 5Q3 后，机器工作恢复正常
	工作时，主声道正常，环绕声道无声	该故障一般发生在环绕声及相关控制电路。检修时，打开机盖，先从 5IC1 的③脚输入感应信号，发现扬声器中无“喀喀”声，再从 5IC3 的⑦、⑪脚输入感应信号，发现扬声器中有“喀喀”声。由此判断故障出在 5IC1 及其外围电路中。经仔细检查 5IC1 外围元件，发现电容 5C11 内部失效。更换 5C11 后，机器工作恢复正常
	开机后，电源指示灯亮，重放时无音频信号输出	该故障可能发生在静音控制及相关电路。检修时，打开机盖，用万用表测静音电路中的 5Q3 基极电压为 0.71V，说明电路处于静音状态。断开 CZ17 和 C29，再测量 5Q3 的基极电压，仍为 0.71V，检查 5Q3 的供电电路，测 5D41 的正极电压为 1.5V，正常应低于 0.7V，检查控制管 5Q8 及外围元件，发现 5Q8 内部击穿。更换 5Q8 后，机器工作恢复正常
	工作时，中置和环绕声道无输出	问题可能出在信号放大及传输电路。检修时，打开机盖，先按遥控器上的“TEST”键，发现中置和环绕声道无测试噪声。该机左、右音频信号从 IC8㉒、㉓脚输入，解码后分别从其⑦、⑤脚输出中置和环绕信号，经 1Q12、1Q13 加至运放电路 1IC1(LM833)的③脚、⑤脚，再送到主音量电位器。用万用表测 IC8 的⑦、⑤脚有音频信号，控制管 1Q12、1Q13 的基极无 0.7V 静音控制电压，LM833 无音频信号输出。仔细检查其电源电压及外围元件均无异常，故判定为 1IC1(LM833)内部损坏。更换 1IC1 后，机器故障排除

续表

机型	故障现象	故障分析与处理方法
新科 HG-5300A 型功放机	开机后无反应,电源指示灯不亮	问题可能出在电源电路。检修时,打开机盖,用万用表,开盖检查电源输出排插 CZ12～CZ15,均无电压输出,说明电源交流进线电路存在故障。检查发现电源总保险丝 F1 已烧断。试断开负载,换上新保险丝,加电试机,F1 又烧断。进一步检查变压器和抗干扰电容 C1,发现 C1 内部击穿。更换 C1 后,机器故障排除
	开机后指示灯亮,无音频信号输出	问题可能出在静音控制及相关电路。检修时,打开机盖,先检查静音电路,用万用表测 5Q3 的 b 极电压为 0.7V,说明电路处于静音状态。试断开 CZ17 和 CZ9,测试 5Q3 的 b 极电压仍为 0.7V。检查 5Q3 的供电电路,测 5D41 的正极电压为 1.4V,正常应低于 0.7V。检查控制管 5Q8 其外围元件,发现 5Q8 的 c、e 极击穿,致使电路一直处于静音状态。更换 5Q8(2SC9015)后,机器故障排除
	工作时,主声道正常,环绕声道无输出	问题可能出在环绕声解码及相关电路。检修时,打开机盖,用万用表测中置和环绕声输出端,无音频信号输出,同时测解码块 1IC8 的⑫、⑬脚有信号输入,说明故障在解码电路及其之后电路。由于主声道正常,解码电路应无故障,测解码块 1IC8 的⑦脚有音频信号输出,运放块 1IC11 的③脚无信号输入。检查 1IC8 的⑦脚外围元器件 IC101、IC149、1R129 及 1Q12,发现 1R129 内部损坏。更换 1R129 后,机器故障排除

26. 海之声 PM-9000 型功放机

机型	故障现象	故障分析与处理方法
海之声 PM-9000 型功放机	机器放音时无输出	问题一般出在电源及功放电路。检修时,打开机盖,先断开功放负载,用万用表测电源电压正常;在 R20、R21 的连接点测输出端的对地电压为 2.1V,正常值应小于±2V;测 V10、V11 两管 S 极间电压约为 0.7V,正常值应在 0.2V 以下,说明功放输出端对地电位变大,V10、V11 的电流也较大,由此断定末级驱动或功放电路有故障。在路测 R16～R21 的电阻值正常。接上假负载,将 V8、V9、V10、V11 拆下分别检测,发现 V11 内部参数发生变化,使 V10、V11 S 极电流增大,输出电位上升,保护电路 K5 动作。更换 V11 后,机器工作恢复正常
	开机后电压表无指示,机器不工作	问题可能出在电源电路。检修时,打开机盖,检查保险丝 F1 已烧断。断开±50V、±36V、AC12V 输出端,更换 F1,用万用表电阻挡测电源插头两端的电阻值约为 4Ω,正常;通电后测变压器 T 初、次级电压均正常。测±50V、±36V、AC12V、±15V 供电电压正常,但测得－15V 电压为 0V,查相关元件 C46、C54,发现 C54 内部击穿。分析其原因:±15V 电压由有源伺服稳压电源提供,它是一种能在瞬间对电源电压进行补偿调节的稳压电源。由于 C54 被击穿,－15V 电压对地短接变为 0V,A1 停止工作,且电流增大,F1 也被熔断。更换 F1、C54 后,机器故障排除

续表

机型	故障现象	故障分析与处理方法
海之声 PM-9000 型功放机	机器放音时噪声大，类似低频自励声	该故障一般发生在电源滤波及整流电路。检修时，打开机盖，用万用表测±50V 电源供电电压正常；更换 ZV2 无效；将滤波电容 C35、C37、C42、C41、C39、C40 拆下，测其电阻值均在 15kΩ 以上，正常；测±36V 电源电路中的 C31～C34 基本正常；进一步检测发现±36V 电源稳压整流稳压元件 ZV1 内部性能变劣。更换 ZV1 后，机器故障排除
	机器重放时声音失真	经开机观察，机器音量调大时，声音正常，由此判断故障出在功放电路，且大多为功放输出管 V10、V11 的静态电流过小引起的“交越失真”。检修时，打开机盖，用万用表在路测 R16～R21 的电阻值均正常。将 V8～V11 拆下，逐个进行检换，无异常。再调节 VR3，同时测 R20 或 R21 两端的压降，发现电压表上无反应。正常时，此压降应在 0.02～0.04V 变化，经查为 V7 内部软击穿。由于 V7 被击穿，使功放输出级的偏置发生变化，导致静态电流过小，产生交越失真。更换 V7，适当调整 VR3，机器故障排除

27. 飞跃功放机

机型	故障现象	故障分析与处理方法
飞跃 NA-2172F 型功放机	开机后无声，机内有焦煳味	问题一般出在电源及功放电路。检修时，打开机盖，发现 1R1、1R2、1R7 已烧黑，IC3 的一引线端已爆裂。焊下 C3 测量，发现 IC3 已击穿，由于 IC3 击穿而造成功放管交流输出(1R7 仅为 3Ω)短路，怀疑 4 只功放管 3DD102B 的集-发极间已击穿，但查 FU1 没熔断，可断定 1V2～1V7 的集-发极之间均不可能击穿。检查 1V8～1V9 阻尼二极管也未损坏。仔细检查 1BG2～1BG7 这 6 只 3DD102B 管后，发现功放(1V4～1V7)4 只 3DD102B 管的基集 PN 结均已击穿。更换所有损坏元件，机器工作恢复正常
飞跃 NA-1250 型功放机	机器工作时，5A 保险管烧断	问题可能出在功放及电源电路。检修时，打开机盖，先查功放管和阻尼二极管是否击穿，焊下输出变压器初级两推挽臂线头 A、B，对地测量 A、B 的正反向电阻，用万用表测功放两边的对地电阻，黑笔接地，红笔测应为 65Ω 左右；红笔接地，黑笔测应均为∞则正常。正反向电阻异常时，先开路阻尼二极管，再测量正反向电阻正常，则为阻尼二极管击穿，换阻尼二极管。如正反向电阻仍异常，则是功放管击穿损坏，逐个检查该侧的推动管和功放管。该机经查 2BG8 功放管击穿，热敏电阻 R5 变值。更换功放管(2BG8)和 R5 后，机器故障排除

续表

机型	故障现象	故障分析与处理方法
飞跃 NA-1250 型功放机	机内冒烟后，不工作	问题出在电源及负载电路。检修时，打开机盖，发现 6R1、6R2 所用的 4 只 8W 200Ω 电阻绿色涂漆已烧光呈白色，两只电容 6C1、6C2 的引脚处已开裂，印刷板已烧焦。如应急使用，可先断开已击穿的 6C1、6C2，机器仍能工作。如更换 6R1、6R2、6C1、6C2，注意 6C1、6C2 要买耐压 100V 质量可靠的电容。焊接这些元件时，不能紧贴印制板安放焊接，以免电阻发热时烧坏印板。更换损坏元件后，机器故障排除
	重放时，声音严重失真	该故障一般发生在电源及功放电路。检修时，打开机盖，用万用表测 B+为 40V，比正常值 60V 低 20V，交流 45V 正常。关机后检查桥堆有一臂开路，换新桥堆后开机仍然是 30V 噪声输出，B+仍是 40V。再关机焊开电源滤波电容检查，发现两只电容呈开路状态。更换电源滤波电容后，机器故障排除
	开机后无声，不烧 5A 保险	检修时，打开机盖，用万用表检查 60V 和 28V 电源均正常，重点检查前置直耦电路和双差分电路，发现 1BG1 损坏。更换 1BG1 后，机器故障排除
飞跃 R50-1 型功放机	机器输出时有超音频寄生干扰	该故障一般发生在信号处理电路，且大多与负反馈元件的变质有关。该机的防振元件有 C31、C30、R26、R21、R24、R25、R13。检修时，打开机盖，用万用表仔细检测上述元件，发现电阻 R13 内部开路。更换 R13 后，机器故障排除

28. 狮龙功放机

机型	故障现象	故障分析与处理方法
狮龙 R-6030R 型功放机	开机 3 秒后自动断电，整机无法工作	该故障一般发生在功放及供电电路。检修时，打开机盖，先用万用表电阻挡测量各电压脚，无明显对地短路。在开机时用数字电压表测各电压数据，发现各运放电路缺+15V 电压，经查 IC107 三端稳压无电压输出，同时也无电压输入。分别检查 IC107、R159、R160 各相关元件，发现 R159、R160 供电电阻内部开路。更换 R159、R160 后，机器故障排除
狮龙 RV-6030R 型功放机	开机 30 秒左右自动关机保护，待机灯亮	问题可能出在功放及保护电路。检修时，打开机盖，用万用表先检测空载通电至保护关机期间，主功放电源±62V 电压正常，接入音箱、音源，在保护关机的时间内放音也正常，故分析可能为保护电路本身问题。在检查主功放中点直流保护功能时，发现由 Q117、Q118 并联组成的检测输入端电位在开机后缓慢升至 200mV 左右，随即保护电路动作。而 Q117、Q118 集电极+15V 正常，故判断其中之一损坏，焊下检测，发现 Q117 反向漏电流较大，致使控制电路误动作。更换 Q117 后，机器故障排除

续表

机型	故障现象	故障分析与处理方法
狮龙 RV-6030R 型功放机	开机后显示屏无显示，喇叭保护继电器不吸合	该故障可能发生在显示驱动及相关电路。检修时，打开机盖，用万用表测显示屏驱动集成电路 VPD78043 工作电压为 5.5V，正常；AC5V 也正常，但无－27V 电压。查主板相关部分，测 R353(1kΩ)电阻及 D374(－27V)稳压管，均已损坏。进一步检查，发现 4.19MHz 晶振也已失效。更换上述损坏元件后，机器故障排除

29. 高士功放机

机型	故障现象	故障分析与处理方法
高士 A-1010 型功放机	机器工作时，主声道左路声音时有时无，其他均正常	问题可能出在主声道功放输出及相关电路。检修时，打开机盖，检查左路输出插孔良好，怀疑左功率放大器中点（即串在一对末级功放管 MJ2955、2N3055 发射极的两只 0.47Ω 电阻交点处）至输出插孔的有关铜箔走线、输出电感和保护电路继电器内触点可能有断裂、脱焊或接触不良现象。实测该放大中点至功放输出插孔不通。查输出电感(1μH)、印板铜箔走线，均未见不良。说明故障为串于功率放大器输出回路的继电器内部触点不良所致。试用镊子将该继电器内相应触点印板焊点短接，声音即出现。测继电器线包两端电压基本正常，说明故障确为继电器内部触点不良所致。更换或修复继电器后，故障排除
高士 AV-338E 型功放机	机器开机后，延时继电器不吸合，无信号输出	问题一般出在延时继电器回路。检修时，打开机盖，用万用表测功放对管 2SC3280 和 2SA130 均正常，进一步检测发现三极管 5551 基极的上偏置电阻已由 330kΩ 变为无穷大，从而使 5551 基极无偏置电流，5551 不导通，导致三极管 TIP41C 不导通，继电器吸合。另外，改变电阻 R1 的阻值也可改变延时继电器的动作时间。更换上偏置电阻后，机器故障排除
高士 AV-336E 型功放机	机器工作时，R 声道有杂音	问题一般出在功放电路。检修时，打开机盖，先将功放板上的信号 L 与 R 对换后，通电试机，R 声道输出仍有杂音，断定故障出在功放板上。经用万用表测量发现功放管 2SC3280 的发射极电阻(0.47Ω)内部开路。更换电阻后，故障排除
高士 AV-112 型功放机	机器工作时，主声道无输出，其他正常	问题可能出在主声道电源及功放后级输出电路。检修时，打开机盖，检查发现两个 5A 的保险管已经熔断，用万用表实测主声道±40V 电压脚无明显短路，换 5A 保险管后开机，保险管又被熔断。在路测量，发现整流硅桥交流输入端到电源输出正端已经短路。更换整流硅桥后，机器故障排除

30. 三强AV功放机

机型	故障现象	故障分析与处理方法
三强502型AV功放机	开机后显示屏全亮，右声道无声	该故障可能发生在电源及相关电路。检修时，打开机盖，用万用表检查发现R214(300Ω)断路，水泥电阻0.25Ω/5W开路，A1695、C4468、A42、A92及H9014均已击穿。更换所有损坏元件后，故障排除
	机器工作时，SL、SR声小，其他正常	该故障一般发生在环绕声电路。检修时，打开机盖，用万用表检查，发现环绕板上的47μ/100V电解电容断路。更换该电容后，故障排除
	机器工作时，"哼"声较大	问题一般出在功放及电源电路。检修时，打开机盖，用万用表检查，发现电源电路C404(10000μF/63V)电解电容内部漏电。更换C404后，故障排除

31. 其他品牌AV功放机

机型	故障现象	故障分析与处理方法
厦新DH9080AC-3型功放机	机器在prologic状态下，开大音量自动保护	该故障一般发生在自动保护电路及相关部位。检修时，打开机盖，在输出正常时，用万用表测JN01各脚电压均正常，各脚电压并不随音量的变化而变化。①脚电压变化是瞬间出现的，并立即引起自动保护。这是该机特有的功能，一般是输出短路引起的。再检查P754 SPK输出端子，测得环绕L与地端短路，查出端子接地片与一信号输出脚相碰。这是由于端子品质不良、接地螺钉将接地片顶出所致。更换新的SPK输出插座后，机器故障排除
	机器工作时，显示屏亮，但无信号输出	问题可能出在功放及保护电路。检修时，打开机盖，用万用表测JN01各脚电压，发现③脚为0.7V，正常时应为－0.7V。因③脚为电源开关和过载检测脚，为区别故障是过载电路引起的还是电源引起的，断开RN11与RN13的连接脚，再测③脚电压，其值为－0.7V，恢复到正常值，同时输出继电器也闭合，所以判定问题出在过载检测电路。测过载保护电路QN03三极管的b极和e极电压，电压值均为54.5V。查三极管QN03内部损坏。更换QN03后，机器故障排除
先驱AV-860型功放机	机器工作时，话筒输入信号无声，其他功能正常	问题一般出在话筒插孔、运放块和外围电路。一般两个话筒插孔同时损坏的可能性不大。试断开功放输入耦合电容C148，从功放输入端注入干扰信号，输入正常。将C148焊好，断开运放块4558的⑤脚输入端，从其注入干扰信号，扬声器无声，但改从其⑦脚注入干扰信号时，扬声器则有正常干扰信号声，说明运放块4558工作不正常。查其外围元件无异常，判定其内部不良。更换运放块4558后，机器故障排除

续表

机型	故障现象	故障分析与处理方法
先驱 AV-860 型功放机	机器开机后，唱卡拉 OK 时，有“呼呼”的干扰声	该故障可能出在话筒信号输入电路。检修时，打开机盖，先断开 4558 运放集成块⑤脚，干扰信号消失，说明运放集成块基本正常，故障有可能出在 MIC 输入电路。检查输入电路的耦合电容 C116、C117 等相关元件，发现 C117 内部不良。更换 C117 后，机器故障排除
星辉 AV-769 型 AV 功放机	机器工作时，话筒输入无声	该故障一般发生在话筒信号输入及相关电路。检修时，打开机盖，先重点检查±9V 电源和 IC1 信号放大，IC2 混响电路。经用万用表检测，±9V 电压正常。从 IC2⑦脚输出端输入万用表 R×10Ω 触击信号，喇叭能发出相应感应声；再对 IC2⑯脚输入端加注触击信号，喇叭也有声音，证明 IC2 混响电路工作正常。用相同的检验方法，当检查到 IC1①脚信号输出端时，喇叭无反应，说明故障元件在 IC1①脚和 IC2⑯脚之间的信号输送电路元件中。仔细检查该电路相关元件，发现一只耦合电容(47μF)内部开路。更换该电容后，机器故障排除
	机器工作时，L 声道声音音量小	问题一般出在 L 声道电路。检修时，打开机盖，先将 W6 和 WRL 两声道音量输出调节端焊开，用一根软导线将正常 R 声道信号从 W6 引入 W9 的耦合电容端，故障不变，说明故障在 L 声道的信号放大级 IC3 以后的电路。又用引线将 H 点 R 声道信号输入 L 点 L 声道功放电路输入，L 喇叭能发出正常声音。用同样方法检查 IC3 的⑦脚和 IC4 的⑤脚，发现为 IC4 内部损坏。更换 IC4(4558D)后，机器工作恢复正常
威马 A-936 型功放机	机器工作时，L 声道有“喳喳”声	问题可能出在功放电路及相关部位。检修时，打开机盖，用万用表测输出端中点电压，发现有直流漂移现象。测正、负电源电压对称，测量推动管及差分管的基极与发射极的结电压和 R 声道对比，则 L 声道基极、发射极结电压在随中点电压而波动，估计为某对管性能变坏或是 β 值漂移。试将 L 声道 T101 板上两只对管与 R 声道对应两只三极管互调，试机几分钟后 R 声道果然也出现 L 声道所出现的噪声，判定 T101 板上两只三极管中有一只性能变坏。更换新对管后，机器故障排除
	机器工作时，有时出现某一声道声音失真现象，有时自动恢复正常	问题可能出在功放后级电路。检修时，打开机盖，用万用表测量 T101 管时，故障立即消失，分析发现 T101(另一通道为 T201)为 PNP 对管 1240，扁平⑥脚输出，管体为普通小功率管的一半左右，手感发烫。该对管用于激励放大，并为功放提供偏置电流，用万用表实测耗散功率每管达 100mV 以上。工作于临界状态，极可能工作失常。为此，仅将其中的一只换成 2N5401，故障立即消除。其后，另一声道又出现同样毛病，再次换成一只 2N5401，同样修复。此故障属于设计选材不妥所致。该机经上述处理后，故障排除

续表

机型	故障现象	故障分析与处理方法
ZBO(中宝)KB-18A型功放机	机器开机后指示灯正常亮,无信号输出,有“嗡嗡”声	问题一般出在功放电路。检修时,打开机盖,用万用表测功放输出中点电压为0.1V左右,正常。拔下前级放大器到后级功放的信号线插头,“嗡嗡”声消失。用镊子往后级功放左、右声道输入端注入干扰信号,均有较大的干扰声,说明后级功放正常,故障在前级放大电路。用万用表测前置放大JRC082D各脚电压,正、反向输入引脚②、③、⑤、⑥脚为0.55V,正电源⑧脚12V,负电源④脚为-12V,都正常;但输出引脚①、⑦脚为3V左右,查外围元件无损坏,判定其内部损坏。更换JRC082D后,机器工作恢复正常
	机器开机3秒左右自动保护,指示灯闪亮	该故障一般发生在功放及保护电路。检修时,打开机盖,用万用表测功放两声道输出中点电压,左声道为3.5V,不正常;右声道为0.05V,正常。左声道功放中点电压偏零过多,造成保护电路动作。因左、右声道共用一套保护电路,即使右声道正常,也只会是两声道均无声。因左声道中点电压3.5V偏零不太大,一般是某个电阻变值或某个晶体管β值变化较大造成。试调W1,中点电压稍有变化,但最小也只能调到2.8V,无法调到0.1V左右。说明故障不是W1引起,将W1调回原位。重点查差分输入级的4只晶体管。经进一步检查发现T1内部性能变差。更换T1后,机器故障排除
马兰士PM480AVK功放机	开机后,电源指示灯亮,两个声道均无声	该故障一般发生在功放及保护电路。检修时,打开机盖,按下列步骤进行检修。 ①用万用表测量左、右两声道功率对管的中点电位。如中点电位偏离正常值,则表明这个声道有故障。 ②用万用表在路测量有故障声道的晶体管的好坏,如推动管、功率管、电源调整管等。 ③寻找代换管。一般进口功放用的晶体管在市面上较难买到。实际上可用其他型的晶体管代换。如该机的推动对管B1353/D2033就可以用TIP41C/TIP42C、A940/C2073、B649/D669、B647/D667等对管代换。电源调整管A970用9012代换,C2240用9014代换。功率对管A1265/C3182可用A1301/C3280、A1320/C3281、A1215/C2921、A1216/C2922等对管代换。该机经检查为功率对管A1265损坏。更换A1265后,机器故障排除
马兰士SR-92K型AV功放机	机器工作时,R声道有类似鞭炮的噪声	该故障可能发生在功放及相关电路。由原理可知:该机功放部分采用AN7062为输入放大,其②、⑯脚为L、R声道输入,经内部放大后由③、⑰脚,输出至功放级输入差分对管Q703、Q705和Q702、Q704。检修时,打开机盖,当故障出现时用音频循迹器探测⑰脚,并无鞭炮噪声。而观察差分对管,可能由于设计工作电流较大,电路板已因被差分对管管脚长期高热而烤成淡黑色,加焊后故障不变。怀疑Q702、Q704内部性能不良。更换Q702、Q704后,机器故障排除

续表

机型	故障现象	故障分析与处理方法
天龙 HMA-1000型功放机	机器在直通状态下，左声道无论有无信号都有杂音	问题可能出在直通信号处理电路。由原理可知，该机为带有DSP功能的卡拉OK功放机。检修时，打开机盖，用万用表检测扬声器接线端子处无直流电压输出，拔掉功放块STK4191X信号输入插件CN1、CN2后，无杂音输出，故排除对STK4191X的怀疑。因在卡拉OK状态下杂音反而减小，怀疑故障在卡拉OK电路之前。试话筒声音正常，这样在直通转换电路之前的IC102、IC201成为主要怀疑对象。更换IC202后故障依旧，判定为电子音源信号切换开关IC102内部损坏。更换IC102后，机器故障排除
天龙 AVR-2600AV型功放机	开机后，面板指示灯频闪，不工作	问题可能出在功放后级电路。该机主声道和中置声道为三对大功率对管2SC3855/2SA1491，环绕声道为厚膜集成块SK18752。检修时，打开机盖，用万用表测三对大功率对管都正常，而SK18752（IC655、IC656）的输出脚③脚为－27V，显然已与负电源④脚短路，损坏。更换后，开机面板显示正常并自动切换到收音状态，但此时左声道无声。输入50Hz信号，用示波器测得左声道信号已输入到左声道信号耦合电容C401处，因此说明问题出在功率放大部分。经检查发现电阻R413内部断路，造成末级功放因无激励信号而使电流大增导致保护。更换R413后，机器故障排除
雄鹰 FD-666AV型功放机	机器工作时，L声道无声，其他均正常	问题一般出在L声道末级功放及相关电路。检修时，打开机盖，经检查发现两只330Ω退耦电阻烧毁以及直流供电保险丝熔断，且该声道末级大功率管2SC3868、2SA1495均已击穿。换上新件后开机，两只330Ω电阻又骤然发热冒烟，立即关机。进一步检查发现两只22μF/63V电解电容已击穿。由于两电容击穿，造成末级因电源电压骤降而使激励电压严重不足，进而导致末级功放管热击穿和供电保险丝熔断。更换电容后，机器故障排除
	机器工作时，左、右声道无声	问题一般出在左、右声道末级功放电路。检修时，打开机盖，检查发现功放电源保险丝已熔断，两只330Ω的退耦电阻有烧焦痕迹，说明电路中有元器件严重短路。进一步检查发现，负电源的两只滤波电容（22μF、63V）也已击穿。更换滤波电容及保险电阻后，机器故障排除
歌王 K-9000型功放机	机器工作时，左声道音量突然变小且不清晰	问题可能出在功放后级电路。检修时，打开机盖，用万用表R×1挡测推动、输出管和0.5Ω/1W电阻均无开路。再通电检测，测得AB点电压为正常值1.4V，AC和CB两点间压差都为正常的0.7V。插入信号，接上音箱（在音箱接线中串联一只10μF/400V电容），动态测量各管工作状态。在测量中发现BG9的e、b间直流电压在0.1～0.5V之间跳动，而BG8的b、e间电压始终不动。拆下BG8，用R×1k挡测出BG8的内部已击穿。更换BG8后，机器工作恢复正常

机型	故障现象	故障分析与处理方法
歌王 K-9000 型功放机	机器关机后，电源指示灯常亮，电源开关不起作用，其他功能正常	该故障可能发生在电源开关及相关电路。检修时，打开机盖，检查发现并接在开关上的 15nF/630V 电容器击穿短路。这是因为开关虽然已断开，电源交流电流仍通过电容和变压器初级形成回路，如有谐波，则电感、电容串联谐振形成较高的电压，就可能将电容器击穿。取消此电容后，机器故障排除
索尼 CA-3000 型功放机	机器工作时，无混响效果	该故障一般发生在延时混响电路，器件主要有延时电路 MN3207、时钟电路 MN3102、低通滤波器及它们的外围元件。MN3207 损坏会使电路失去延时功能，MN3102 损坏将不能提供延时钟开关信号，BG11 和 BG12 低通滤波器等损坏会使信号不能通过。检修时，打开机盖，先把混响控制电位器 W4 开到最大混响音量位置。用 1kHz、－20dB 的音频振荡信号从 BG4 基极注入，把示波器接到 MN3207③脚，测得信号正常。再观察 MN3107⑦脚无振荡波脉波形，怀疑时钟振荡电路外接 R60、W10 和 C34、C35 变质或虚焊。经仔细检查，发现 C35 内部不良。更换 C35 后，机器工作恢复正常
索尼 TA-500 功放机	开机后，电源指示灯亮，继电器不吸合，不能工作	问题可能出在电源及保护电路。检修时，打开机盖，用万用表测中点失调电压正常，说明故障出在扬声器保护电路。该保护电路由 IC UPC1237 与外围元件组成，由于继电器驱动管也集成在 IC 内，因此重点检测 IC。测各脚电压值，发现⑥脚驱动端无电压，说明集成块内部损坏。更换该集成块后，故障排除
蚬华 AV2 型功放机	机器工作时，主音量左声道输出小	问题一般出在左声道功放及相关信号处理电路。可按下列方法检查： ①查 BALANCE VR(B10K)正常，将 BAL-ANCE VR 拨至中点，通电测试，故障依旧； ②反向追信号至输出插座 CON104 时，发现左声道输出小，查功放 IC(STK400-090)的 LIN 正常，Lout 亦正常，查反馈回路正常，故怀疑问题出在 Lout PIN 与 CON104 等部位； ③因该回路的两个电阻和一个滤波电感不会影响信号大小，故考虑是因接地电容漏电，PCB 板有连铜皮等情况造成信号被衰减、被旁路，导致左声道输出小； ④用数字万用表测量该回路的接地电容 C233(0.1μF)，发现其内部漏电。 更换 C233 后，机器故障排除
	机器工作时，按遥控器音量“＋”“－”键，反应不灵敏	经检查遥控发射器正常，说明问题在机内遥控接收电路。检修时，打开机盖，先用示波器测信号波形，已到达 CPU 输入口(CPUPIN8)，因其他人机对话功能正常，故 CPU 损坏的可能性较小。再用示波器检测发现 8MHz(Y1)晶振不良，更换晶振后，故障依旧。怀疑是 Y1 旁的两个滤波电容 C4、C5 漏电所致。经检测果然如此。更换 C4、C5 后，机器故障排除

续表

机型	故障现象	故障分析与处理方法
八达 BD-931 型功放机	机器工作时，有很大的交流声，且扬声器保护电路频繁动作	问题一般出在电源及功放电路。检修时，打开机盖，用万用表测两组电源的 8 只整流管，均有不同程度的击穿。由于整流管紧靠线路板焊接，造成其长时间工作不能及时散热而损坏。另外，整流管的电流容量也偏小，在开机瞬间，流经滤波电容的大电流也易将整流管损坏。故选用 6A/400V 的二极管代用，焊接时应远离线路板 1cm 以上。该机经上述处理后，故障排除
八达 DC-111A 型功放机	机器工作时，出现声音失真阻塞现象	经开机观察，发现用手拍一下低音扬声器纸盆，或将音量增大，故障则消失，关小音量后不久，故障又会重现。检修时，打开机盖，检查音源、音频连线、音箱及喇叭线均正常，试换音量电位器后故障不变。检查功放主板，发现保护电路中继电器的触点已严重氧化，于是判断为继电器触点接触不良所致。小心将继电器外壳撬开，用细砂纸把所有触点部位擦亮，并用无水酒精进行清洗后，工作恢复正常。该机经上述处理后，故障排除
JVC A662 XBK 型功放机	机器开机后重放无声，且无延迟保护继电器吸合声	问题一般出在功放及保护电路。由原理可知：机器正常时，开机经延迟后，IC921⑥脚电位由高变低，Q922 导通，使继电器 RY401、RY402 分别或同时吸合(由开关 S703 选择)，负载(喇叭)接入电路，避免了开机的浪涌电流对喇叭的冲击。当功放发生故障，使功放输出中点零电位偏移，此电压经 Q912 加至 IC921②脚；或功率管过流，IS 点电压下降，Q921 导通，IC921①脚电压上升，这两种情况将使 IC921 内部保护检测电路动作，在⑥脚输出高电平，Q922 截止，继电器失电释放，从而保护喇叭等元件不被损坏。检修时，打开机盖，在故障出现时，用万用表测 IC921①、②脚电压均为 0V，说明放大器正常，而是保护电路误动作。再测量 IC921 其他脚位工作电压，发现第④脚电压在 0.3～0.6V 间波动，检查 C923、912 等外围电路元件，发现 C923 内部漏电。更换 C923 后，机器故障排除
健龙 PA-830 型功放机	机器工作时，左、右声道均无声	该故障一般发生在功放电路。检修时，打开机盖，开机后用万用表测左、右功率对管 2SC3280、2SA1301 的中点直流电压均约为 50mV 正常，用镊子碰触后级功放左、右输入端，扬声器均有较强的“嘟……嘟”声，由此说明后级功放电路基本正常，问题应出在前级功放电路。该机为合并式前后级功放，其中，前级功放电路采用双三极电子管 6N2，作电压放大管。观察发现，两只 6N2 灯丝在通电后均不亮，用万用表测电子管灯丝供电电压(12.8V 左右)正常。分别拔下 6N2，用万用表检查，发现左声道用的 6N2 灯丝绕组④、⑤脚之间已开路。用同型号电子管更换后试机，观察两管灯丝已点亮，但左、右声道仍无声，说明机内还有故障。测两只 6N2①、⑥脚屏极，均无电压(正常分别为 80V、110V 左右)，而检查其他元件和相关印板走线未见异常。该机供 6N2 屏极的电源电压由电源环形变压器次级绕组约 95V 交流电压经整流及滤波后(约 130V)提供，检查变压器有关绕组和屏极电源整流二极管均未见损坏，进一步检查发现屏极电源两节 RC 滤波元件的一只 470Ω 电阻一端脱焊。重新补焊后，机器故障排除

续表

机型	故障现象	故障分析与处理方法
中联 F-9300B 型功放机	机器开机工作时，电源指示灯亮，但左、右声道无声	问题一般出在电源及功放电路。检修时，打开机盖，用万用表测功率对管 2SC2922、2SA1216 的中点直流电压，两个声道均约为＋14V，说明功放输出中点的直流电压明显漂移，而使喇叭保护电路动作。分析：中点直流电压漂移，首先要查功放的供电电源是否正常，特别是正负电压是否对称。该功放采用稳压±60V 和未稳压±50V 两组电源分别给输入前级和电流放大后级供电。用万用表测后级供电电压，正电源为 62V，负电源为 8V 左右，说明负电压明显不正常。断开负电源与前级负载的跨线，测负电源调整管 BD238 的 c 极有－75V 左右电压，而 e 极仍为＋8V 左右，断定 BD238 内部损坏。经焊下检测果然如此。更换电源调整管 BD238 后，机器故障排除
	机器工作时，静态噪声很大	问题一般出在功放电路。检修时，打开机盖，用万用表测输出中点电位为 30mV，证明该机存在配对不良情况。观察电路，发现差分输入的场效应对管已被换成 2SK246（原机用 2SK170），2SK170 的 g_m 远大于 2SK246，且该机换上的对管有很大配对误差。更换配对管后，故障排除
凌宝 LB3280D 型功放机	机器工作时，中置声道无信号输出	问题可能出在中置声道功放电路。检修时，打开机盖，用万用表测中置声道功放块 TDA2030 的各脚电压，发现除第⑤脚（Vcc 端）电压为 15V 正常外，其余各脚电压均为 0V。查外围元件无损坏，判断该集成块内部不良。更换 TDA2030 后，机器故障排除
鞍山 275W 功放机	机器工作时，输出声音小且失真	经开机观察，发现功放管 FU-5 屏极发红，分析原因：①输出变压器 B3 初级绕组线包局部短路，使这只功放管屏压升高，或一绕组线包开路，使功放管无屏压；②推动变压器 B2 次级一绕组线包开路，无推动电压供给功放管，使功放管成为单臂输出，导致工作的这只功放管屏极发红。检修时，打开机盖，用万用表检测输出变压器 B3 的 P1、P2 端，有高压 B＋且平衡；推动变压器 B2 次级两线包有推动电压，但测 FU-5 栅极有一只无输入电压，经检查发现防振电阻 R19 内部开路。更换 R19 后，机器故障排除
派乐多功能便携式功放机	机器工作话筒演唱声音失真	该故障一般发生在话筒及信号处理电路。检修时，打开机盖，先把话筒插好试唱，无失真现象。将振荡器 1kHz、－50dB 正弦信号注入 T1 基极，然后用示波器观察各放大器输出信号波形来判断故障的部位。一般来讲，放大器负反馈电阻 R5、R9、R15 等断路，都会引起声音失真。该机经检查发现电阻 R9 内部断路。更换 R9（1.5MΩ）后，机器故障排除
巨大 AV-2500 型功放机	机器工作时，右声道声音时断时续	问题一般出在功放电路，且大多为元件接触不良或虚焊所致。检修时，打开机盖，将功放前级输出的左右声道信号交换输入到后级，故障不变，说明功放后级右路有问题。仔细检查功放后级电路元件，发现电容 C6（1μF/50V）引脚虚焊。重新补焊后，机器故障排除

续表

机型	故障现象	故障分析与处理方法
天宝 SV-MA 型功放机	开机后无声	问题一般出在功放电路。检修时，打开机盖，检查发现功放对管 Q12(2SC2921)和 Q13(2SA1215)均已损坏。这两种型号的大功率管在市场上不易购到，可采用易于购到的 2SC3280 代替 2SC2921、2SA1301 代替 2SA1215。2SC2921 和 2SA1215 均是双固定孔的大功率三极管，而 2SC3280 和 2SA1301 均是单固定孔大功率三极管。实际替换时，可将 2SC3280 和 2SA1301 固定于原两固定孔中的任一位置即可。引脚不能与焊接孔对齐，可用软线与线路板相连即可。更换功放对管后，故障排除
DK-888 型功放机	机器开机后，话筒输入时，声音时断时续	问题一般出在话筒插口及信号输入回路。检修时，先用无水酒精清洗话筒插座并校正插座内弹簧，故障不变。打开机盖，在话筒输入端输入信号，用万用表测 IC7A②脚电压正常，说明故障原因并非是话筒插座接触不良。再检查高低音控制相关元件 RP4、RP5、C26 及 C28 等均正常，说明故障在 IC7A 的后级。检测 RP6 中心头处电压不稳定，经查为 RP6 内部不良。更换 RP6 后，机器工作恢复正常，故障排除
向东牌 50W 功放机	开机后无声，常烧功放管	问题一般出在功放电路。检修时，打开机盖，用万用表先测功放管 3TV7～3TV10，已全部损坏。测输入、输出变压器，阻值正常。各电阻电容器均完好。据用户反映，该机接有 1 只 25W 的扬声器，显然功率不匹配，负载比较轻，所以当音量开足时，会使电压升高，功率增大，加之晶体管过载能力差的弱点，即会常烧坏功率管。为了增大电流和过载耐压值，更换了 4 只耐压高且价廉的 BU326 大功率管，再将负载重新配置，在输出端并接一只 30W、16Ω 的线绕电阻即可。该机经上述处理后，故障排除
JKL4-50 型功放机	开机后无声，机内冒烟，不工作	问题一般出在功放电路。检修时，打开机盖，检查发现 4 只功放管的发射极电阻 R320～R323 均已烧焦变色，用万用表测阻值均为 1Ω，未烧坏。测 4 只功放管 VT305～VT308 全部烧毁，配对换新后，再拔下插座，测输出变压器的阻值，初级 1～3 为 0.4Ω，3～2 为 0.4Ω，基本正常。测初、次级间的电阻值为无穷大，说明变压器的初、次级间无短路现象。测次级 0～8Ω 绕组为 0.7Ω，0～16Ω 为 1Ω，0～250Ω 为 1Ω，不正常。断开电容 C307，测阻值为 0 说明电容器已击穿。更换 C307 后，故障排除
飞达 FD-87A 功放机	机器开机后，双声道无声	该故障一般发生在功放电路。检修时，打开机盖，发现电路板上保险电阻烧坏，经仔细测试，发现小功率管 C945 与 A733 均已损坏。该管与一般功率管不同，b 极在中间，而 c、e 极与常见进口 C945 与 A733 的 c、e 极恰好相反，如购不到原管，可先用韩国管 A1015 和 C1815 代换。更换损坏元件后，故障排除

续表

机型	故障现象	故障分析与处理方法
华乐 CH-358 功放机	机器工作时,右声道出现啸叫现象	检修时,打开机盖,先将磁头放大器输出直接接到功放输入处,放音正常,说明问题出在音调电路部分。该机音调电路核心是四运放 KIA324P,用万用表测其±15V 供电电压已下跌许多,而电源是直接供给 IC 的④、⑪脚,由此判定 KIA324P 内部损坏。更换 KEA324P 后,机器故障排除
利达 PA-750 型功放机	机器工作时,左声道无声	问题一般出在左声道的信号通路。检修时,打开机盖,先在直通开关正端注入干扰信号,发现左声道能发出"喀喀"声,证明故障在左声道前置放大电路。该电路是由运算放大器及其外围元件组成的。由于 MIC 信号是直接加到该前置放大电路,故可利用 MIC 信号通道来检查,结果发现左、右声道音量相同,说明左声道前置放大电路中的运算放大器的输入电路正常,所以问题出在其输入电路中。经仔细检查发现等响度控制键右侧的电容内部失效。更换该电容后,机器工作恢复正常
雅马哈 RX-V590 型功放机	开机 2 秒后,机器自动保护	该故障一般发生在功放及相关电路。检修时,打开机盖,检查发现 L 声道功放电路有过流现象,用万用表检测 L 声道功放电路中各功放管,发现上功放管的 c、e 极间已击穿。更换一对功放管,机器故障排除
Sherwood RV-6030R 型功放机	机器断电后信息丢失,但在交流电源接通时,按"POWER"键,记忆正常	问题一般出在记忆电路或其供电回路。该机的记忆功能在断电后是由大电容上的电能来维持信息记忆的。检修时,打开机盖,在 CPU 附近找到该电容 C704(容量为 0.0047F),在 C704 两端并接+5V 直流稳压电源,拔掉功放电源插头,开机后记忆正常。检查 C704 的工作电路。由原理可知:接通交流电源后,电源板输出的+5V 电压经二极管 D702 向电容 C704 充电。在断开电源后,由于 D702 反偏,C704 无法放电,从而使 C704 向 CPU㊻、㊾、㊿脚供电,以维持信息的记忆。经检测发现 C704 能充电,但放电速度非常快,焊下 C704 测量,发现其内部失效。更换 C740 后,机器故障排除
先锋 SX205 型功放机	开机后,无显示,机器不工作	问题一般出在电源及控制电路。由原理可知:该机在正常情况下,电源输出±50V 电压供给后级功放电路,±12V 供给音源切换 IC、各运放及调谐电路,还输出−30V、+5V 及交流 2V 电压经插座 CN4 送至 CPU 及面板 VFD 屏灯丝。CPU㉙脚经复位电路复位后,驱动 VFD 显示所选音源的名称,数秒后其⑯脚电位变为高电平,使 Q404 导通,RY402 得电吸合,使音频信号通路接通。根据上述分析,检修时,打开机盖,用万用表先测电源部分,结果变压器次级输出的双 3V、双 40V 及双 16V 电压正常,测主电路板上整流后的±50V、±12V 电压也很稳定,但测 CN4 插座第⑥脚供给面板显示电路的+5V 主电源电压仅为 0.2V 左右。重点检查+5V 稳压电路,发现+5V 稳压管 D408 内部短路。更换 D408 后,机器故障排除

续表

机型	故障现象	故障分析与处理方法
星河 XH-883 型功放机	开机后左、右声道均无信号输出	该故障一般发生在电源及功放电路。检修时，打开机盖，用万用表检查电源输出电压为＋30V 和－25V。分析：功放厚膜块 STK4131Ⅱ应为正、负电源供电。检查电源变压器次级有三个线端，却只焊上两个头，中间黑线抽头脱焊。补焊后，加电测量输出电压为＋27V 和－27V。此时，音箱仍无声。关机，用万用表在路测量引脚之间电阻，发现⑨、⑩脚之间阻值为零。与新品对照测量，⑨脚与⑩脚之间已短路。更换 STK4131Ⅱ后，机器故障排除
远达 TLK-150 型功放机	机器工作时，信号突然中断，扬声器发出“嘟嘟”声	问题可能出在功放及相关电路。检修时，打开机盖，用万用表先检测 2BG11 的集电极电压为 79V 且稳定，再测两推挽管中点 C 电压，为 39V（基本正常）。逐级往前查，2BG11 的 b、e 极 0.65V，2BG12 的 e、b 极为－0.01V，显然该管导通不工作。再往前查 2BG9 的 b、e 极为 0.24V，基本处于截止状态，2BG8 的 e、b 极为 0.45V 左右，且随“嘟嘟”声有跳动。调整 2R34、2BG8 的 e、b 极偏压无明显变化。用示波器检测 B 点信号波形，呈频率为 50Hz 的矩形方波，A 点信号波形也相同。仔细分析，该干扰信号只能来源于电源。经仔细检查供电电路，发现电容 2C16（220μ/63V）内部不良。更换 2C16 后，机器故障排除
三星 LD-K900A 型功放机	开机后指示灯不亮，整机不工作	问题可能出在电源及系统控制电路。经开机检查电源正常，怀疑问题出在复位电路。检修时，打开机盖，用万用表测微处理器 U101㉞脚（复位脚）电压为 0.2V。分析该电路，接 U101㉞脚的 UR28 的一端接＋5V 电源，该点为 0.2V 的条件是：UC6 严重漏电短路、UQ6 饱和导通或 c-e 极击穿短路、U101㉞脚内部短路。测 UQ6 的基极电压为－2.2V，排除了它饱和导通的可能性。将 U101㉞脚悬空，该点电压仍为 0.2V。把 UC6 焊下，以观察充放电现象，判定其性能良好。把 UQ6 焊下，测其 PN 结电阻和 β 值，均属正常。不焊上 UQ6，只把 UC6 焊上加电，测得该点电压为 5V，U101 正常，按面板上每个按键，对应的显示灯亮。不接 UQ6，U101 工作正常了，但输入信号仍无输出。进一步检查复位电路相关元件，发现电容 AC50 内部损坏。更换 AC50 后，机器故障排除
RS-300 型功放机	接电源开关后，红色指示灯熄灭，显示屏无显示，整机不能开机	问题一般出在开关机控制电路。由原理可知：该机采用了软电源开关控制。只要插上电源插头，机器便处于待机状态。检修时，打开机盖，用万用表测显示屏灯丝电压为 0V，功率放大部分的电压也为 0V，说明环形变压器没有工作，测环形变压器初级输入端也没有电压。该环形变压器初级电源由一继电器控制。继电器通断受控于三极管 V200，而 V200 受来自主控板 CPU 电压（POWER）的控制。测量 POWER 电压，接通电源时为 0V，按电源开关后指示灯熄灭时，POWER 上升为 4.3V，属于正常。但测量 V200 基极无电压，断电后测量 R1 电阻正常。经进一步检查发现 V200 内部开路。更换 V200 后，机器故障排除

续表

机型	故障现象	故障分析与处理方法
飞达 NH-F747 型功放机	机器工作时,R 声道无声	问题一般出在功放后级及相关电路。检修时,打开机盖,经检查发现 R 声道 Q10、Q13、BX1、BX2 损坏,R1 烧焦,R2～R5 已变色。检查 Q11～Q15、Q7、Q8,正常,更换损坏元件后,通电试机(静态、空载),用万用表测恒流差放大电路直流电位与 L 声道对比,正常。装上 BX1、BX2(6A),通电测试无零点漂移。接上喇叭,在输入端接上电位器输入信号,发现 Q13 发热,且声音小而失真。测 Q14、Q15 电流为零,说明两管没有工作,查出 Q13 e 与 R4、R5 间敷铜线断路。接好试机,发现 Q11～Q15 发热严重,测静态电流为 75mA(应近于零)并缓慢上升。进一步检查其偏置电路,发现 Q9 内部不良。更换 Q9 后,机器故障排除
奥伦 AV-338 型功放机	机器工作时,左声道音量偏小,且出现不定期的"喀啦"声	问题可能出在前级放大及功放电路。检修时,打开机盖,用万用表测功放中点电压小于 10mV。开机数小时后,喇叭输出端电压稳定。怀疑故障因各转换开关接触不好引起。用无水酒精清洗吹干后,接入喇叭试机,在无输出信号的情况下开机 24 小时,未听见喇叭内发出噪声,接入 VCD 信号源试机时,左声道又发出噪声。重新打开机盖,拔下功放与前级的接线排,用镊子给功放输入感应信号,两声道均有响度相同的低频声输出。接上接线排,喇叭中便发出"喀啦"声,确定噪声确为前级产生。试断开 OK 电路与功放末级相连的 47kΩ 电阻,仍有噪声,于是检查前级输入放大电路。发现前级放大块 BA4558 内部性能不良。更换 BA4558 后,机器故障排除
天胜 AV-8100B 型功放机	机器工作时,R 声道比 L 声道声音小	问题可能出在 R 声道功放后级电路。检修时,打开机盖,用万用表检查共用±40V 电源电压,正常。分析:故障可能是后级三极管放大倍数下降,阻容漏电、变质等原因造成的。用感应法从后向前逐渐感应信号,发现在触及 T1 和 T4 的基极时,扬声器发出的声音明显比触其集电极(T2 和 T5 的基极)时要小得多,说明故障就在这一级。把 T1 和 T4 与左声道的两个管子更换后,故障不变。进一步检查该电路 C1、C2、R1～R7 等相关元件,发现 C2 内部漏电。更换 C2 后,机器工作恢复正常
哈曼卡顿 1150K 型功放机	机器工作 1 小时后自动关机	问题可能为机内部元件热敏性能下降或软击穿所致。检修时,打开机盖,先检查 CP207 两只插脚热敏电阻正常。再检查保护数据线 PRDT 脚,在断电前用万用表测得为 0.3～1V,待整机冷却后,开机再测 PROT 线为 3.5V。经分析,如此线电压下降到 1V 以下时,整机便为保护性关机。从 PROT 线电压变化说明,保护电路某级元件有软击穿或热敏性下降故障。检查 Q221、Q220 保护管正常。进一步检查发现 Q221 b 内部损坏。更换 Q221 后,机器故障排除

续表

机型	故障现象	故障分析与处理方法
TEAC AG-V 3020 型功放机	机器工作时无环绕声，其他功能正常	该故障一般发生在环绕声及杜比解码信号处理电路。检修时，打开机盖，将环绕模式指示打到杜比 Pro-logic 挡位，按下“TEST”键，主声道与中置声道依次发出粉噪测试声，而环绕无此声。如果信号通道阻塞，杜比解码部位损坏，环绕功放模式缺电，均有可能造成环绕无声。根据以上操作，整机可以通电开启电源，说明环绕处理部分以及功率放大部位基本正常，应重点检查杜比解码环绕信号处理输出后的电路。经检测发现环绕功率模块电源脚＋25V 电压，查 F102 熔断丝开路。更换 F102 后，机器故障排除
KEE-WOO-PA 830 型功放机	开机后无输出，音箱有轻微哼声	经开机观察，该机为电子管前级功放机。打开机盖检查，电子管灯丝不亮，仔细查看电子管供电电路，未见异常，但轻拍几下后，电子管灯丝慢慢发亮，能听到很小很闷的音乐声，但交流“哼”声严重。又拍几下时，电子管灯丝熄灭，于是判断为接触不良或虚焊所致。因该机前级电路板较小，于是用烙铁逐点焊牢，当焊到一只电阻的一端引脚时，灯丝又慢慢亮起来。又轻拍几下，未见电子管熄灭，约 2 分钟后该电阻严重发热。仔细查看，该电阻为电子管灯丝供电降压电阻，如果该电阻脱焊，“胆”前级也就无法工作。于是换上大一倍耗散功率的电阻，电子管灯丝正常亮后，输入音源，能听到音乐，但交流“哼”声很大，且随音量的增大而增大。电源变压器发出“吱吱”声。插入一只好话筒试音，发现此机音质很好，只是开大主音量电位器，“哼”声随之出现，于是断定为前级部分有问题。经检测发现，电子管高压滤波电容、灯丝电压滤波电容均未见异常。检查信号输入部分，发现印板上插座焊点铜箔几乎断裂。重新补焊后，机器故障排除
先锋 SX205 型功放机	机器开机后无显示，按面板各按键无反应，不能工作	该故障可能发生在电源及控制电路。由原理可知：该机通电后电源电路输出±50V 电压供给后级功放电路，±12V 供给音源切换 IC、各运放 IC 及调谐电路，还输出交流 2V、－30V 和＋5V 经 CN4 座送至面板 VFD 屏灯丝及 CPU，CPU 经复位后，驱动 VFD 显示所选音源输入的名称，数秒后其⑮脚电位变为高电平，使 Q404 导通，RY402 得电吸合而音箱有声。根据上述分析，检修时，打开机盖，用万用表先测电源：变压器次级输出的 3 组交流电压双 3V、双 40V 及双 16V 电压正常，主电路板上整流后的±50V、±12V 也很稳定，但测 CN4 座⑥脚供给面板电路的＋5V 主电源电压仅为 0.3V 左右。重点查＋5V 稳压电路，发现＋5V 稳压管 D408 内部击穿。更换 D408 后，机器工作恢复正常
雅伦 8588 型功放机	机器工作时，突然无声，机内冒烟	问题可能出在功放后级电路。检修时，打开机盖，检查发现 BG7 的射极电阻已烧焦，用万用表 R×1 挡测 BG7 正常，BG9 的 c、b 极击穿，BG8、BG10 及另一声道正常。拆下 BG9、BG10，换上 BG7 的射极电阻。开机瞬间测两声道 C 点，均为 0V，正常。由于无复合输出管，用普通 B817、D1047 对管替换 BG9 和 BG10，用普通管后原来 A 两点间的压差不再适合，将 5 只二极管中的任意 2 只短接起来即可，否则输出管会再次烧坏。该机经上述处理后，故障排除

续表

机型	故障现象	故障分析与处理方法
凯迪 100 型功放机	开机后喇叭出现"嗡嗡"声	该故障一般发生在功放后级电路。检修时，打开机盖，用万用表 R×1 挡检测各功放管基本正常。瞬间测 A、B、C 点电压，A、B 两点压差为 0V，显然不正常。C 点电压为 −23V。由于该机为单差分输入，形成 A、B 两点压差的电流流向为 +25V→BG3 的 e 极→BG3 的 c 极→A→B→R7→R8→−25V。C 点电压为 −23V，说明正电源未从 BG3 过来。测 BG3 基极偏置电阻 R2 上无 0.7V 左右电压，说明 BG1 未导通或开路。拆下 R1 检查，发现 R1 内部开路。更换 R1 后，机器故障排除
雅马哈 RX-V590 型功放机	开机 3 秒后自动保护，且无屏显	问题可能出在功放电路。开机用万用表检测，发现是因功放电路中点电压不平衡引起的保护电路动作。该机保护电路具有过压检测和过流检测功能，过压检测是通过电阻 R1～R5 与 L、R、C、S、S′声道功入电路中点相连，正常时其中点电压为 0V。若因某种原因导致某声道功放电路中点电压偏离 0V，则该机的 CPU 便输出 STAND BY 指令，使继电器触点断开，从而关闭主电源。过流检测则是通过检测 L、R、C、S、S′声道功放电路中的 R6～R10 上的压降来实施的，当某个电阻上的压降超过 0.6V 时，Q1 集电极上的电位下降，Q6 导通，CPU 的 PRI 端电位偏离 0V，导致 CPU 输出 STAND BY 指令，使继电器 J 触点断开，从而关闭电源。根据上述分析，用万用表先测量 L、R、C、S、S′声道功入电路的中点电压，发现 S′声道功放电路在开机瞬间迅速由 0V 升至 30V，据此判断 S′声道功放电路有故障。经检查发现 S′声道功放内部击穿。更换一对新功率管后，机器故障排除
爱威 DSP2092 型 AV 功放机	机器工作时，话筒输入信号无声	问题可能出在话筒信号输入及放大电路。检修时，先将话筒分别插入插孔 1 和插孔 2，均无声音输出，说明插孔 1 和插孔 2 的公共前置放大电路有故障。用万用表测前置放大电路 IC501A、IC501B 各脚电压均正常，故怀疑耦合元件有故障，逐一检查 C501、C504、C506、C508 等相关元件，发现 C504 内部损坏。更换 C504 后，机器工作恢复正常
佳能 PMA-801 型功放机	机器开机后，电源指示灯闪亮，重放时无声	该故障一般发生在扬声器保护电路。由原理可知，该机在保护继电器断开的情况下，电源指示灯会自动闪亮，作为开机时指示和保护状态指示。检修时，打开机盖，先检查继电器没有吸合，用万用表检查功入输出中点电压、过流保护电阻两端电压均正常，故怀疑继电器驱动电路有故障。测量 P7 的 b 极电压为 11.6V，正常；N12 的 b 极电压为 12V，不正常，正常值应为 1.4V，说明 N12、N13、R73 有故障。经仔细检查，发现 N12 内部损坏。更换 N12 后，机器故障排除
华声 2188 型 AV 功放机	机器重放时无声音输出，电源指示灯与中点保护指示灯不亮	机器重放时无声音输出，电源指示灯与中点保护指示灯不亮。问题可能出在电源及相关电路。检修时，打开机盖，用万用表先查电源变压器线圈、保险管及电源正、负保险丝均正常，再进一步检查整流滤波电路，发现整流二极管 D1 及 D2 均已烧断。更换 D1、D2 后，机器故障排除